ふろく とりはずしてお使(つか)いください。

計算せんもんドリル 3年

3年　　組

特色と使い方

- このドリルは、計算力を付けるための計算問題をせんもんにあつかったドリルです。
- 教科書ぴったりトレーニングに、このドリルの何ページをすればよいのかが書いてあります。教科書ぴったりトレーニングにあわせてお使いください。

もくじ

おうちのかたへ

- お子さまがお使いの教科書や学校の学習状況により、ドリルのページが前後したり、学習されていない問題が含まれている場合がございます。お子さまの学習状況に応じてお使いください。
- お子さまがお使いの教科書により、教科書ぴったりトレーニングと対応していないページがある場合がございますが、お子さまの興味・関心に応じてお使いください。

1 10や0のかけ算

★できた問題(もんだい)には、「た」をかこう！

1 できた　2 でき

1 次(つぎ)の計算をしましょう。　　月　　日

① 2×10　② 8×10

③ 3×10　④ 6×10

⑤ 1×10　⑥ 10×7

⑦ 10×4　⑧ 10×9

⑨ 10×5　⑩ 10×10

2 次の計算をしましょう。　　月　　日

① 3×0　② 5×0

③ 1×0　④ 2×0

⑤ 6×0　⑥ 0×8

⑦ 0×4　⑧ 0×9

⑨ 0×7　⑩ 0×0

2 わり算①

★できた問題には、「た」をかこう！

1 でき　2 でき

1 次の計算をしましょう。

月　日

① 8÷2　② 15÷5

③ 0÷4　④ 40÷8

⑤ 14÷7　⑥ 36÷4

⑦ 48÷6　⑧ 6÷1

⑨ 63÷9　⑩ 24÷3

2 次の計算をしましょう。

月　日

① 6÷6　② 36÷9

③ 18÷2　④ 45÷5

⑤ 12÷4　⑥ 63÷7

⑦ 25÷5　⑧ 0÷3

⑨ 64÷8　⑩ 2÷1

3 わり算②

★できた問題には、「た」をかこう！

1 でき　2 でき

月　日

1 次の計算をしましょう。

① $6 \div 2$　② $35 \div 5$

③ $15 \div 3$　④ $42 \div 7$

⑤ $16 \div 8$　⑥ $0 \div 5$

⑦ $8 \div 1$　⑧ $72 \div 9$

⑨ $54 \div 6$　⑩ $16 \div 4$

月　日

2 次の計算をしましょう。

① $10 \div 5$　② $36 \div 6$

③ $81 \div 9$　④ $56 \div 8$

⑤ $12 \div 3$　⑥ $1 \div 1$

⑦ $14 \div 2$　⑧ $48 \div 8$

⑨ $56 \div 7$　⑩ $8 \div 4$

4 わり算③

★できた問題には、「た」をかこう！

1 できた　2 できた

1 次の計算をしましょう。　　月　日

① $21 \div 3$　　② $45 \div 9$

③ $28 \div 4$　　④ $72 \div 8$

⑤ $4 \div 1$　　⑥ $30 \div 5$

⑦ $49 \div 7$　　⑧ $24 \div 6$

⑨ $27 \div 3$　　⑩ $16 \div 2$

2 次の計算をしましょう。　　月　日

① $8 \div 8$　　② $20 \div 4$

③ $9 \div 3$　　④ $40 \div 5$

⑤ $18 \div 9$　　⑥ $4 \div 2$

⑦ $28 \div 7$　　⑧ $0 \div 1$

⑨ $42 \div 6$　　⑩ $35 \div 7$

5 わり算④

★できた問題には、「た」をかこう！

1 でき　2 でき

1 次の計算をしましょう。

月　日

① 24÷4　② 63÷9

③ 18÷6　④ 5÷1

⑤ 16÷8　⑥ 56÷7

⑦ 20÷5　⑧ 12÷3

⑨ 0÷6　⑩ 18÷2

2 次の計算をしましょう。

月　日

① 36÷9　② 32÷4

③ 6÷3　④ 9÷1

⑤ 45÷5　⑥ 81÷9

⑦ 12÷2　⑧ 24÷8

⑨ 48÷6　⑩ 7÷7

★できた問題には、「た」をかこう！

でき 1　でき 2

6 大きい数のわり算

1 次の計算をしましょう。　月　日

① 30÷3　② 50÷5

③ 80÷8　④ 60÷6

⑤ 70÷7　⑥ 40÷2

⑦ 60÷2　⑧ 80÷4

⑨ 90÷3　⑩ 60÷3

2 次の計算をしましょう。　月　日

① 28÷2　② 88÷4

③ 39÷3　④ 26÷2

⑤ 48÷4　⑥ 86÷2

⑦ 42÷2　⑧ 84÷4

⑨ 55÷5　⑩ 69÷3

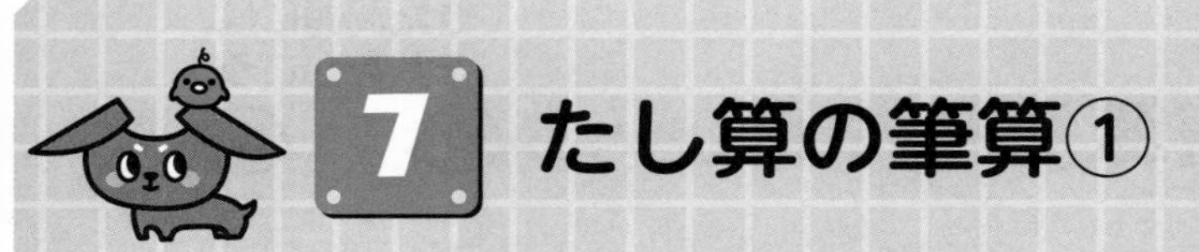

1 次の計算をしましょう。

月　日

① $$\begin{array}{r} 815 \\ +144 \\ \hline \end{array}$$

② $$\begin{array}{r} 234 \\ +646 \\ \hline \end{array}$$

③ $$\begin{array}{r} 543 \\ +308 \\ \hline \end{array}$$

④ $$\begin{array}{r} 271 \\ +476 \\ \hline \end{array}$$

⑤ $$\begin{array}{r} 475 \\ +148 \\ \hline \end{array}$$

⑥ $$\begin{array}{r} 433 \\ +479 \\ \hline \end{array}$$

⑦ $$\begin{array}{r} 597 \\ +255 \\ \hline \end{array}$$

⑧ $$\begin{array}{r} 865 \\ +505 \\ \hline \end{array}$$

⑨ $$\begin{array}{r} 842 \\ +698 \\ \hline \end{array}$$

⑩ $$\begin{array}{r} 996 \\ +\quad 7 \\ \hline \end{array}$$

2 次の計算を筆算（ひっさん）でしましょう。

月　日

$$\begin{array}{r} 579 \\ +321 \\ \hline 800 \end{array}$$

ダメ!!

③ 478＋965

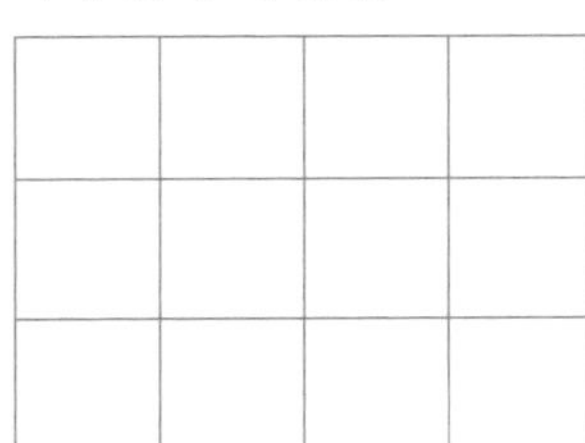

④ 35＋978

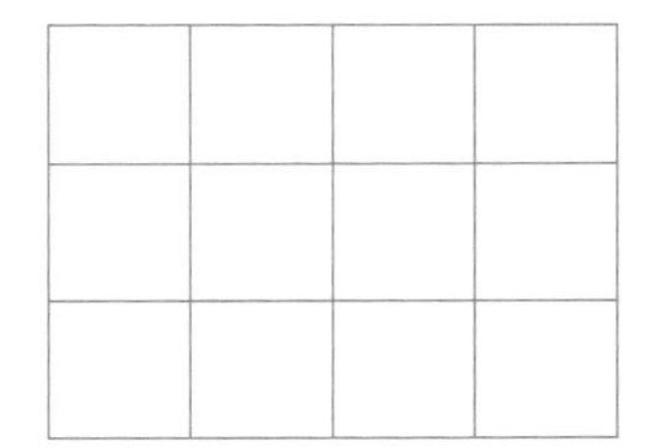

8 たし算の筆算②

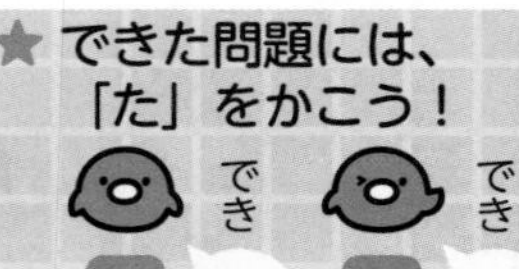

1 次の計算をしましょう。

月　　日

① $\begin{array}{r} 432 \\ +254 \\ \hline \end{array}$　② $\begin{array}{r} 169 \\ +828 \\ \hline \end{array}$　③ $\begin{array}{r} 508 \\ +406 \\ \hline \end{array}$　④ $\begin{array}{r} 690 \\ +154 \\ \hline \end{array}$

⑤ $\begin{array}{r} 366 \\ +465 \\ \hline \end{array}$　⑥ $\begin{array}{r} 261 \\ +449 \\ \hline \end{array}$　⑦ $\begin{array}{r} 646 \\ +\ \ 75 \\ \hline \end{array}$　⑧ $\begin{array}{r} 856 \\ +707 \\ \hline \end{array}$

⑨ $\begin{array}{r} 645 \\ +689 \\ \hline \end{array}$　⑩ $\begin{array}{r} 37 \\ +988 \\ \hline \end{array}$

2 次の計算を筆算でしましょう。

月　　日

① 429＋473

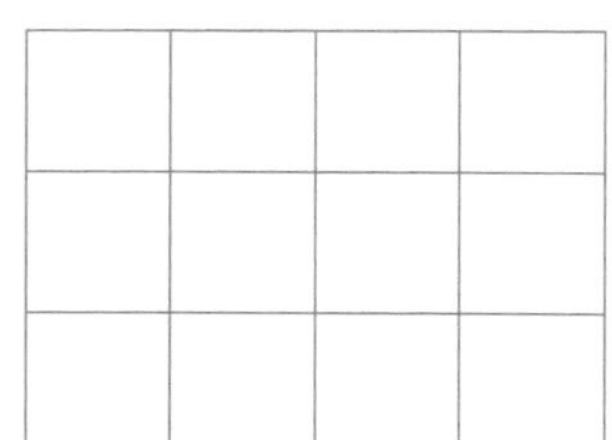

② 489＋886

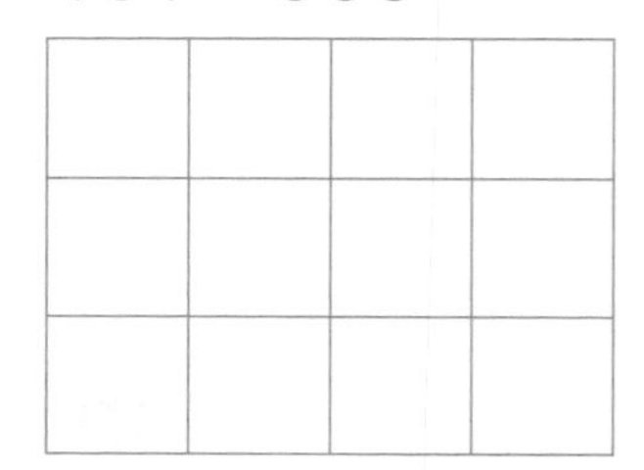

③ 212＋788

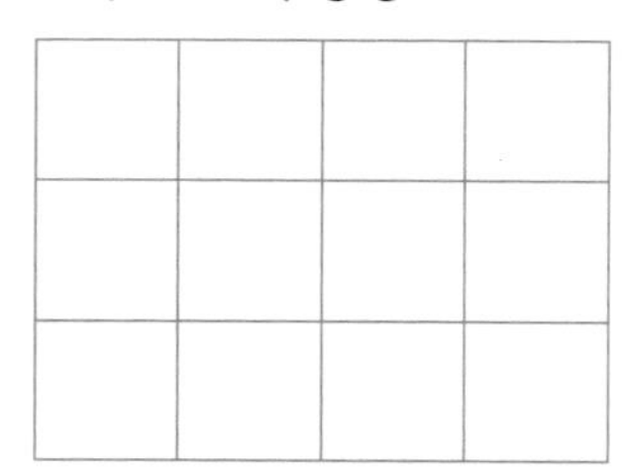

④ 942＋69

9 たし算の筆算③

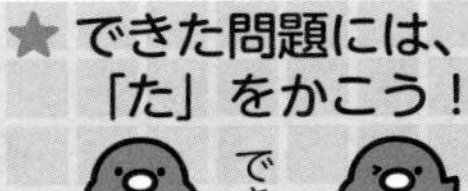

1 次の計算をしましょう。

月　　日

① $\begin{array}{r} 143 \\ +449 \\ \hline \end{array}$

② $\begin{array}{r} 163 \\ +808 \\ \hline \end{array}$

③ $\begin{array}{r} 797 \\ +182 \\ \hline \end{array}$

④ $\begin{array}{r} 92 \\ +152 \\ \hline \end{array}$

⑤ $\begin{array}{r} 185 \\ +397 \\ \hline \end{array}$

⑥ $\begin{array}{r} 294 \\ +478 \\ \hline \end{array}$

⑦ $\begin{array}{r} 357 \\ +\ \ 46 \\ \hline \end{array}$

⑧ $\begin{array}{r} 874 \\ +836 \\ \hline \end{array}$

⑨ $\begin{array}{r} 466 \\ +838 \\ \hline \end{array}$

⑩ $\begin{array}{r} 995 \\ +\ \ \ \ 9 \\ \hline \end{array}$

2 次の計算を筆算でしましょう。

月　　日

① 695＋6

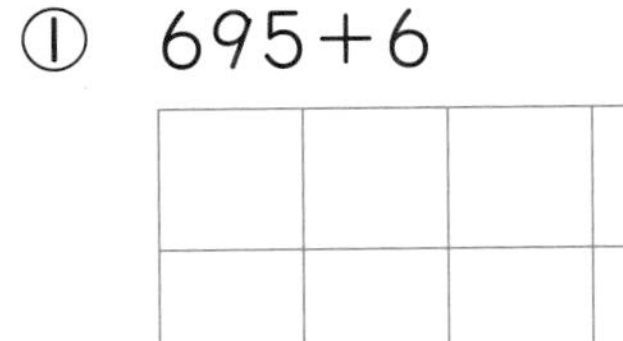

②

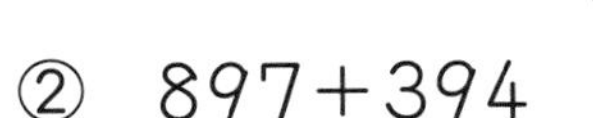

③ 947＋89

④

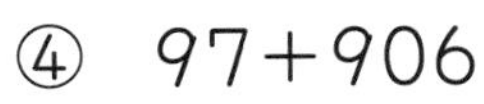

10 たし算の筆算④

★できた問題には、「た」をかこう！

1 でき　2 でき

1 次の計算をしましょう。

月　日

① $\begin{array}{r} 378 \\ +413 \\ \hline \end{array}$　② $\begin{array}{r} 405 \\ +207 \\ \hline \end{array}$　③ $\begin{array}{r} 281 \\ +171 \\ \hline \end{array}$　④ $\begin{array}{r} 398 \\ +451 \\ \hline \end{array}$

⑤ $\begin{array}{r} 579 \\ +238 \\ \hline \end{array}$　⑥ $\begin{array}{r} 596 \\ +118 \\ \hline \end{array}$　⑦ $\begin{array}{r} 19 \\ +794 \\ \hline \end{array}$　⑧ $\begin{array}{r} 886 \\ +765 \\ \hline \end{array}$

⑨ $\begin{array}{r} 879 \\ +934 \\ \hline \end{array}$　⑩ $\begin{array}{r} 986 \\ +\ \ 79 \\ \hline \end{array}$

2 次の計算を筆算でしましょう。

月　日

① 25+776

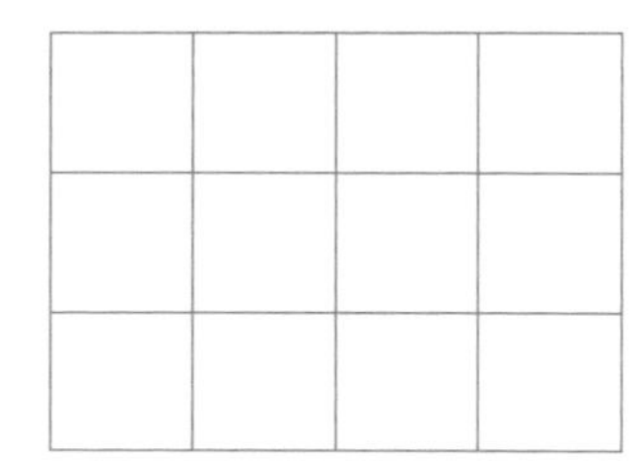

② 579+892

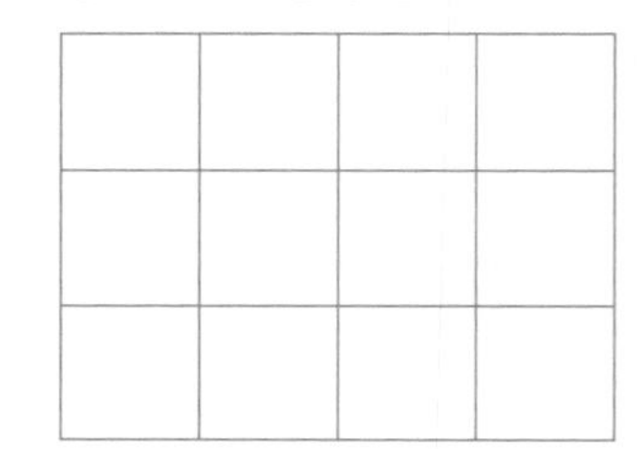

③ 657+545

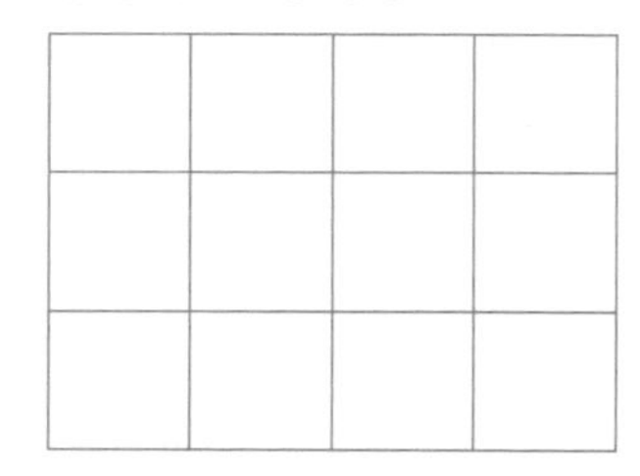

④ 992+9

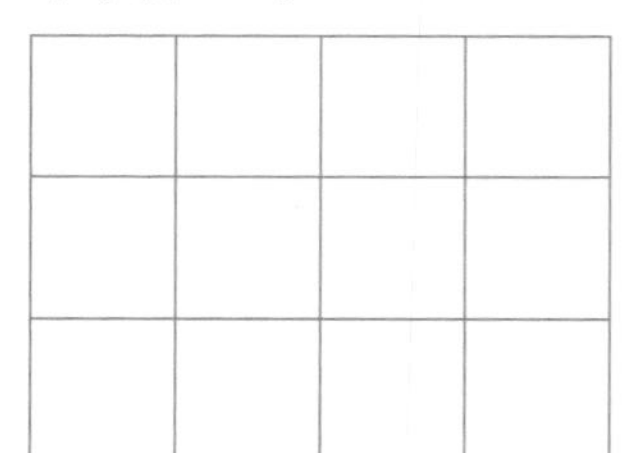

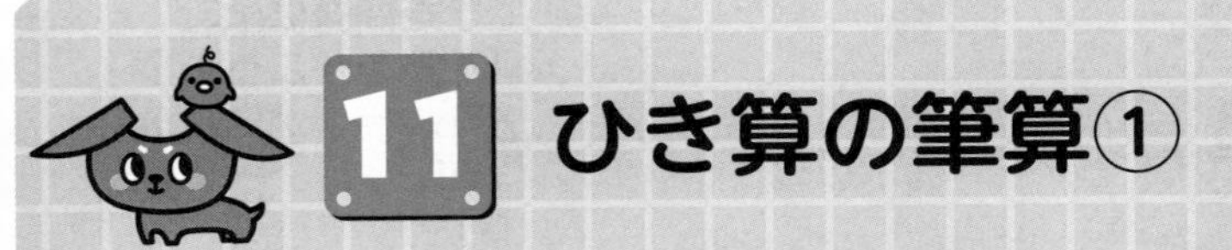

11 ひき算の筆算①

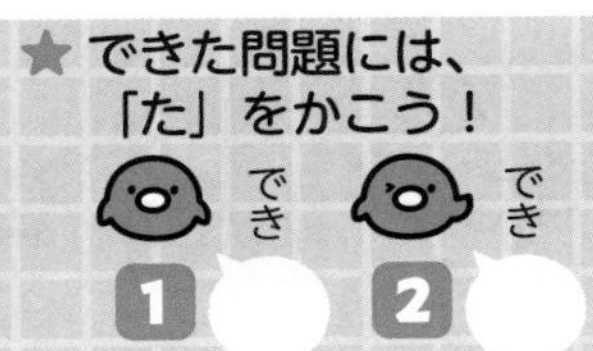

1 次の計算をしましょう。

月　　日

① $\begin{array}{r} 487 \\ -366 \\ \hline \end{array}$

② $\begin{array}{r} 584 \\ -335 \\ \hline \end{array}$

③ $\begin{array}{r} 887 \\ -239 \\ \hline \end{array}$

④ $\begin{array}{r} 275 \\ -\ \ 49 \\ \hline \end{array}$

⑤ $\begin{array}{r} 627 \\ -436 \\ \hline \end{array}$

⑥ $\begin{array}{r} 809 \\ -352 \\ \hline \end{array}$

⑦ $\begin{array}{r} 356 \\ -295 \\ \hline \end{array}$

⑧ $\begin{array}{r} 431 \\ -187 \\ \hline \end{array}$

⑨ $\begin{array}{r} 517 \\ -399 \\ \hline \end{array}$

⑩ $\begin{array}{r} 521 \\ -498 \\ \hline \end{array}$

2 次の計算を筆算でしましょう。

月　　日

① 440−279

ダメ!!

$\begin{array}{r} 440 \\ -279 \\ \hline 261 \end{array}$

② 212−46

③ 708−19

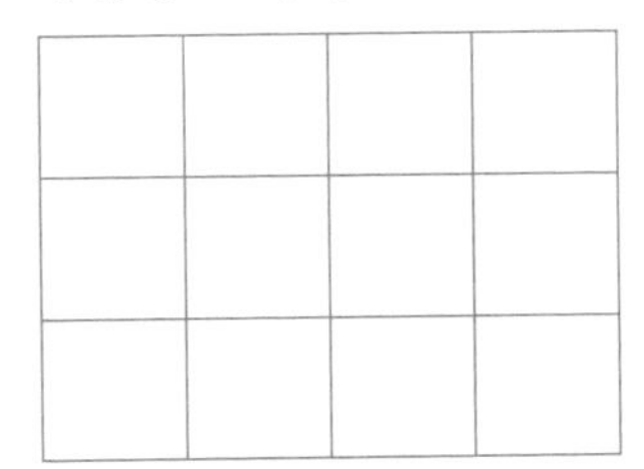

④ 900−414

12 ひき算の筆算②

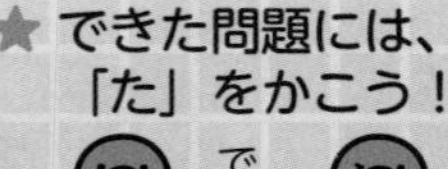

1 次の計算をしましょう。

月　　日

① $\begin{array}{r} 264 \\ -134 \\ \hline \end{array}$　② $\begin{array}{r} 854 \\ -749 \\ \hline \end{array}$　③ $\begin{array}{r} 860 \\ -748 \\ \hline \end{array}$　④ $\begin{array}{r} 895 \\ -836 \\ \hline \end{array}$

⑤ $\begin{array}{r} 563 \\ -391 \\ \hline \end{array}$　⑥ $\begin{array}{r} 748 \\ -178 \\ \hline \end{array}$　⑦ $\begin{array}{r} 208 \\ -\ \ 52 \\ \hline \end{array}$　⑧ $\begin{array}{r} 758 \\ -169 \\ \hline \end{array}$

⑨ $\begin{array}{r} 814 \\ -467 \\ \hline \end{array}$　⑩ $\begin{array}{r} 300 \\ -196 \\ \hline \end{array}$

2 次の計算を筆算でしましょう。

月　　日

① 331−237

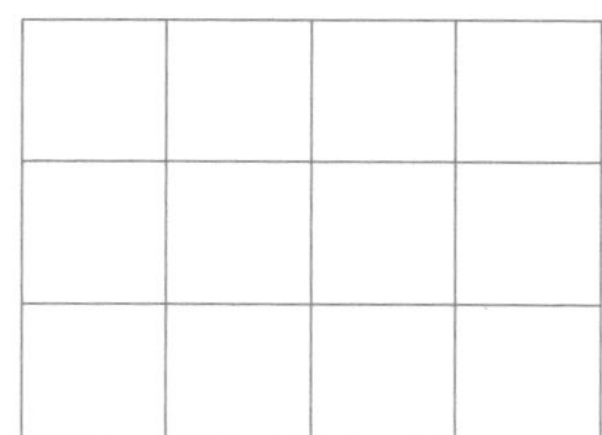

② 803−608

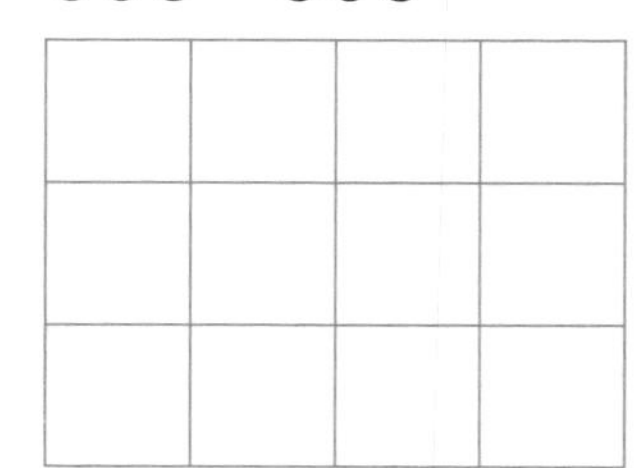

③ 700−5

④ 1000−738

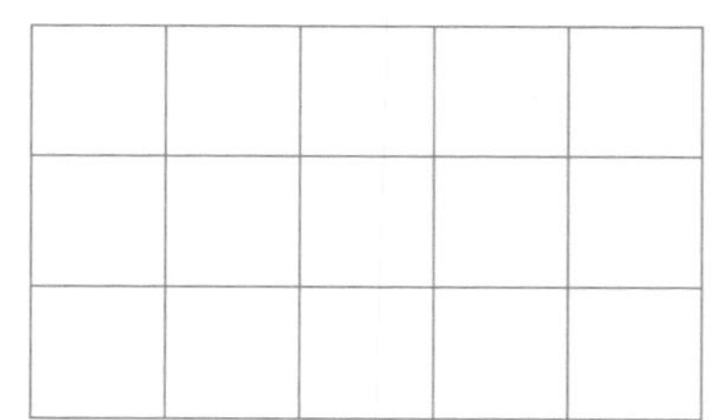

13 ひき算の筆算③

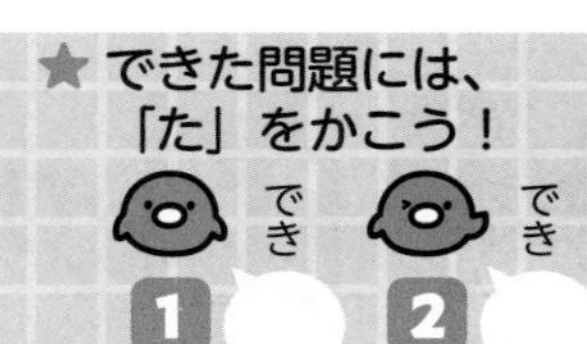

1 次の計算をしましょう。

月　日

① $633 - 132$

② $785 - 129$

③ $571 - 148$

④ $795 - 56$

⑤ $926 - 495$

⑥ $678 - 498$

⑦ $805 - 744$

⑧ $932 - 777$

⑨ $822 - 256$

⑩ $800 - 86$

2 次の計算を筆算でしましょう。

月　日

① $895 - 699$

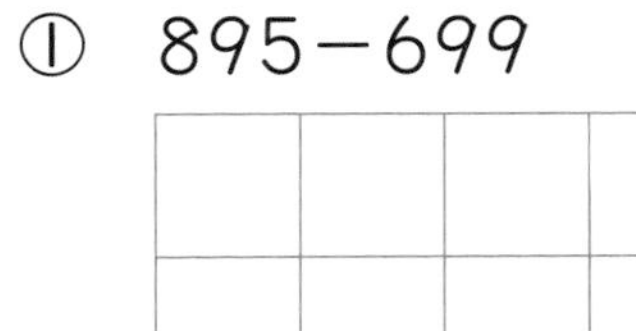

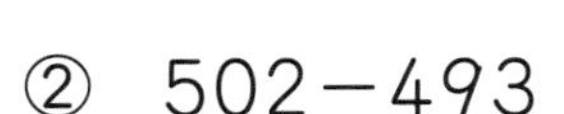

② $502 - 493$

③ $400 - 8$

④ $1000 - 57$

14 ひき算の筆算④

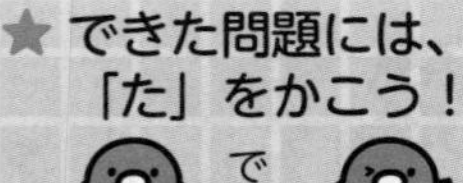

でき 1　でき 2

1 次の計算をしましょう。

月　日

① $\begin{array}{r} 787 \\ -415 \\ \hline \end{array}$　② $\begin{array}{r} 673 \\ -544 \\ \hline \end{array}$　③ $\begin{array}{r} 634 \\ -506 \\ \hline \end{array}$　④ $\begin{array}{r} 974 \\ -947 \\ \hline \end{array}$

⑤ $\begin{array}{r} 928 \\ -343 \\ \hline \end{array}$　⑥ $\begin{array}{r} 585 \\ -395 \\ \hline \end{array}$　⑦ $\begin{array}{r} 533 \\ -471 \\ \hline \end{array}$　⑧ $\begin{array}{r} 912 \\ -283 \\ \hline \end{array}$

⑨ $\begin{array}{r} 824 \\ -\ \ 36 \\ \hline \end{array}$　⑩ $\begin{array}{r} 1000 \\ -\ \ 439 \\ \hline \end{array}$

2 次の計算を筆算でしましょう。

月　日

① 920－722

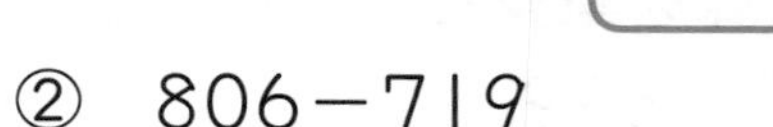

② 806－719

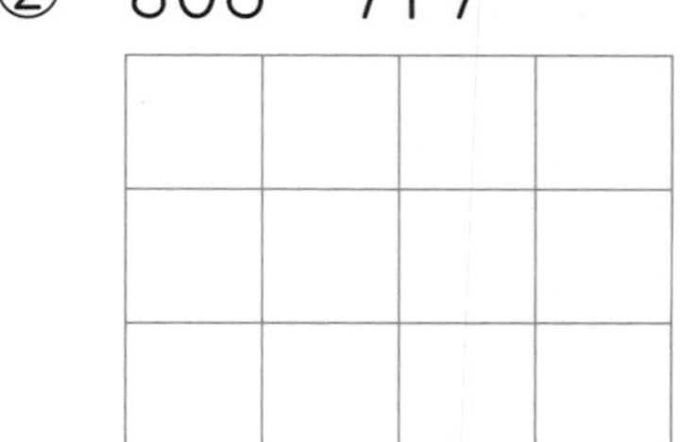

③ 800－711

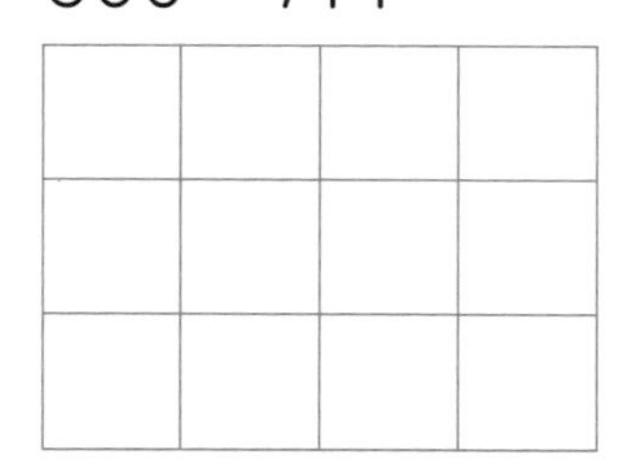

④ 700－69

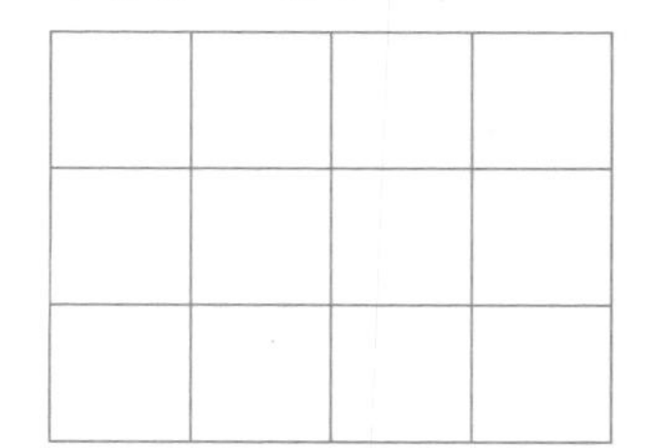

15 4けたの数のたし算の筆算

★できた問題には、「た」をかこう！

1 次の計算をしましょう。

月　日

① 5120 + 3504

② 5693 + 255

③ 1412 + 4952

④ 938 + 7856

⑤ 6579 + 2228

⑥ 5878 + 1951

⑦ 5397 + 876

⑧ 2939 + 3967

⑨ 6546 + 2586

2 次の計算を筆算でしましょう。

月　日

① 1929＋5165

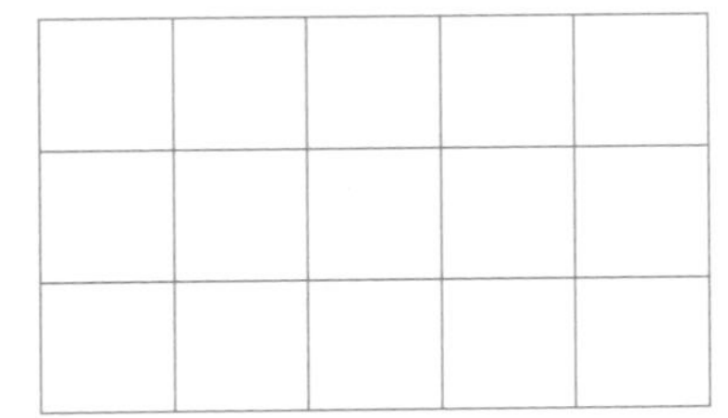

② 8357＋368

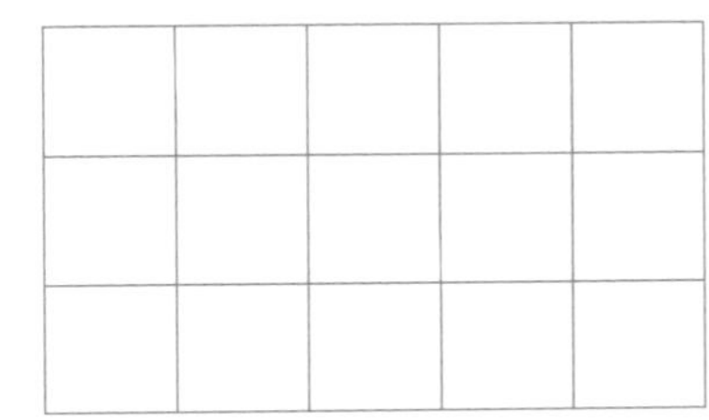

③ 7938＋1192

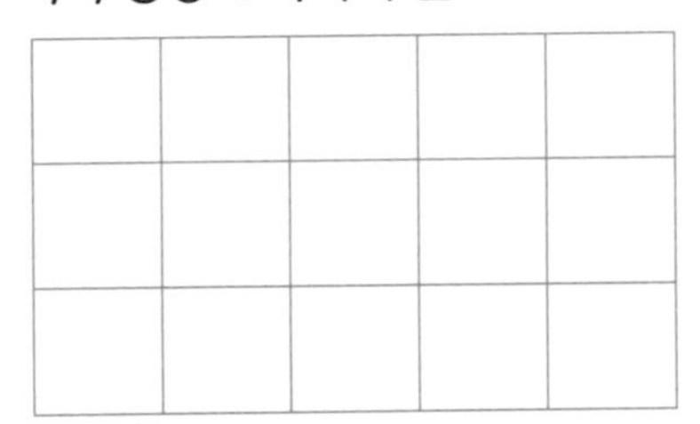

④ 48＋4782

16 4けたの数のひき算の筆算

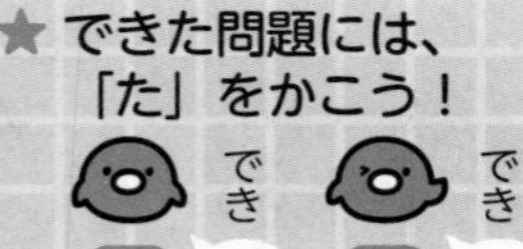

1 次の計算をしましょう。　　月　　日

① $\begin{array}{r} 3744 \\ -\ 531 \\ \hline \end{array}$　② $\begin{array}{r} 7769 \\ -7748 \\ \hline \end{array}$　③ $\begin{array}{r} 8833 \\ -3805 \\ \hline \end{array}$

④ $\begin{array}{r} 1763 \\ -\ 839 \\ \hline \end{array}$　⑤ $\begin{array}{r} 6997 \\ -6399 \\ \hline \end{array}$　⑥ $\begin{array}{r} 9145 \\ -\ 153 \\ \hline \end{array}$

⑦ $\begin{array}{r} 4251 \\ -\ 963 \\ \hline \end{array}$　⑧ $\begin{array}{r} 3601 \\ -\ 808 \\ \hline \end{array}$　⑨ $\begin{array}{r} 7000 \\ -\ 833 \\ \hline \end{array}$

2 次の計算を筆算でしましょう。　　月　　日

① 4037−1635

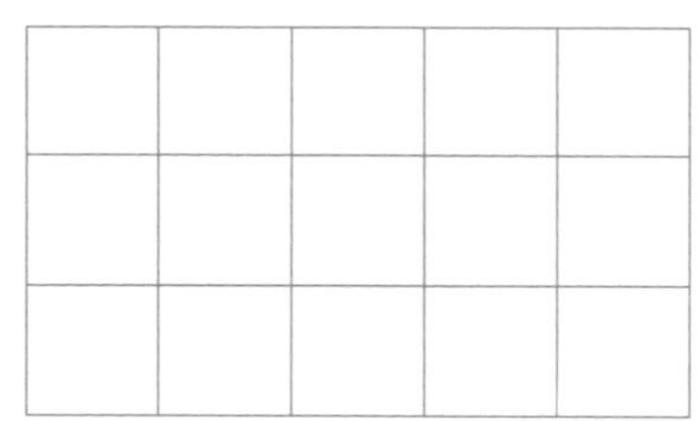

② 8183−3505

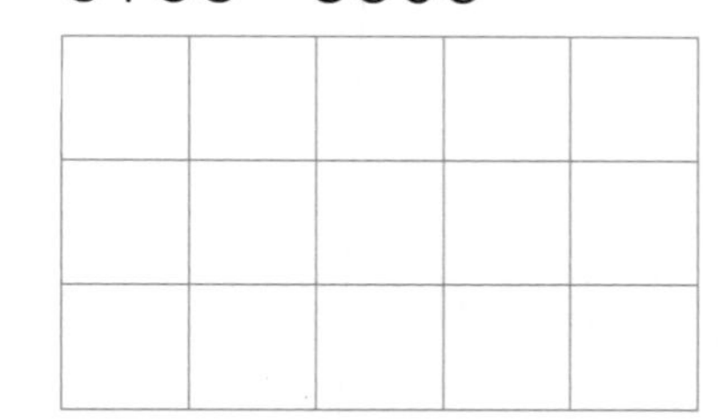

③ 5501−2862

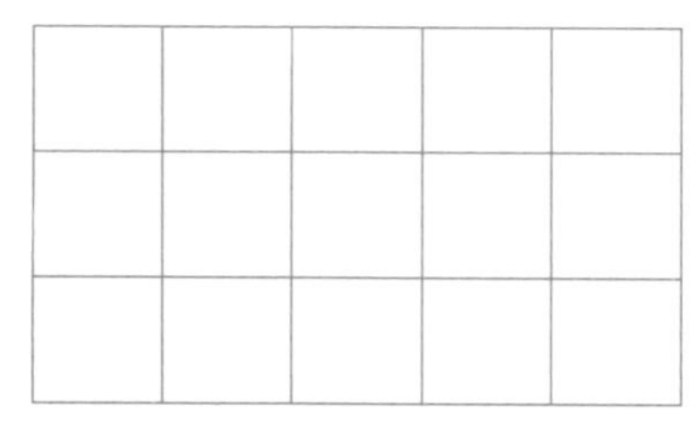

④ 8007−58

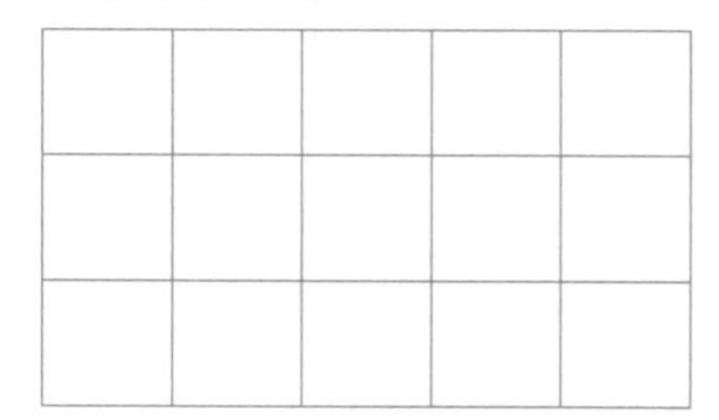

17 たし算の暗算

★できた問題には、「た」をかこう！

1 でき　2 でき

月　日

1 次の計算をしましょう。

① 12＋32　② 48＋31

③ 37＋22　④ 54＋34

⑤ 73＋15　⑥ 33＋50

⑦ 12＋68　⑧ 35＋25

⑨ 14＋56　⑩ 33＋27

月　日

2 次の計算をしましょう。

① 18＋28　② 67＋25

③ 77＋16　④ 59＋26

⑤ 42＋39　⑥ 24＋37

⑦ 68＋19　⑧ 39＋35

⑨ 67＋40　⑩ 44＋82

18 ひき算の暗算

★できた問題には、「た」をかこう！

1 でき　2 でき

1 次の計算をしましょう。

月　　日

① 44－23　② 65－52

③ 38－11　④ 77－56

⑤ 88－44　⑥ 69－30

⑦ 46－26　⑧ 93－43

⑨ 60－24　⑩ 50－25

2 次の計算をしましょう。

月　　日

① 51－13　② 63－26

③ 86－27　④ 72－34

⑤ 31－18　⑥ 56－39

⑦ 75－47　⑧ 96－18

⑨ 100－56　⑩ 100－73

19 あまりのあるわり算①

★できた問題には、「た」をかこう！

1 次の計算をしましょう。

月　　日

① 7÷2　　② 12÷5

③ 23÷3　　④ 46÷8

⑤ 77÷9　　⑥ 22÷6

⑦ 40÷7　　⑧ 17÷4

⑨ 19÷2　　⑩ 35÷6

2 次の計算をしましょう。

月　　日

① 11÷3　　② 19÷7

③ 35÷4　　④ 49÷5

⑤ 58÷6　　⑥ 9÷2

⑦ 23÷5　　⑧ 16÷9

⑨ 45÷7　　⑩ 71÷8

20 あまりのあるわり算②

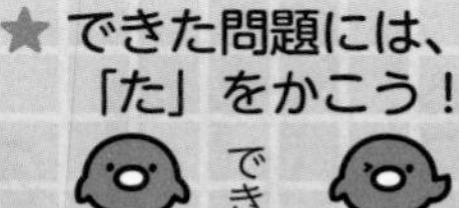

1 次の計算をしましょう。

月　　日

① 14÷8　　② 60÷9

③ 28÷3　　④ 27÷8

⑤ 11÷2　　⑥ 34÷7

⑦ 22÷4　　⑧ 20÷3

⑨ 38÷5　　⑩ 16÷6

2 次の計算をしましょう。

月　　日

① 84÷9　　② 10÷4

③ 63÷8　　④ 40÷6

⑤ 31÷4　　⑥ 15÷2

⑦ 44÷5　　⑧ 26÷6

⑨ 52÷9　　⑩ 8÷3

21 あまりのあるわり算③

★できた問題には、「た」をかこう！

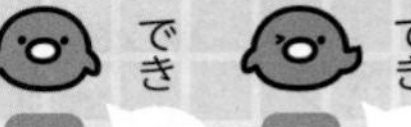

1 でき　2 でき

1 次の計算をしましょう。

月　　日

① 54÷7　　② 8÷5

③ 17÷3　　④ 24÷9

⑤ 20÷8　　⑥ 27÷4

⑦ 13÷2　　⑧ 45÷6

⑨ 36÷8　　⑩ 25÷7

2 次の計算をしましょう。

月　　日

① 55÷8　　② 15÷4

③ 67÷9　　④ 25÷3

⑤ 50÷6　　⑥ 29÷5

⑦ 60÷7　　⑧ 5÷4

⑨ 17÷2　　⑩ 18÷5

22 何十・何百のかけ算

★できた問題には、「た」をかこう！

1 でき　2 でき

1 次の計算をしましょう。

月　日

① 30×2　② 20×4

③ 80×8　④ 70×3

⑤ 20×7　⑥ 60×9

⑦ 90×4　⑧ 40×6

⑨ 50×6　⑩ 70×8

2 次の計算をしましょう。

月　日

① 100×4　② 300×3

③ 500×9　④ 800×3

⑤ 300×6　⑥ 700×5

⑦ 200×8　⑧ 900×7

⑨ 600×8　⑩ 400×5

23 (2けた)×(1けた)の筆算①

★できた問題には、「た」をかこう！

1 でき　2 でき

1 次の計算をしましょう。

月　　日

① 12 × 4

② 40 × 2

③ 16 × 6

④ 14 × 7

⑤ 82 × 3

⑥ 91 × 6

⑦ 73 × 8

⑧ 48 × 6

⑨ 14 × 8

⑩ 25 × 4

2 次の計算を筆算でしましょう。

月　　日

① 24×3

② 42×4

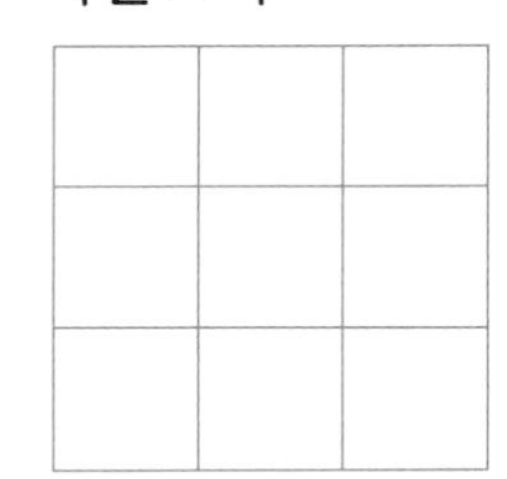

③ 33×9

④ 34×3

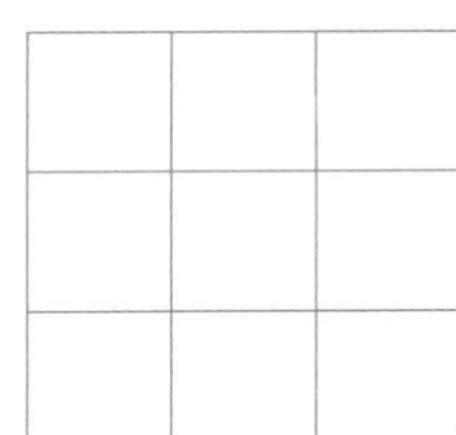

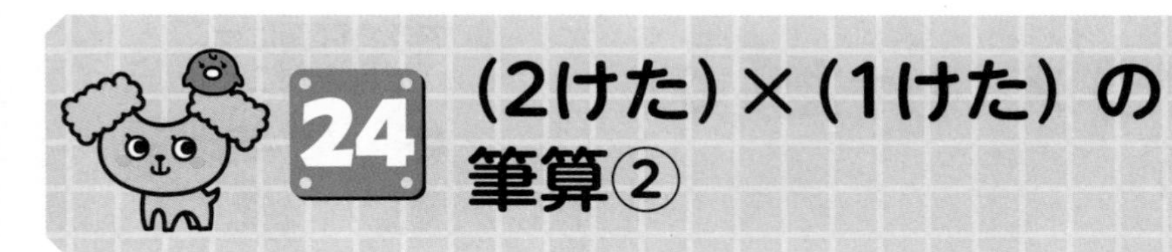

24 (2けた)×(1けた)の筆算②

1 次の計算をしましょう。

月　日

① $\begin{array}{r} 11 \\ \times\ \ 7 \\ \hline \end{array}$　② $\begin{array}{r} 30 \\ \times\ \ 3 \\ \hline \end{array}$　③ $\begin{array}{r} 24 \\ \times\ \ 4 \\ \hline \end{array}$　④ $\begin{array}{r} 17 \\ \times\ \ 3 \\ \hline \end{array}$

⑤ $\begin{array}{r} 51 \\ \times\ \ 8 \\ \hline \end{array}$　⑥ $\begin{array}{r} 43 \\ \times\ \ 3 \\ \hline \end{array}$　⑦ $\begin{array}{r} 64 \\ \times\ \ 3 \\ \hline \end{array}$　⑧ $\begin{array}{r} 38 \\ \times\ \ 7 \\ \hline \end{array}$

⑨ $\begin{array}{r} 15 \\ \times\ \ 7 \\ \hline \end{array}$　⑩ $\begin{array}{r} 69 \\ \times\ \ 6 \\ \hline \end{array}$

2 次の計算を筆算でしましょう。

月　日

① 14×6

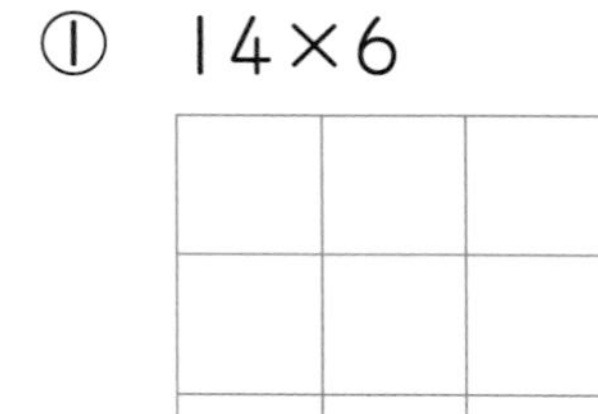

② 81×7

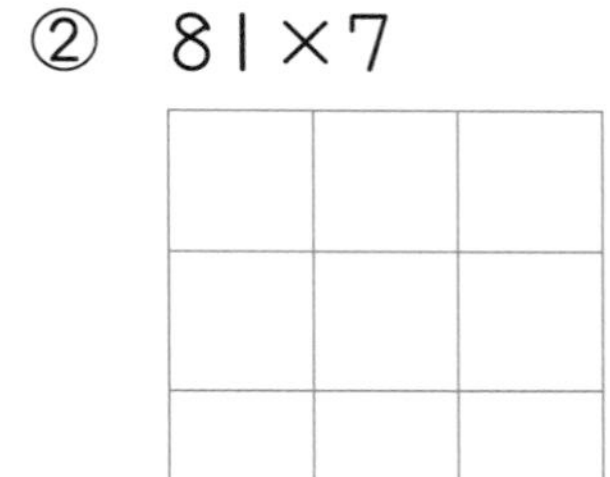

③ 24×8

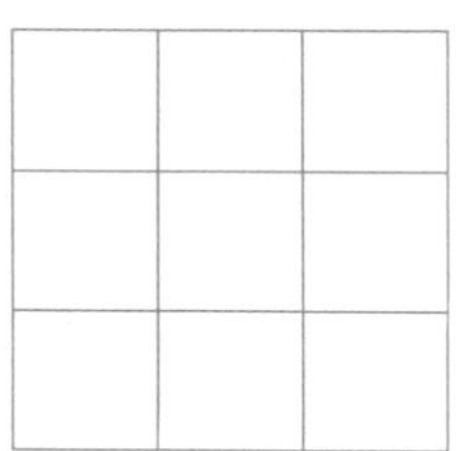

④ 85×6

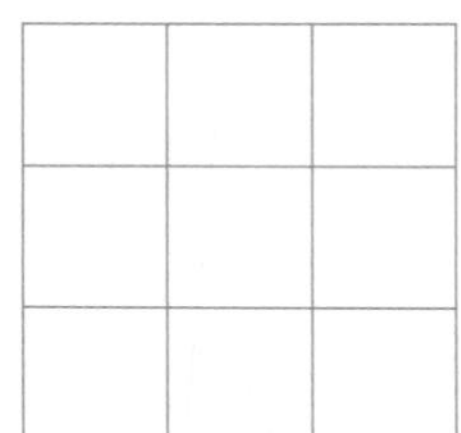

25 (2けた)×(1けた)の筆算③

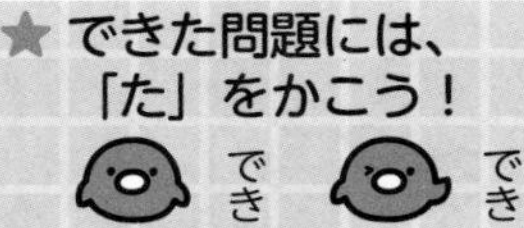

1 2

1 次の計算をしましょう。

月　　日

① $\begin{array}{r} 24 \\ \times\ \ 2 \\ \hline \end{array}$　② $\begin{array}{r} 20 \\ \times\ \ 4 \\ \hline \end{array}$　③ $\begin{array}{r} 15 \\ \times\ \ 6 \\ \hline \end{array}$　④ $\begin{array}{r} 36 \\ \times\ \ 2 \\ \hline \end{array}$

⑤ $\begin{array}{r} 72 \\ \times\ \ 3 \\ \hline \end{array}$　⑥ $\begin{array}{r} 31 \\ \times\ \ 5 \\ \hline \end{array}$　⑦ $\begin{array}{r} 44 \\ \times\ \ 9 \\ \hline \end{array}$　⑧ $\begin{array}{r} 97 \\ \times\ \ 8 \\ \hline \end{array}$

⑨ $\begin{array}{r} 39 \\ \times\ \ 3 \\ \hline \end{array}$　⑩ $\begin{array}{r} 75 \\ \times\ \ 4 \\ \hline \end{array}$

2 次の計算を筆算でしましょう。

月　　日

① 48×2

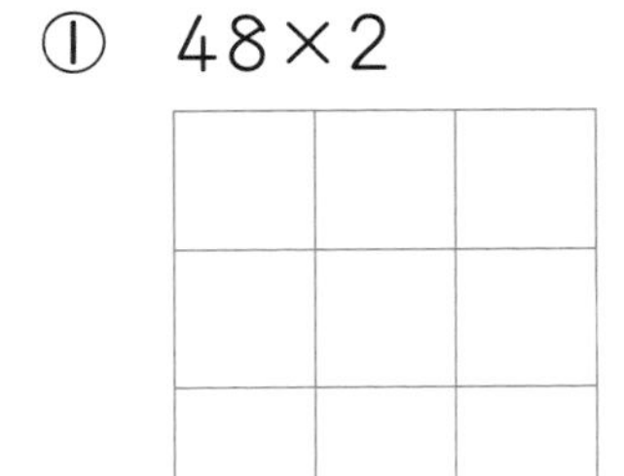

② 20×6

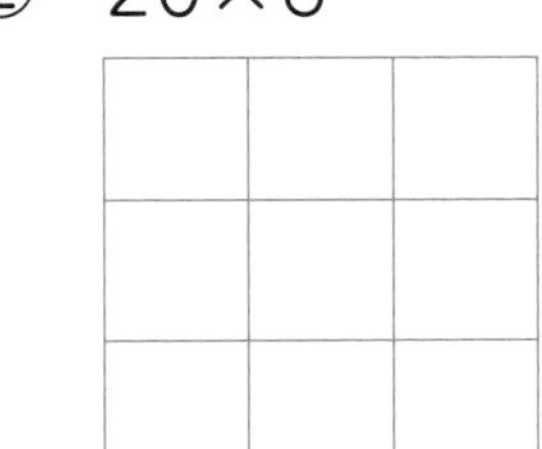

③ 23×8

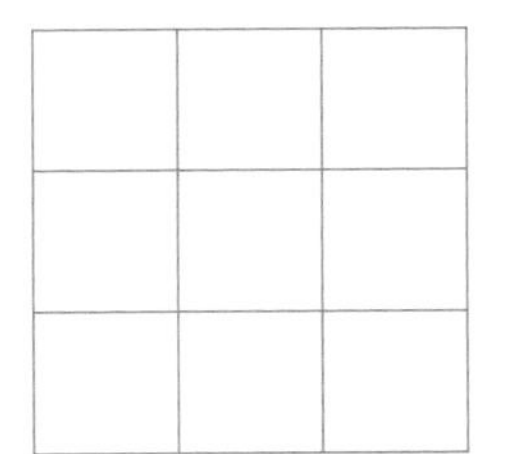

④ 38×9

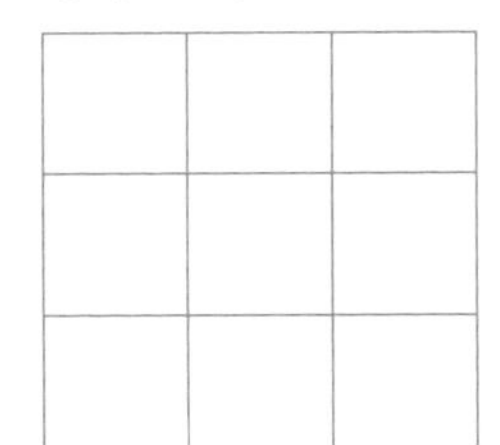

26 (2けた)×(1けた)の筆算④

1 次の計算をしましょう。

月　　日

① $\begin{array}{r} 41 \\ \times\ 2 \\ \hline \end{array}$

② $\begin{array}{r} 20 \\ \times\ 3 \\ \hline \end{array}$

③ $\begin{array}{r} 15 \\ \times\ 3 \\ \hline \end{array}$

④ $\begin{array}{r} 28 \\ \times\ 2 \\ \hline \end{array}$

⑤ $\begin{array}{r} 83 \\ \times\ 2 \\ \hline \end{array}$

⑥ $\begin{array}{r} 91 \\ \times\ 5 \\ \hline \end{array}$

⑦ $\begin{array}{r} 95 \\ \times\ 5 \\ \hline \end{array}$

⑧ $\begin{array}{r} 47 \\ \times\ 6 \\ \hline \end{array}$

⑨ $\begin{array}{r} 68 \\ \times\ 3 \\ \hline \end{array}$

⑩ $\begin{array}{r} 38 \\ \times\ 6 \\ \hline \end{array}$

2 次の計算を筆算でしましょう。

月　　日

① 29×3

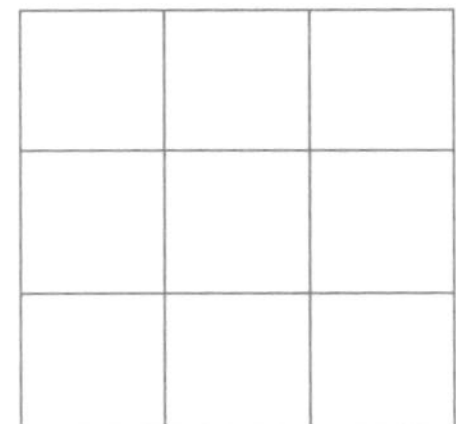

② 54×2

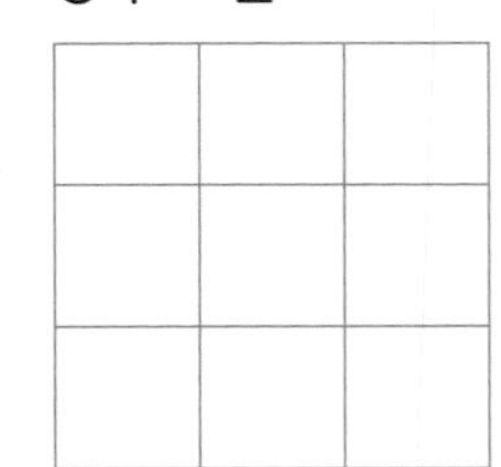

③ 55×9

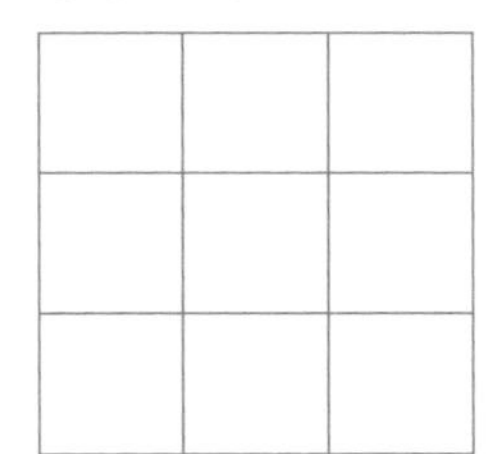

④ 25×8

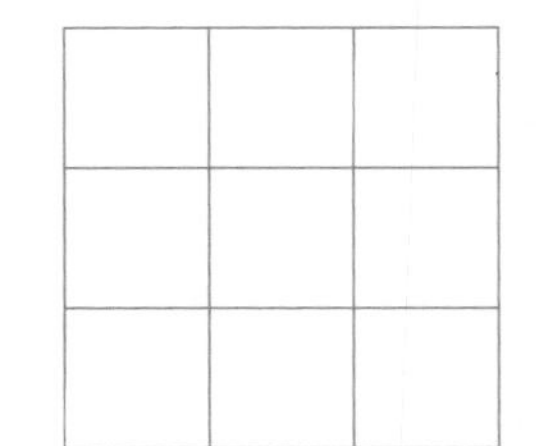

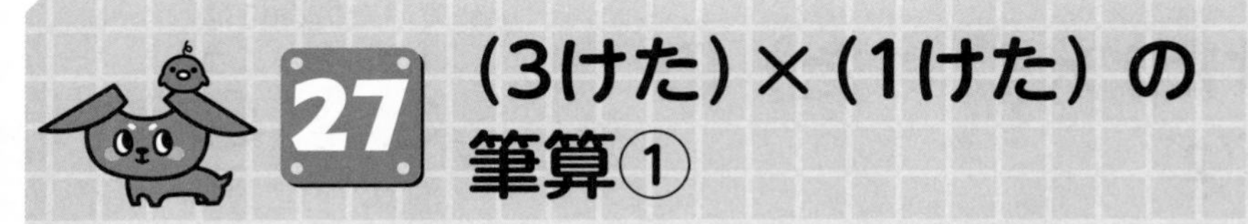

27 (3けた)×(1けた)の筆算①

★できた問題には、「た」をかこう！

1 でき　2 でき

1 次の計算をしましょう。

月　　日

① $\begin{array}{r} 143 \\ \times \quad 2 \\ \hline \end{array}$　② $\begin{array}{r} 233 \\ \times \quad 3 \\ \hline \end{array}$　③ $\begin{array}{r} 742 \\ \times \quad 2 \\ \hline \end{array}$　④ $\begin{array}{r} 612 \\ \times \quad 4 \\ \hline \end{array}$

⑤ $\begin{array}{r} 114 \\ \times \quad 6 \\ \hline \end{array}$　⑥ $\begin{array}{r} 947 \\ \times \quad 2 \\ \hline \end{array}$　⑦ $\begin{array}{r} 445 \\ \times \quad 3 \\ \hline \end{array}$　⑧ $\begin{array}{r} 286 \\ \times \quad 9 \\ \hline \end{array}$

⑨ $\begin{array}{r} 304 \\ \times \quad 2 \\ \hline \end{array}$　⑩ $\begin{array}{r} 490 \\ \times \quad 5 \\ \hline \end{array}$

2 次の計算を筆算でしましょう。

月　　日

① 312×3

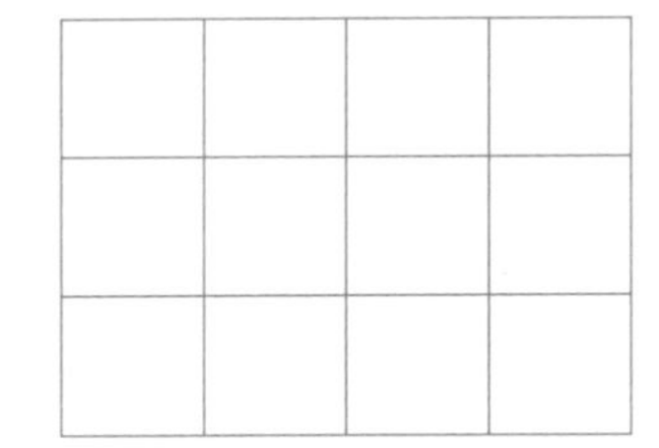

② 525×3

③ 491×6

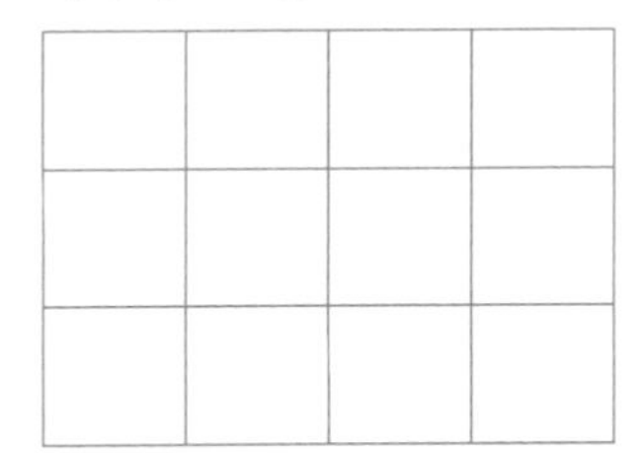

④ 607×4

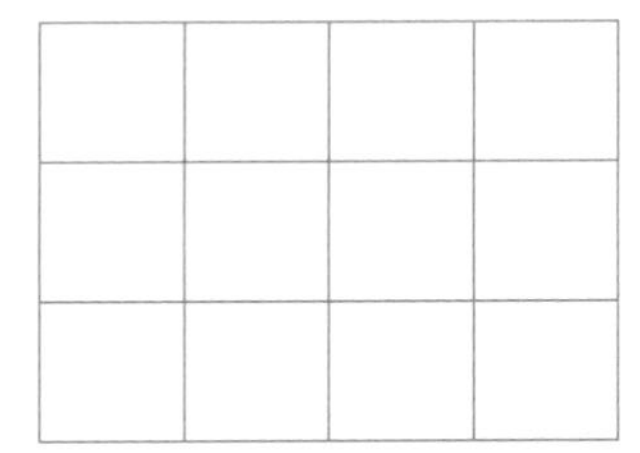

28 (3けた)×(1けた)の筆算②

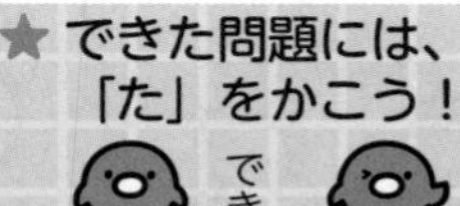

1 次の計算をしましょう。

月　日

① $\begin{array}{r} 121 \\ \times \quad 4 \\ \hline \end{array}$　② $\begin{array}{r} 321 \\ \times \quad 3 \\ \hline \end{array}$　③ $\begin{array}{r} 823 \\ \times \quad 2 \\ \hline \end{array}$　④ $\begin{array}{r} 513 \\ \times \quad 3 \\ \hline \end{array}$

⑤ $\begin{array}{r} 218 \\ \times \quad 3 \\ \hline \end{array}$　⑥ $\begin{array}{r} 724 \\ \times \quad 3 \\ \hline \end{array}$　⑦ $\begin{array}{r} 296 \\ \times \quad 2 \\ \hline \end{array}$　⑧ $\begin{array}{r} 256 \\ \times \quad 8 \\ \hline \end{array}$

⑨ $\begin{array}{r} 509 \\ \times \quad 7 \\ \hline \end{array}$　⑩ $\begin{array}{r} 520 \\ \times \quad 4 \\ \hline \end{array}$

2 次の計算を筆算でしましょう。

月　日

① 214×2

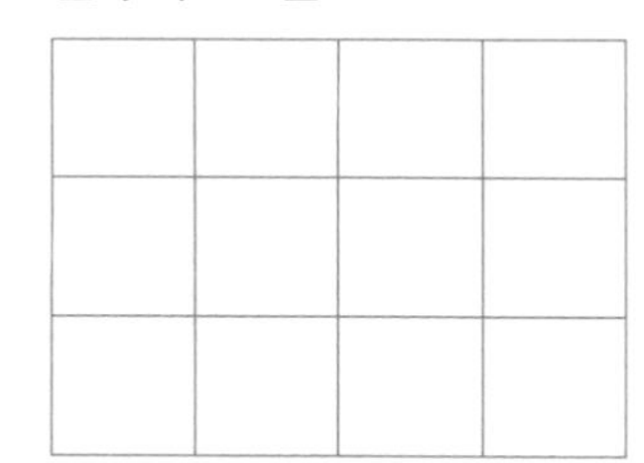

② 518×4

③ 561×5

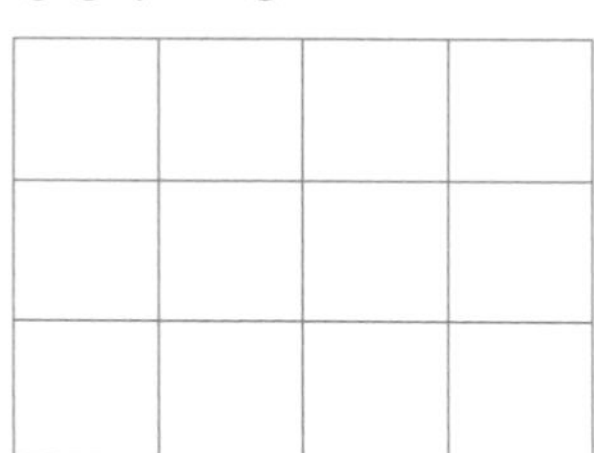

④ 205×2

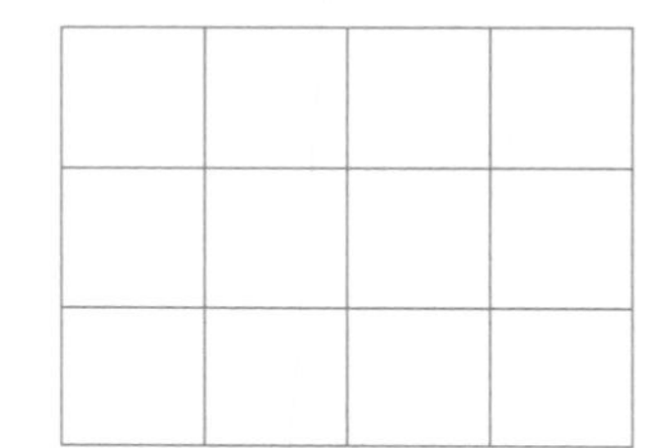

29 かけ算の暗算

★できた問題には、「た」をかこう！

でき 1　でき 2

1 次の計算をしましょう。

月　　日

① 11×5　　② 21×4

③ 43×2　　④ 32×3

⑤ 41×2　　⑥ 13×3

⑦ 34×2　　⑧ 31×2

⑨ 43×3　　⑩ 52×3

2 次の計算をしましょう。

月　　日

① 26×2　　② 17×3

③ 15×4　　④ 49×2

⑤ 23×4　　⑥ 28×3

⑦ 27×2　　⑧ 12×8

⑨ 25×3　　⑩ 19×4

30 小数のたし算・ひき算

★できた問題には、「た」をかこう！

1 でき　2 でき

1 次の計算をしましょう。

月　日

① 0.2＋0.3　② 0.5＋0.4

③ 0.6＋0.4　④ 0.2＋0.8

⑤ 0.7＋2.1　⑥ 1＋0.3

⑦ 0.9＋0.2　⑧ 0.8＋0.7

⑨ 0.6＋0.5　⑩ 0.7＋0.6

2 次の計算をしましょう。

月　日

① 0.4－0.3　② 0.9－0.6

③ 1－0.1　④ 1－0.7

⑤ 1.3－0.2　⑥ 1.5－0.5

⑦ 1.1－0.3　⑧ 1.4－0.5

⑨ 1.6－0.9　⑩ 1.3－0.4

31 小数のたし算の筆算

★できた問題には、「た」をかこう！

1 次の計算をしましょう。

月　日

① 1.2 ＋2.4

② 3.3 ＋2.5

③ 1.7 ＋1.9

④ 2.8 ＋1.4

⑤ 2.5 ＋6.8

⑥ 4.2 ＋1.9

⑦ 2.7 ＋3.6

⑧ 6.6 ＋2.8

⑨ 7.9 ＋6

⑩ 7.1 ＋0.9

2 次の計算を筆算でしましょう。

月　日

① 1.3＋7.4

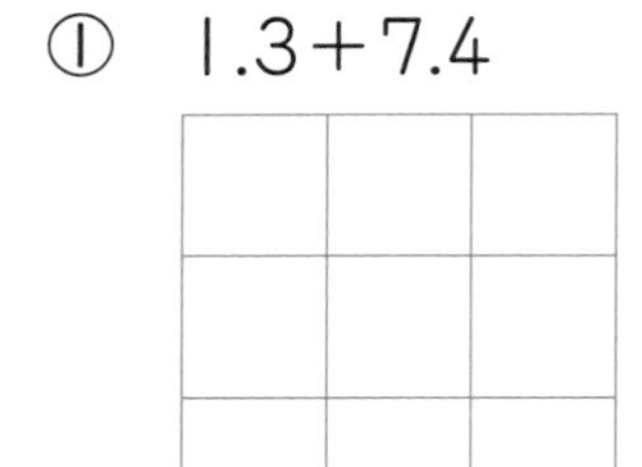

② 7.8＋2.9

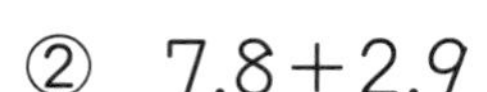

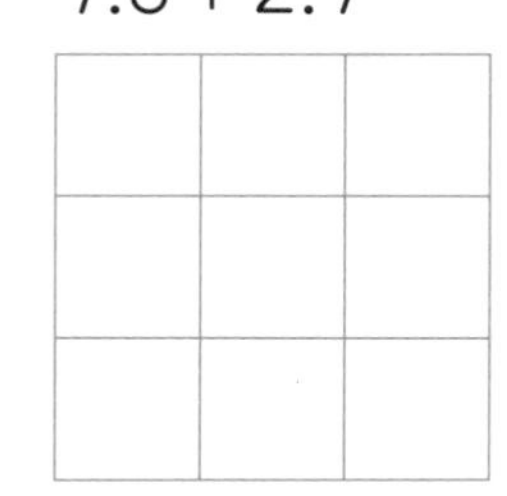

③ 8＋4.1

④ 5.6＋3.4

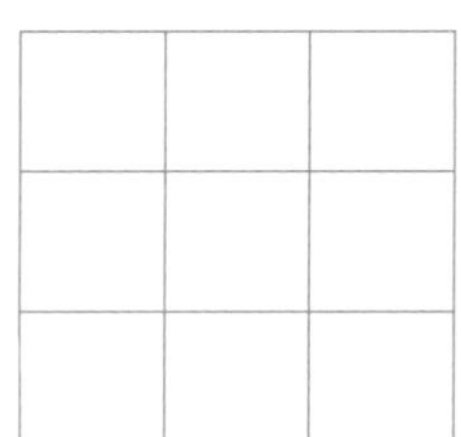

32 小数のひき算の筆算

1 次の計算をしましょう。

月　日

① $\begin{array}{r} 3.5 \\ -1.4 \\ \hline \end{array}$

② $\begin{array}{r} 7.9 \\ -2.4 \\ \hline \end{array}$

③ $\begin{array}{r} 5.2 \\ -2.5 \\ \hline \end{array}$

④ $\begin{array}{r} 6.6 \\ -3.8 \\ \hline \end{array}$

⑤ $\begin{array}{r} 9.5 \\ -4.9 \\ \hline \end{array}$

⑥ $\begin{array}{r} 3.4 \\ -1.6 \\ \hline \end{array}$

⑦ $\begin{array}{r} 11.7 \\ -\ \ 9.8 \\ \hline \end{array}$

⑧ $\begin{array}{r} 12.7 \\ -\ \ 8.7 \\ \hline \end{array}$

⑨ $\begin{array}{r} 5.1 \\ -4.8 \\ \hline \end{array}$

⑩ $\begin{array}{r} 3 \\ -2.2 \\ \hline \end{array}$

2 次の計算を筆算でしましょう。

① 7−1.5

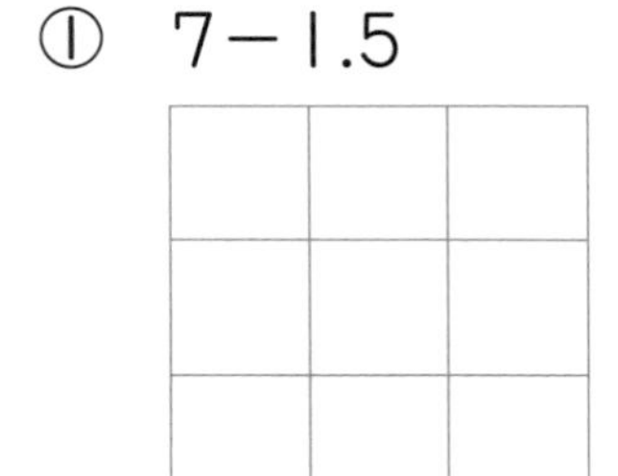

② 9.8−7

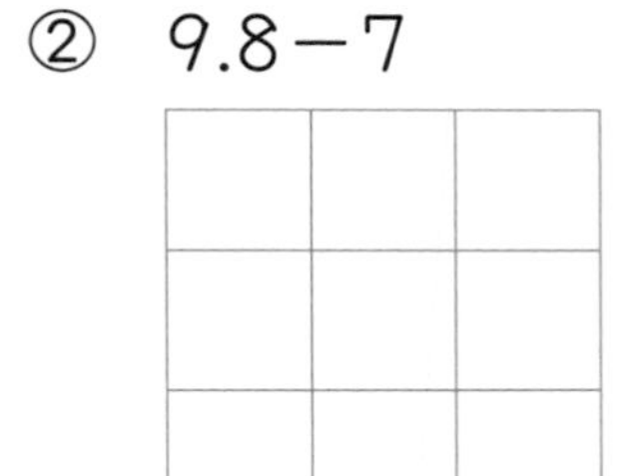

③ 4.2−1.2

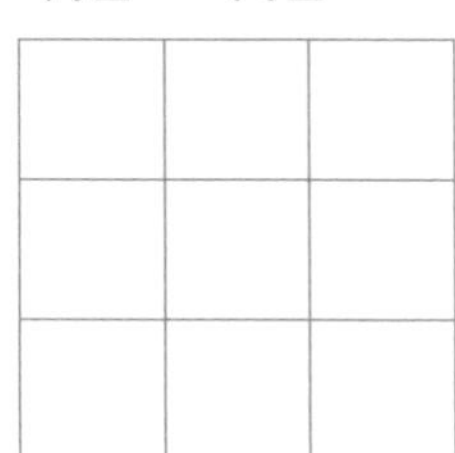

④ 10.3−9.4

33 分数のたし算・ひき算

★できた問題には、「た」をかこう！

でき 1 でき 2

1 次の計算をしましょう。

月　日

① $\frac{1}{3}+\frac{1}{3}$　② $\frac{1}{4}+\frac{1}{4}$

③ $\frac{2}{5}+\frac{1}{5}$　④ $\frac{1}{7}+\frac{3}{7}$

⑤ $\frac{3}{10}+\frac{6}{10}$　⑥ $\frac{1}{8}+\frac{2}{8}$

⑦ $\frac{3}{4}+\frac{1}{4}$　⑧ $\frac{4}{6}+\frac{2}{6}$

2 次の計算をしましょう。

月　日

① $\frac{2}{5}-\frac{1}{5}$　② $\frac{3}{6}-\frac{1}{6}$

③ $\frac{3}{4}-\frac{2}{4}$　④ $\frac{7}{8}-\frac{4}{8}$

⑤ $\frac{8}{9}-\frac{5}{9}$　⑥ $\frac{5}{7}-\frac{2}{7}$

⑦ $1-\frac{3}{8}$　⑧ $1-\frac{7}{10}$

34 何十をかけるかけ算

★できた問題には、「た」をかこう！

1 でき　2 でき

1 次の計算をしましょう。　　月　日

① 2×40　　② 3×30

③ 5×20　　④ 8×60

⑤ 7×80　　⑥ 6×50

⑦ 9×30　　⑧ 4×70

⑨ 5×90　　⑩ 8×30

2 次の計算をしましょう。　　月　日

① 11×80　　② 21×40

③ 23×30　　④ 13×30

⑤ 42×20　　⑥ 40×40

⑦ 30×70　　⑧ 20×60

⑨ 80×50　　⑩ 90×40

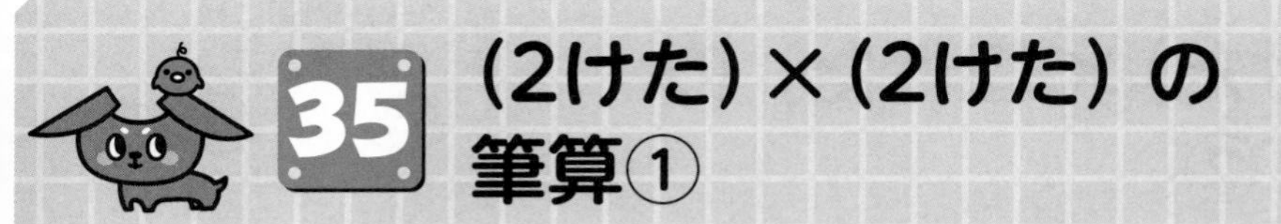

35 (2けた)×(2けた)の筆算①

★できた問題には、「た」をかこう！

1 できた　2 できた

1 次の計算をしましょう。

月　日

① $\begin{array}{r} 13 \\ \times 12 \\ \hline \end{array}$　② $\begin{array}{r} 15 \\ \times 13 \\ \hline \end{array}$　③ $\begin{array}{r} 25 \\ \times 21 \\ \hline \end{array}$　④ $\begin{array}{r} 32 \\ \times 16 \\ \hline \end{array}$

⑤ $\begin{array}{r} 17 \\ \times 59 \\ \hline \end{array}$　⑥ $\begin{array}{r} 38 \\ \times 32 \\ \hline \end{array}$　⑦ $\begin{array}{r} 39 \\ \times 73 \\ \hline \end{array}$　⑧ $\begin{array}{r} 95 \\ \times 34 \\ \hline \end{array}$

⑨ $\begin{array}{r} 80 \\ \times 64 \\ \hline \end{array}$　⑩ $\begin{array}{r} 42 \\ \times 30 \\ \hline \end{array}$

2 次の計算を筆算でしましょう。

① 91×26　② 47×39　③ 82×25

36 (2けた)×(2けた)の筆算②

★できた問題には、「た」をかこう！
1 でき　2 でき

1 次の計算をしましょう。　　月　日

① $\begin{array}{r} 22 \\ \times 13 \\ \hline \end{array}$

② $\begin{array}{r} 17 \\ \times 31 \\ \hline \end{array}$

③ $\begin{array}{r} 24 \\ \times 23 \\ \hline \end{array}$

④ $\begin{array}{r} 21 \\ \times 26 \\ \hline \end{array}$

⑤ $\begin{array}{r} 93 \\ \times 12 \\ \hline \end{array}$

⑥ $\begin{array}{r} 83 \\ \times 92 \\ \hline \end{array}$

⑦ $\begin{array}{r} 47 \\ \times 75 \\ \hline \end{array}$

⑧ $\begin{array}{r} 86 \\ \times 65 \\ \hline \end{array}$

⑨ $\begin{array}{r} 90 \\ \times 39 \\ \hline \end{array}$

⑩ $\begin{array}{r} 16 \\ \times 80 \\ \hline \end{array}$

2 次の計算を筆算でしましょう。　　月　日

① 31×61　　② 87×36　　③ 35×84

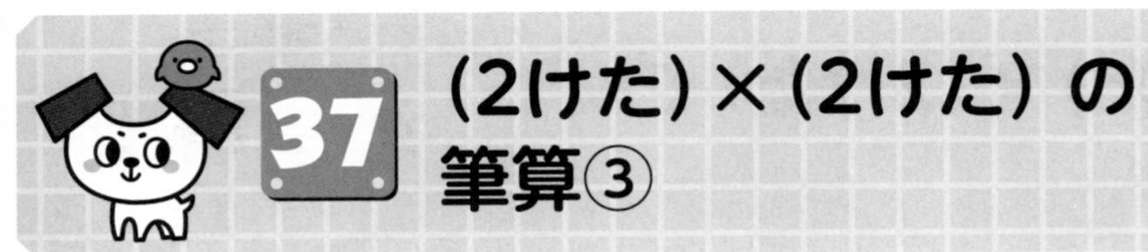

37 (2けた)×(2けた)の筆算③

★できた問題には、「た」をかこう！

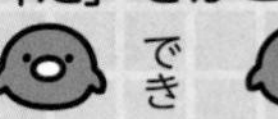

月　　日

1 次の計算をしましょう。

① $\begin{array}{r} 21 \\ \times 14 \\ \hline \end{array}$　② $\begin{array}{r} 14 \\ \times 13 \\ \hline \end{array}$　③ $\begin{array}{r} 17 \\ \times 52 \\ \hline \end{array}$　④ $\begin{array}{r} 25 \\ \times 15 \\ \hline \end{array}$

⑤ $\begin{array}{r} 74 \\ \times 16 \\ \hline \end{array}$　⑥ $\begin{array}{r} 39 \\ \times 76 \\ \hline \end{array}$　⑦ $\begin{array}{r} 89 \\ \times 45 \\ \hline \end{array}$　⑧ $\begin{array}{r} 48 \\ \times 95 \\ \hline \end{array}$

⑨ $\begin{array}{r} 50 \\ \times 77 \\ \hline \end{array}$　⑩ $\begin{array}{r} 92 \\ \times 60 \\ \hline \end{array}$

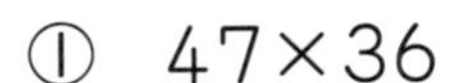

月　　日

2 次の計算を筆算でしましょう。

① 47×36　② 58×79　③ 25×46

38 (2けた)×(2けた)の筆算④

1 次の計算をしましょう。　　月　日

① $\begin{array}{r} 12 \\ \times 14 \\ \hline \end{array}$　② $\begin{array}{r} 16 \\ \times 61 \\ \hline \end{array}$　③ $\begin{array}{r} 25 \\ \times 31 \\ \hline \end{array}$　④ $\begin{array}{r} 17 \\ \times 47 \\ \hline \end{array}$

⑤ $\begin{array}{r} 24 \\ \times 46 \\ \hline \end{array}$　⑥ $\begin{array}{r} 32 \\ \times 46 \\ \hline \end{array}$　⑦ $\begin{array}{r} 69 \\ \times 98 \\ \hline \end{array}$　⑧ $\begin{array}{r} 38 \\ \times 75 \\ \hline \end{array}$

⑨ $\begin{array}{r} 70 \\ \times 29 \\ \hline \end{array}$　⑩ $\begin{array}{r} 64 \\ \times 30 \\ \hline \end{array}$

2 次の計算を筆算でしましょう。

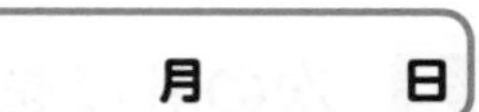
月　日

① 52×47

② 79×87

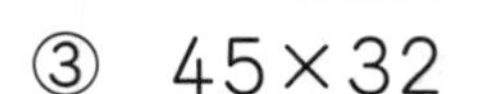
③ 45×32

39 (3けた)×(2けた)の筆算①

★できた問題には、「た」をかこう！

1 でき　2 でき

1 次の計算をしましょう。

月　　日

① $\begin{array}{r} 213 \\ \times\ \ 13 \\ \hline \end{array}$　② $\begin{array}{r} 257 \\ \times\ \ 31 \\ \hline \end{array}$　③ $\begin{array}{r} 328 \\ \times\ \ 37 \\ \hline \end{array}$　④ $\begin{array}{r} 341 \\ \times\ \ 73 \\ \hline \end{array}$

⑤ $\begin{array}{r} 198 \\ \times\ \ 65 \\ \hline \end{array}$　⑥ $\begin{array}{r} 420 \\ \times\ \ 46 \\ \hline \end{array}$　⑦ $\begin{array}{r} 672 \\ \times\ \ 40 \\ \hline \end{array}$　⑧ $\begin{array}{r} 300 \\ \times\ \ 25 \\ \hline \end{array}$

⑨ $\begin{array}{r} 608 \\ \times\ \ 59 \\ \hline \end{array}$　⑩ $\begin{array}{r} 305 \\ \times\ \ 34 \\ \hline \end{array}$

2 次の計算を筆算でしましょう。

月　　日

① 234×68　② 725×44　③ 508×80

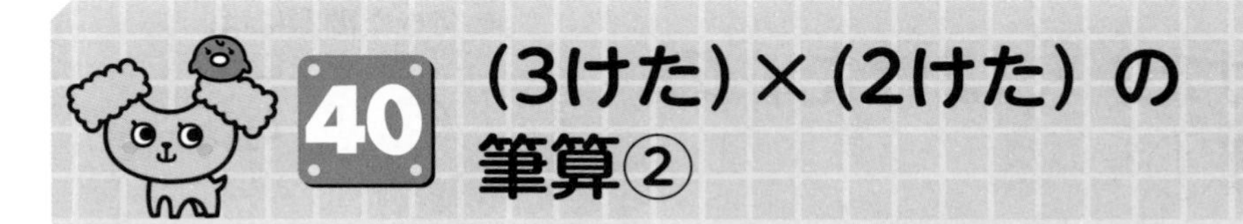

★できた問題には、
「た」をかこう！

1 でき　2 でき

1 次の計算をしましょう。　　月　　日

① $\begin{array}{r} 431 \\ \times\ \ 23 \\ \hline \end{array}$ ② $\begin{array}{r} 139 \\ \times\ \ 14 \\ \hline \end{array}$ ③ $\begin{array}{r} 416 \\ \times\ \ 82 \\ \hline \end{array}$ ④ $\begin{array}{r} 394 \\ \times\ \ 36 \\ \hline \end{array}$

⑤ $\begin{array}{r} 963 \\ \times\ \ 25 \\ \hline \end{array}$ ⑥ $\begin{array}{r} 720 \\ \times\ \ 23 \\ \hline \end{array}$ ⑦ $\begin{array}{r} 452 \\ \times\ \ 60 \\ \hline \end{array}$ ⑧ $\begin{array}{r} 500 \\ \times\ \ 32 \\ \hline \end{array}$

⑨ $\begin{array}{r} 309 \\ \times\ \ 66 \\ \hline \end{array}$ ⑩ $\begin{array}{r} 703 \\ \times\ \ 83 \\ \hline \end{array}$

2 次の計算を筆算でしましょう。　　月　　日

① 517×99　② 382×45　③ 108×90

答え

1 10や0のかけ算

1 ①20 ②80 ③30 ④60 ⑤10 ⑥70 ⑦40 ⑧90 ⑨50 ⑩100

2 ①0 ②0 ③0 ④0 ⑤0 ⑥0 ⑦0 ⑧0 ⑨0 ⑩0

2 わり算①

1 ①4 ②3 ③0 ④5 ⑤2 ⑥9 ⑦8 ⑧6 ⑨7 ⑩8

2 ①1 ②4 ③9 ④9 ⑤3 ⑥9 ⑦5 ⑧0 ⑨8 ⑩2

3 わり算②

1 ①3 ②7 ③5 ④6 ⑤2 ⑥0 ⑦8 ⑧8 ⑨9 ⑩4

2 ①2 ②6 ③9 ④7 ⑤4 ⑥1 ⑦7 ⑧6 ⑨8 ⑩2

4 わり算③

1 ①7 ②5 ③7 ④9 ⑤4 ⑥6 ⑦7 ⑧4 ⑨9 ⑩8

2 ①1 ②5 ③3 ④8 ⑤2 ⑥2 ⑦4 ⑧0 ⑨7 ⑩5

5 わり算④

1 ①6 ②7 ③3 ④5 ⑤2 ⑥8 ⑦4 ⑧4 ⑨0 ⑩9

2 ①4 ②8 ③2 ④9 ⑤9 ⑥9 ⑦6 ⑧3 ⑨8 ⑩1

6 大きい数のわり算

1 ①10 ②10 ③10 ④10 ⑤10 ⑥20 ⑦30 ⑧20 ⑨30 ⑩20

2 ①14 ②22 ③13 ④13 ⑤12 ⑥43 ⑦21 ⑧21 ⑨11 ⑩23

7 たし算の筆算①

1 ①959 ②880 ③851 ④747 ⑤623 ⑥912 ⑦852 ⑧1370 ⑨1540 ⑩1003

2

①

	5	7	9
+	3	2	1
	9	0	0

②

	3	6	5
+		4	7
	4	1	2

③

	4	7	8
+	9	6	5
1	4	4	3

④

		3	5
+	9	7	8
1	0	1	3

8 たし算の筆算②

1 ①686 ②997 ③914 ④844 ⑤831 ⑥710 ⑦721 ⑧1563 ⑨1334 ⑩1025

2

①

	4	2	9
+	4	7	3
	9	0	2

②

	4	8	9
+	8	8	6
1	3	7	5

③

	2	1	2
+	7	8	8
1	0	0	0

④

	9	4	2
+		6	9
1	0	1	1

9 たし算の筆算③

1 ①592 ②971 ③979 ④244 ⑤582 ⑥772 ⑦403 ⑧1710 ⑨1304 ⑩1004

2

①

	6	9	5
+			6
	7	0	1

②

	8	9	7
+	3	9	4
1	2	9	1

③

	9	4	7
+		8	9
1	0	3	6

④

		9	7
+	9	0	6
1	0	0	3

10 たし算の筆算④

1 ①791 ②612 ③452 ④849 ⑤817 ⑥714 ⑦813 ⑧1651 ⑨1813 ⑩1065

2

①

		2	5
+	7	7	6
	8	0	1

②

	5	7	9
+	8	9	2
1	4	7	1

③

	6	5	7
+	5	4	5
1	2	0	2

④

	9	9	2
+			9
1	0	0	1

11 ひき算の筆算①

1 ①121 ②249 ③648 ④226 ⑤191 ⑥457 ⑦61 ⑧244 ⑨118 ⑩23

2

①

	4	4	0
−	2	7	9
	1	6	1

②

	2	1	2
−		4	6
	1	6	6

③

	7	0	8
−		1	9
	6	8	9

④

	9	0	0
−	4	1	4
	4	8	6

12 ひき算の筆算②

1 ①130 ②105 ③112 ④59 ⑤172 ⑥570 ⑦156 ⑧589 ⑨347 ⑩104

2

①

	3	3	1
−	2	3	7
		9	4

②

	8	0	3
−	6	0	8
	1	9	5

③

	7	0	0
−			5
	6	9	5

④

	1	0	0	0
−		7	3	8
		2	6	2

13 ひき算の筆算③

1 ①501 ②656 ③423 ④739 ⑤431 ⑥180 ⑦61 ⑧155 ⑨566 ⑩714

2

①

	8	9	5
−	6	9	9
	1	9	6

②

	5	0	2
−	4	9	3
			9

③

	4	0	0
−			8
	3	9	2

④

	1	0	0	0
−			5	7
		9	4	3

14 ひき算の筆算④

1 ①372 ②129 ③128 ④27 ⑤585 ⑥190 ⑦62 ⑧629 ⑨788 ⑩561

2

①

	9	2	0
−	7	2	2
	1	9	8

②

	8	0	6
−	7	1	9
		8	7

③

	8	0	0
−	7	1	1
		8	9

④

	7	0	0
−		6	9
	6	3	1

15 4けたの数のたし算の筆算

1 ①8624 ②5948 ③6364 ④8794 ⑤8807 ⑥7829 ⑦6273 ⑧6906 ⑨9132

2

①

	1	9	2	9
+	5	1	6	5
	7	0	9	4

②

	8	3	5	7
+		3	6	8
	8	7	2	5

③

	7	9	3	8
+	1	1	9	2
	9	1	3	0

④

			4	8
+	4	7	8	2
	4	8	3	0

16 4けたの数のひき算の筆算

1 ①3213 ②21 ③5028 ④924 ⑤598 ⑥8992 ⑦3288 ⑧2793 ⑨6167

2

①

	4	0	3	7
−	1	6	3	5
	2	4	0	2

②

	8	1	8	3
−	3	5	0	5
	4	6	7	8

③

	5	5	0	1
−	2	8	6	2
	2	6	3	9

④

	8	0	0	7
−			5	8
	7	9	4	9

17 たし算の暗算

1 ①44 ②79 ③59 ④88 ⑤88 ⑥83 ⑦80 ⑧60 ⑨70 ⑩60

2 ①46 ②92 ③93 ④85 ⑤81 ⑥61 ⑦87 ⑧74 ⑨107 ⑩126

18 ひき算の暗算

1 ①21 ②13 ③27 ④21 ⑤44 ⑥39 ⑦20 ⑧50 ⑨36 ⑩25

2 ①38 ②37 ③59 ④38 ⑤13 ⑥17 ⑦28 ⑧78 ⑨44 ⑩27

19 あまりのあるわり算①

1 ①3あまり1 ②2あまり2 ③7あまり2 ④5あまり6 ⑤8あまり5 ⑥3あまり4 ⑦5あまり5 ⑧4あまり1 ⑨9あまり1 ⑩5あまり5

2 ①3あまり2 ②2あまり5 ③8あまり3 ④9あまり4 ⑤9あまり4 ⑥4あまり1 ⑦4あまり3 ⑧1あまり7 ⑨6あまり3 ⑩8あまり7

20 あまりのあるわり算②

1 ①1あまり6 ②6あまり6 ③9あまり1 ④3あまり3 ⑤5あまり1 ⑥4あまり6 ⑦5あまり2 ⑧6あまり2 ⑨7あまり3 ⑩2あまり4

2 ①9あまり3 ②2あまり2 ③7あまり7 ④6あまり4 ⑤7あまり3 ⑥7あまり1 ⑦8あまり4 ⑧4あまり2 ⑨5あまり7 ⑩2あまり2

21 あまりのあるわり算③

1 ①7あまり5 ②1あまり3 ③5あまり2 ④2あまり6 ⑤2あまり4 ⑥6あまり3 ⑦6あまり1 ⑧7あまり3 ⑨4あまり4 ⑩3あまり4

2 ①6あまり7 ②3あまり3 ③7あまり4 ④8あまり1 ⑤8あまり2 ⑥5あまり4 ⑦8あまり4 ⑧1あまり1 ⑨8あまり1 ⑩3あまり3

22 何十・何百のかけ算

1 ①60 ②80 ③640 ④210 ⑤140 ⑥540 ⑦360 ⑧240 ⑨300 ⑩560

2 ①400 ②900 ③4500 ④2400 ⑤1800 ⑥3500 ⑦1600 ⑧6300 ⑨4800 ⑩2000

23 (2けた)×(1けた)の筆算①

1 ①48 ②80 ③96 ④98 ⑤246 ⑥546 ⑦584 ⑧288 ⑨112 ⑩100

2

①

	2	4
×		3
	7	2

②

	4	2
×		4
1	6	8

③

	3	3
×		9
2	9	7

④

	3	4
×		3
1	0	2

24 (2けた)×(1けた)の筆算②

1 ①77 ②90 ③96 ④51 ⑤408 ⑥129 ⑦192 ⑧266 ⑨105 ⑩414

2

①

	1	4
×		6
	8	4

②

	8	1
×		7
5	6	7

③

	2	4
×		8
1	9	2

④

	8	5
×		6
5	1	0

25 (2けた)×(1けた)の筆算③

1 ①48 ②80 ③90 ④72 ⑤216 ⑥155 ⑦396 ⑧776 ⑨117 ⑩300

2

①

	4	8
×		2
	9	6

②

	2	0
×		6
1	2	0

③

	2	3
×		8
1	8	4

④

	3	8
×		9
3	4	2

26 (2けた)×(1けた) の筆算④

1 ①82 ②60 ③45 ④56 ⑤166 ⑥455 ⑦475 ⑧282 ⑨204 ⑩228

2

①

	2	9
×		3
	8	7

②

	5	4
×		2
1	0	8

③

	5	5
×		9
4	9	5

④

	2	5
×		8
2	0	0

27 (3けた)×(1けた) の筆算①

1 ①286 ②699 ③1484 ④2448 ⑤684 ⑥1894 ⑦1335 ⑧2574 ⑨608 ⑩2450

2

①

	3	1	2
×			3
	9	3	6

②

	5	2	5
×			3
1	5	7	5

③

	4	9	1
×			6
2	9	4	6

④

	6	0	7
×			4
2	4	2	8

28 (3けた)×(1けた) の筆算②

1 ①484 ②963 ③1646 ④1539 ⑤654 ⑥2172 ⑦592 ⑧2048 ⑨3563 ⑩2080

2

①

	2	1	4
×			2
	4	2	8

②

	5	1	8
×			4
2	0	7	2

③

	5	6	1
×			5
2	8	0	5

④

	2	0	5
×			2
	4	1	0

29 かけ算の暗算

1 ①55 ②84 ③86 ④96 ⑤82 ⑥39 ⑦68 ⑧62 ⑨129 ⑩156

2 ①52 ②51 ③60 ④98 ⑤92 ⑥84 ⑦54 ⑧96 ⑨75 ⑩76

30 小数のたし算・ひき算

1 ①0.5 ②0.9 ③1 ④1 ⑤2.8 ⑥1.3 ⑦1.1 ⑧1.5 ⑨1.1 ⑩1.3

2 ①0.1 ②0.3 ③0.9 ④0.3 ⑤1.1 ⑥1 ⑦0.8 ⑧0.9 ⑨0.7 ⑩0.9

31 小数のたし算の筆算

1 ①3.6 ②5.8 ③3.6 ④4.2 ⑤9.3 ⑥6.1 ⑦6.3 ⑧9.4 ⑨13.9 ⑩8

2

①

	1.	3
+	7.	4
	8.	7

②

	7.	8
+	2.	9
1	0.	7

③

	8	
+	4.	1
1	2.	1

④

	5.	6
+	3.	4
	9.	0

32 小数のひき算の筆算

1 ①2.1 ②5.5 ③2.7 ④2.8 ⑤4.6 ⑥1.8 ⑦1.9 ⑧4 ⑨0.3 ⑩0.8

2

①

	7	
−	1.	5
	5.	5

②

	9.	8
−	7	
	2.	8

③

	4.	2
−	1.	2
	3.	0

④

	1	0.	3
−		9.	4
		0.	9

33 分数のたし算・ひき算

1 ①$\frac{2}{3}$ ②$\frac{2}{4}$ ③$\frac{3}{5}$ ④$\frac{4}{7}$ ⑤$\frac{9}{10}$ ⑥$\frac{3}{8}$ ⑦$1\left(\frac{4}{4}\right)$ ⑧$1\left(\frac{6}{6}\right)$

2 ① $\frac{1}{5}$ ② $\frac{2}{6}$ ③ $\frac{1}{4}$ ④ $\frac{3}{8}$ ⑤ $\frac{3}{9}$ ⑥ $\frac{3}{7}$ ⑦ $\frac{5}{8}$ ⑧ $\frac{3}{10}$

34 何十をかけるかけ算

1 ①80 ②90 ③100 ④480 ⑤560 ⑥300 ⑦270 ⑧280 ⑨450 ⑩240

2 ①880 ②840 ③690 ④390 ⑤840 ⑥1600 ⑦2100 ⑧1200 ⑨4000 ⑩3600

35 (2けた)×(2けた) の筆算①

1 ①156 ②195 ③525 ④512 ⑤1003 ⑥1216 ⑦2847 ⑧3230 ⑨5120 ⑩1260

2
① $\begin{array}{r} 91 \\ \times 26 \\ \hline 546 \\ 182 \\ \hline 2366 \end{array}$
② $\begin{array}{r} 47 \\ \times 39 \\ \hline 423 \\ 141 \\ \hline 1833 \end{array}$
③ $\begin{array}{r} 82 \\ \times 25 \\ \hline 410 \\ 164 \\ \hline 2050 \end{array}$

36 (2けた)×(2けた) の筆算②

1 ①286 ②527 ③552 ④546 ⑤1116 ⑥7636 ⑦3525 ⑧5590 ⑨3510 ⑩1280

2
① $\begin{array}{r} 31 \\ \times 61 \\ \hline 31 \\ 186 \\ \hline 1891 \end{array}$
② $\begin{array}{r} 87 \\ \times 36 \\ \hline 522 \\ 261 \\ \hline 3132 \end{array}$
③ $\begin{array}{r} 35 \\ \times 84 \\ \hline 140 \\ 280 \\ \hline 2940 \end{array}$

37 (2けた)×(2けた) の筆算③

1 ①294 ②182 ③884 ④375 ⑤1184 ⑥2964 ⑦4005 ⑧4560 ⑨3850 ⑩5520

2
① $\begin{array}{r} 47 \\ \times 36 \\ \hline 282 \\ 141 \\ \hline 1692 \end{array}$
② $\begin{array}{r} 58 \\ \times 79 \\ \hline 522 \\ 406 \\ \hline 4582 \end{array}$
③ $\begin{array}{r} 25 \\ \times 46 \\ \hline 150 \\ 100 \\ \hline 1150 \end{array}$

38 (2けた)×(2けた) の筆算④

1 ①168 ②976 ③775 ④799 ⑤1104 ⑥1472 ⑦6762 ⑧2850 ⑨2030 ⑩1920

2
① $\begin{array}{r} 52 \\ \times 47 \\ \hline 364 \\ 208 \\ \hline 2444 \end{array}$
② $\begin{array}{r} 79 \\ \times 87 \\ \hline 553 \\ 632 \\ \hline 6873 \end{array}$
③ $\begin{array}{r} 45 \\ \times 32 \\ \hline 90 \\ 135 \\ \hline 1440 \end{array}$

39 (3けた)×(2けた) の筆算①

1 ①2769 ②7967 ③12136 ④24893 ⑤12870 ⑥19320 ⑦26880 ⑧7500 ⑨35872 ⑩10370

2
① $\begin{array}{r} 234 \\ \times\ 68 \\ \hline 1872 \\ 1404 \\ \hline 15912 \end{array}$
② $\begin{array}{r} 725 \\ \times\ 44 \\ \hline 2900 \\ 2900 \\ \hline 31900 \end{array}$
③ $\begin{array}{r} 508 \\ \times\ 80 \\ \hline 40640 \end{array}$

40 (3けた)×(2けた) の筆算②

1 ①9913 ②1946 ③34112 ④14184 ⑤24075 ⑥16560 ⑦27120 ⑧16000 ⑨20394 ⑩58349

2
① $\begin{array}{r} 517 \\ \times\ 99 \\ \hline 4653 \\ 4653 \\ \hline 51183 \end{array}$
② $\begin{array}{r} 382 \\ \times\ 45 \\ \hline 1910 \\ 1528 \\ \hline 17190 \end{array}$
③ $\begin{array}{r} 108 \\ \times\ 90 \\ \hline 9720 \end{array}$

教科書ぴったりトレーニング
はなまるシール

★ ふろくの「がんばり表」に使おう！
★ はじめに、キミのおとも犬を選んで、がんばり表にはろう！
★ 学習が終わったら、がんばり表に「はなまるシール」をはろう！
★ 余ったシールは自由に使ってね。

キミのおとも犬

はなまるシール

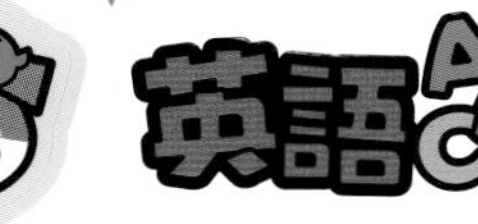

ごほうびシール

教科書ぴったりトレーニング 算数３年 がんばり表

いつも見えるところに、この「がんばり表」をはっておこう。
この「ぴたトレ」を学習したら、シールをはろう！
どこまでがんばったかわかるよ。

すきななまえをつけてね！

シールの中からすきなぴた犬をえらぼう。

おうちのかたへ

がんばり表のデジタル版「デジタルがんばり表」では、デジタル端末でも学習の進捗記録をつけることができます。１冊やり終えると、抽選でプレゼントが当たります。「ぴたサポシステム」にご登録いただき、「デジタルがんばり表」をお使いください。LINE または PC・ブラウザを利用する方法があります。

LINE用

★ ぴたサポシステムご利用ガイドはこちら ★
https://www.shinko-keirin.co.jp/shinko/news/pittari-support-system

スタート

1. かけ算
❶ ０のかけ算　❷ かけ算のきまり　❸ 10のかけ算　❹ かける数、かけられる数

2〜3ページ	4〜5ページ	6〜7ページ	8〜9ページ
ぴったり１２	ぴったり１２	ぴったり１２	ぴったり３
できたらシールをはろう	できたらシールをはろう	できたらシールをはろう	できたらシールをはろう

2. わり算
❶ １人分の数をもとめる計算　❷ 何人分かをもとめる計算　❸ １や０のわり算　❹ 答えが九九にないわり算

10〜11ページ	12〜13ページ	14〜15ページ	16〜17ページ
ぴったり１２	ぴったり１２	ぴったり１２	ぴったり３
できたらシールをはろう	できたらシールをはろう	できたらシールをはろう	できたらシールをはろう

3. 時間の計算と短い時間
❶ 時間の計算　❷ 秒

18〜19ページ	20〜21ページ
ぴったり１２	ぴったり３
できたらシールをはろう	できたらシールをはろう

4. たし算とひき算
❶ たし算　❷ ひき算　❸ 大きい数の筆算　❹ 計算のくふう　❺ 暗算

22〜23ページ	24〜25ページ	26〜27ページ	28〜29ページ	30〜31ページ
ぴったり１２	ぴったり１２	ぴったり１２	ぴったり１２	ぴったり３
できたらシールをはろう	できたらシールをはろう	できたらシールをはろう	できたらシールをはろう	できたらシールをはろう

5. ぼうグラフ
❶ 整理のしかた　❷ 数の大きさを表すグラフ　❸ 表とグラフの見方

32〜33ページ	34〜35ページ	36〜37ページ	38〜39ページ
ぴったり１２	ぴったり１２	ぴったり１２	ぴったり３
できたらシールをはろう	できたらシールをはろう	できたらシールをはろう	できたらシールをはろう

6. あまりのあるわり算
❶ あまりのあるわり算　❷ 答えのたしかめ　❸ あまりを考える問題

40〜41ページ	42〜43ページ	44〜45ページ
ぴったり１２	ぴったり１２	ぴったり３
できたらシールをはろう	できたらシールをはろう	できたらシールをはろう

7. 大きい数
❶ 数の表し方　❷ 10倍、100倍、1000倍した数と、10でわった数

46〜47ページ	48〜49ページ	50〜51ページ	52〜53ページ
ぴったり１２	ぴったり１２	ぴったり１２	ぴったり３
できたらシールをはろう	できたらシールをはろう	できたらシールをはろう	できたらシールをはろう

8. 長さ
❶ 長さ調べ　❷ 道のりときょり

54〜55ページ	56〜57ページ
ぴったり１２	ぴったり３
できたらシールをはろう	できたらシールをはろう

9. 円と球
❶ 円　❷ 球

58〜59ページ	60〜61ページ
ぴったり１２	ぴったり３
できたらシールをはろう	できたらシールをはろう

10. かけ算の筆算 (1)
❶ 何十、何百のかけ算　❷ 2けたの数にかける計算　❸ 3けたの数にかける計算　❹ 暗算

62〜63ページ	64〜65ページ	66〜67ページ
ぴったり１２	ぴったり１２	ぴったり３
できたらシールをはろう	できたらシールをはろう	できたらシールをはろう

11. 小数
❶ 小数　❷ 小数の大きさ　❸ 小数のたし算とひき算

68〜69ページ	70〜71ページ	72〜73ページ	74〜75ページ
ぴったり１２	ぴったり１２	ぴったり１２	ぴったり３
できたらシールをはろう	できたらシールをはろう	できたらシールをはろう	できたらシールをはろう

12. 重さ
❶ 重さくらべ　❷ はかりの使い方　❸ 長さ、かさ、重さの単位

76〜77ページ	78〜79ページ	80〜81ページ
ぴったり１２	ぴったり１２	ぴったり３
できたらシールをはろう	できたらシールをはろう	できたらシールをはろう

13. 分数
❶ 分数　❷ 分数の大きさ　❸ 分数のたし算とひき算

82〜83ページ	84〜85ページ	86〜87ページ	88〜89ページ
ぴったり１２	ぴったり１２	ぴったり１２	ぴったり３
できたらシールをはろう	できたらシールをはろう	できたらシールをはろう	できたらシールをはろう

14. □を使った式

90〜91ページ	92〜93ページ
ぴったり１２	ぴったり３
できたらシールをはろう	できたらシールをはろう

15. 倍の見方

94ページ	95ページ
ぴったり１２	ぴったり３
できたらシールをはろう	できたらシールをはろう

16. 三角形と角
❶ 二等辺三角形と正三角形　❷ 三角形と角

96〜97ページ	98〜99ページ	100〜101ページ
ぴったり１２	ぴったり１２	ぴったり３
できたらシールをはろう	できたらシールをはろう	できたらシールをはろう

17. かけ算の筆算 (2)
❶ 何十をかける計算　❷ 2けたの数をかける計算　❸ 3けたの数にかける計算

102〜103ページ	104〜105ページ	106〜107ページ
ぴったり１２	ぴったり１２	ぴったり３
できたらシールをはろう	できたらシールをはろう	できたらシールをはろう

18. そろばん
❶ 数の表し方　❷ たし算とひき算

108〜109ページ
ぴったり１２
できたらシールをはろう

★. レッツプログラミング

110ページ
プログラミング
できたらシールをはろう

3年のふくしゅう

111〜112ページ
できたらシールをはろう

ゴール

さいごまでがんばったキミは「ごほうびシール」をはろう！

教科書ぴったりトレーニングの使い方

『ぴたトレ』は教科書にぴったり合わせて使うことができるよ。教科書も見ながら、勉強していこうね。ぴた犬たちが勉強をサポートするよ。

ふだんの学習

ぴったり1 じゅんび

教科書のだいじなところをまとめていくよ。
ねらい でどんなことを勉強するかわかるよ。
問題に答えながら、わかっているかかくにんしよう。
QR コードから「3 分でまとめ動画」が見られるよ。

※QR コードは株式会社デンソーウェーブの登録商標です。

↓

ぴったり2 練習

「ぴったり１」で勉強したことが身についているかな？かくにんしながら、練習問題に取り組もう。

↓

ぴったり3 たしかめのテスト

「ぴったり１」「ぴったり２」が終わったら取り組んでみよう。
学校のテストの前にやってもいいね。
わからない問題は、ふりかえり を見て前にもどってかくにんしよう。

↓

実力チェック

- 夏のチャレンジテスト
- 冬のチャレンジテスト
- 春のチャレンジテスト
- 3年 算数のまとめ 学力しんだんテスト

夏休み、冬休み、春休み前に使いましょう。
学期の終わりや学年の終わりのテストの前にやってもいいね。

ふだんの学習が終わったら、「がんばり表」にシールをはろう。

別冊

答えとてびき

うすいピンク色のところには「答え」が書いてあるよ。
取り組んだ問題の答え合わせをしてみよう。わからなかった問題やまちがえた問題は、右の「てびき」を読んだり、教科書を読み返したりして、もう一度見直そう。

おうちのかたへ

本書『教科書ぴったりトレーニング』は、教科書の要点や重要事項をつかむ「ぴったり１ じゅんび」、おさらいをしながら問題に慣れる「ぴったり２ 練習」、テスト形式で学習事項が定着したか確認する「ぴったり３ たしかめのテスト」の３段階構成になっています。教科書の学習順序やねらいに完全対応していますので、日々の学習（トレーニング）にぴったりです。

「観点別学習状況の評価」について

学校の通知表は、「知識・技能」「思考・判断・表現」「主体的に学習に取り組む態度」の３つの観点による評価がもとになっています。
問題集やドリルでは、一般に知識・技能を問う問題が中心になりますが、本書『教科書ぴったりトレーニング』では、次のように、観点別学習状況の評価に基づく問題を取り入れて、成績アップに結びつくことをねらいました。

ぴったり３ たしかめのテスト　**チャレンジテスト**

- ●「知識・技能」を問う問題か、「思考・判断・表現」を問う問題かで、それぞれに分類して出題しています。
- ●「知識・技能」では、主に基礎・基本の問題を、「思考・判断・表現」では、主に活用問題を取り扱っています。

発展について

はってん … 学習指導要領では示されていない「発展的な学習内容」を扱っています。

別冊『答えとてびき』について

おうちのかたへ では、次のようなものを示しています。

- 学習のねらいやポイント
- 他の学年や他の単元の学習内容とのつながり
- まちがいやすいことやつまずきやすいところ

お子様への説明や、学習内容の把握などにご活用ください。

算数3年

日本文教版
小学算数

教科書ぴったりトレーニング

▶3分でまとめ動画

1 かけ算

① 0のかけ算

学習日 月 日

教科書 上13〜14ページ　答え 1ページ

次の□にあてはまる数をかきましょう。

ねらい かける数やかけられる数が0のかけ算がわかるようにしよう。　練習 1 2 3 →

0のかけ算

どんな数に0をかけても、答えは0になります。

また、0にどんな数をかけても、答えは0になります。

1 みさきさんが、おはじき入れをしました。
みさきさんの得点の合計をもとめましょう。

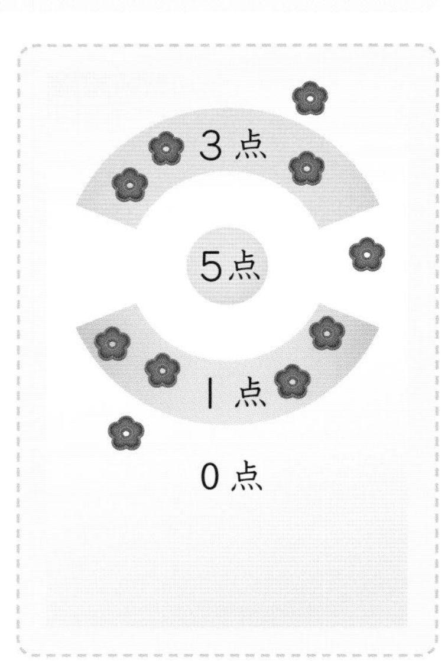

みさきさんのせいせき

はいったところ	5点	3点	1点	0点	合計
はいった数(こ)	0	3	4	3	10
得点(点)					

(1) 3点、1点のところの得点をもとめましょう。

(2) 5点のところの得点をもとめましょう。

(3) 0点のところの得点をもとめましょう。

(4) みさきさんの得点の合計は、何点ですか。

とき方 (1) **はいったところの点**×**はいった数**＝**得点**の式でもとめます。

3点のところの得点　式　3×3＝①□　　答え ②□点

1点のところの得点　式　1×4＝③□　　答え ④□点

(2) 5点のところにはいった数は0こなので、
得点は0点になります。

式　5×□＝□　　答え □点

(3) 0点のところに何こはいっても、
得点は0点になります。

式　0×□＝□　　答え □点

(4) (1)、(2)、(3)でもとめた得点の合計をもとめます。

式　0＋9＋□＋0＝□　　答え □点

★できた問題には、「た」をかこう！★

学習日　　月　　日

教科書 上13〜14ページ　答え 1ページ

1 かけ算をしましょう。

教科書 14ページ 1

① 1×0　　② 4×0

③ 8×0　　④ 9×0

2 かけ算をしましょう。

教科書 14ページ 1

① 0×7　　② 0×2

③ 0×5　　④ 0×0

3 下の表は、たけるさんのおはじき入れのせいせきです。

教科書 13ページ 1

たけるさんのせいせき

はいったところ	5点	3点	1点	0点	合計
はいった数(こ)	2	0	7	1	10
得点(点)					

① それぞれの点のところの得点をもとめる式をかきましょう。

5点のところ（　　）　3点のところ（　　）

1点のところ（　　）　0点のところ（　　）

② それぞれの点のところの得点にあてはまる数をかきましょう。

5点のところ（　　）　3点のところ（　　）

1点のところ（　　）　0点のところ（　　）

③ 得点の合計をもとめましょう。（　　）

ヒント 3 ① はいったところの点×はいった数＝得点の式でもとめられます。

学習日　月　日

② かけ算のきまり

教科書 上15～18ページ　答え 2ページ

次の□にあてはまる数をかきましょう。

ねらい 九九の表を使って、かけ算の答えの見つけ方を考えよう。 練習 1→

かけ算のきまり①

かけ算では、かける数が１ふえると、答えはかけられる数だけ大きくなります。かける数が１へると、答えはかけられる数だけ小さくなります。

かけ算では、かけられる数とかける数を入れかえて計算しても、答えは同じになります。

1 □にあてはまる数をかきましょう。

(1)　6×8＝6×7＋□　　(2)　5×9＝9×□

とき方 (1)　6のだんでは、かける数が１ふえると、答えは6ふえます。

6×8＝6×7＋□

(2)　5×9の5と9を入れかえて計算しても、答えは同じになります。

5×9＝9×□

ねらい かけられる数やかける数を分けて計算できるようにしよう。 練習 2 3→

かけ算のきまり②　かけ算では、かけられる数やかける数を分けて計算しても、答えは同じになります。

2 7×5の答えは、□×5と5×5の答えをあわせた数になります。

ねらい 計算のじゅんじょについて考えよう。 練習 4→

かけ算のきまり③　3つの数をかけるときは、計算するじゅんじょをかえてかけても、答えは同じになります。

3 4×2×2を、2とおりのしかたで計算しましょう。

とき方 前からかけても、あとの2つを先にかけても答えは同じになります。

(1)　前からかける　(4×2)×2＝□×2＝□

(2)　あとの2つを先にかける　4×(2×2)＝4×□＝□

1 □にあてはまる数をかきましょう。

教科書 16ページ 1

① $2\times9=2\times8+\square$　② $6\times2=6\times3-\square$

③ $4\times7=4\times8-\square$　④ $8\times9=9\times\square$

⑤ $\square\times7=7\times6$　⑥ $3\times\square=5\times3$

2 □にあてはまる数をかきましょう。

教科書 17ページ 2

①
6×9 ＜ 2×9 ＝18
　　　 ㋐□×9＝36
あわせて ㋑□

②
8×7 ＜ 8×㋕□ ＝㋖□
　　　 8×5 ＝㋗□
あわせて ㋘□

よくみて

3 7×6 の答えは、3×6 の答えと 4×6 の答えをあわせた数と同じです。

このときかけられる数をどう分けたのか、下の図に線をかきましょう。

教科書 17ページ 2

○ ○ ○ ○ ○ ○
○ ○ ○ ○ ○ ○
○ ○ ○ ○ ○ ○
○ ○ ○ ○ ○ ○
○ ○ ○ ○ ○ ○
○ ○ ○ ○ ○ ○
○ ○ ○ ○ ○ ○

4 2とおりのしかたで計算しましょう。

教科書 18ページ 3

① $2\times3\times3$

前からかける
(　　　　　　　)

あとの2つを先にかける
(　　　　　　　)

② $4\times2\times3$

前からかける
(　　　　　　　)

あとの2つを先にかける
(　　　　　　　)

ヒント
1 ①～③ 答えはかけられる数だけ大きくなったり、小さくなったりします。
④～⑥ かけられる数とかける数を入れかえても答えは同じになります。

1 かけ算

③ 10のかけ算
④ かける数、かけられる数

教科書 上19～20ページ　答え 3ページ

次の□にあてはまる数をかきましょう。

ねらい 10のかけ算ができるようにしよう。 練習 1 3 →

10のかけ算

かけ算のきまりを使うと、かける数やかけられる数が10のかけ算の答えをもとめることができます。

3×10の答えのもとめ方

3のだんの九九で
かける数が1ふえるから
3×9＋3＝27＋3
　　　　＝30

10を8と2に分けて

3×10＜ 3×8＝24 / 3×2＝ 6
あわせて 30

1 かけ算をしましょう。

(1) 8×10　　(2) 10×8

とき方 (1) 8のだんの九九でかける数が1ふえると考えます。
8×9＋8＝□＋8＝□だから、8×10＝□
(2) 10×8＝8×□だから、10×8＝□

ねらい かける数やかけられる数のもとめ方を考えよう。 練習 2 →

かける数、かけられる数

九九の表やかけ算のきまりを使うと、かける数やかけられる数をもとめることができます。

□×6＝42は、
6×□＝42とみれば
もとめることができるね。

2 □にあてはまる数をかきましょう。

(1) 8×□＝24　　(2) □×5＝30

とき方 (1) 8のだんの九九にあてはめて考えます。
8×□＝8、8×□＝16、8×□＝24
(2) □×5＝30を、5×□＝30とみて考えます。
5×□＝30だから、□×5＝30

練習

★できた問題には、「た」をかこう！★

学習日　月　日

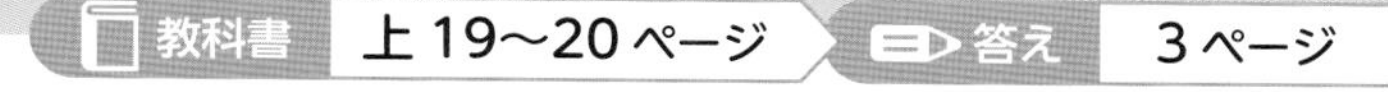

1 かけ算をしましょう。

教科書 19ページ 1・2

① 5×10　② 2×10　③ 9×10

④ 6×10　⑤ 10×4　⑥ 10×7

⑦ 10×1　⑧ 10×3　⑨ 10×10

2 □にあてはまる数をかきましょう。

① 3×□=12　② 5×□=45

③ 8×□=48　④ □×4=16

⑤ □×2=18　⑥ □×7=56

⑦ □×9=63　⑧ □×6=30

どんなきまりが使えるかな。

3 ボールは、全部(ぜんぶ)で何こありますか。

もとめる式(しき)を2つかき、答えをもとめましょう。

式

式

答え（　　　）

ヒント

2 ①～③　九九の表にあてはめて答えをもとめます。
④～⑧　かけられる数とかける数を入れかえると九九の表が使えます。

1 かけ算

教科書 上13～22ページ　答え 3ページ

知識・技能　／70点

1 よく出る かけ算をしましょう。　1つ3点(12点)

① 5×0　② 2×0

③ 0×1　④ 0×8

2 よく出る □にあてはまる数をかきましょう。　1つ3点(18点)

① 2×6＝6×□　② 9×□＝8×9

③ 5×6＝5×5＋□　④ 7×8＝7×9－□

⑤ (5×4)×2＝5×(□×2)

⑥ 2×2×4＝□

3 よく出る □にあてはまる数をかきましょう。　1つ4点(24点)

① 2×□＝16　② 9×□＝81

③ 4×□＝12　④ □×5＝35

⑤ □×7＝28　⑥ □×8＝40

4 5×8 のかけ算を２つのかけ算に分けて計算します。
□にあてはまる数をかきましょう。　1つ2点(10点)

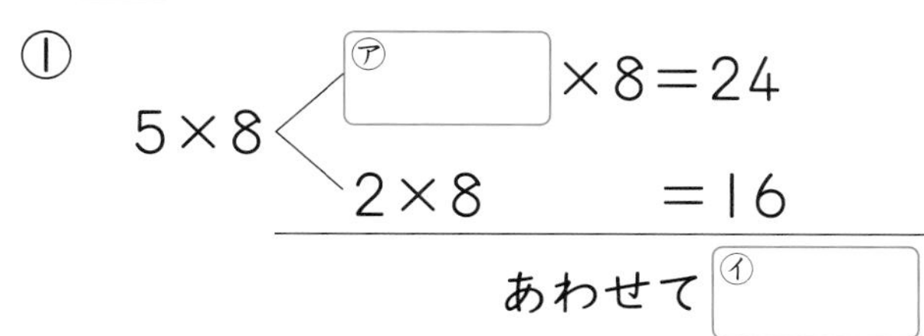

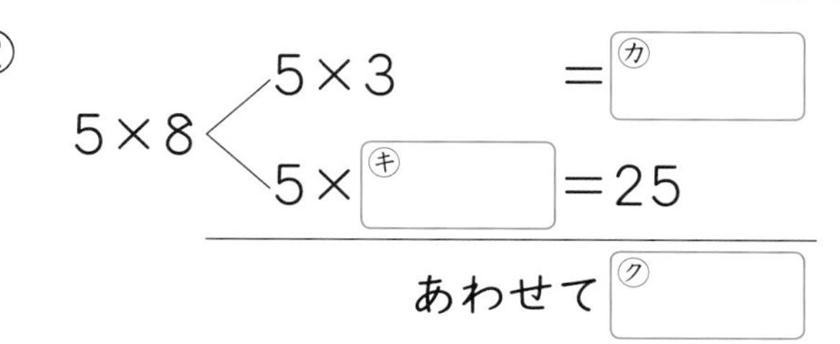

5 よく出る かけ算をしましょう。　1つ3点(6点)

① 4×10　② 10×6

思考・判断・表現　／30点

よくよんで

6 クッキーを２こずつ入れたふくろを、１人に２ふくろずつ３人に配(くば)ります。
クッキーは、全部(ぜんぶ)で何こいりますか。　式・答え　1つ5点(20点)

① １人分のクッキーの数を先にもとめる考え方で、１つの式(しき)に表(あらわ)してもとめましょう。

式

答え（　　　）

② ３人分のふくろの数を先にもとめる考え方で、１つの式に表してもとめましょう。

式

答え（　　　）

できたらスゴイ！

7 7×9 で、かける数を分けて計算します。　□1つ3点、図4点(10点)

① 分け方を考えて、□にあてはまる数をかきましょう。

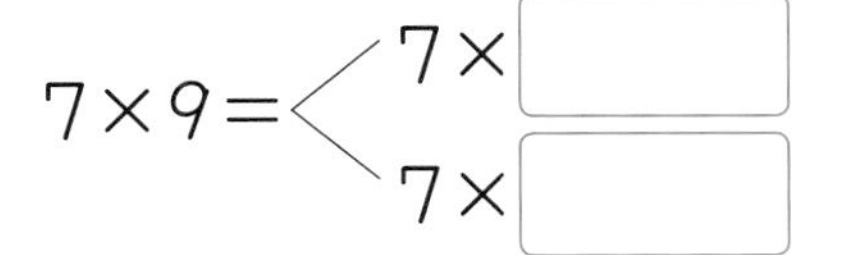

② かける数をどう分けたのか、右の図に線をかきましょう。

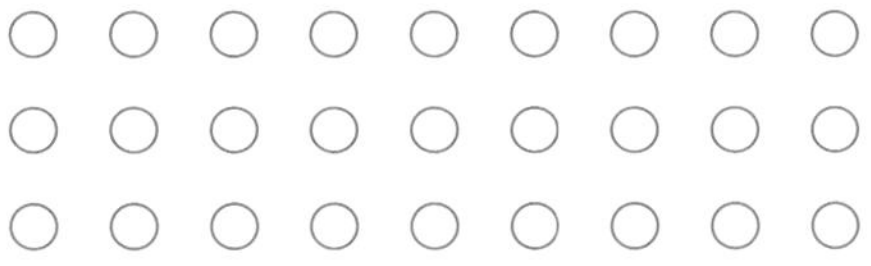

ふろくの「計算せんもんドリル」1 もやってみよう！

ふりかえり　1①がわからないときは、２ページの1にもどってかくにんしてみよう。

① 1人分の数をもとめる計算

教科書 上25〜27ページ　答え 4ページ

次のにあてはまる数をかきましょう。

ねらい　1人分は何こになるかわかるようにしよう。　練習 1 2 3 4 →

1人分の数をもとめる計算

12このあめを、3人で同じ数ずつ分けると、
1人分は4こになります。
このことを式で、次のようにかきます。

12 ÷ 3 = 4
「十二 わる 三 は 四」

12（全部の数） ÷ 3（人数） = 4（1人分の数）

12÷3 のような計算を、**わり算**といいます。

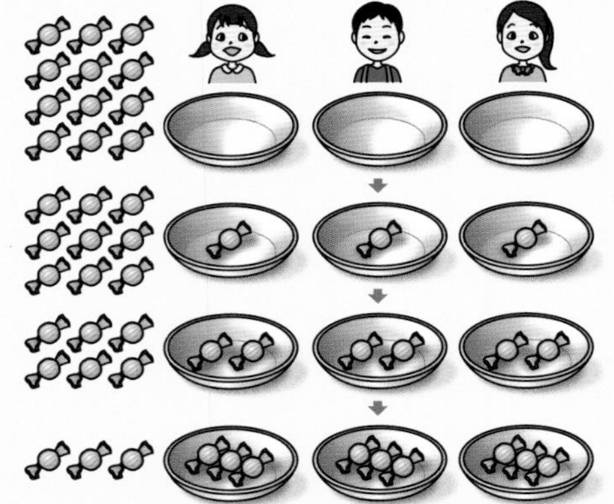

1 6このりんごを、2人で同じ数ずつ分けると、1人分は3こになります。
このことを式にかきましょう。

とき方　**全部の数÷人数＝1人分の数** です。
このことを式にかくと、
□÷2＝□
全部の数　人数　1人分の数

2 16まいのカードを、4人で同じ数ずつ分けます。
1人分は何まいになりますか。

とき方　式は、16まいを4人で同じ数ずつ分けるので、①□÷4となります。
1人分の数×人数＝全部の数 なので、16÷4の答えは、
□×4＝16 の□にあてはまる数です。
□が1のとき　1×4＝4
□が2のとき　2×4＝8
□が3のとき　3×4＝12
□が4のとき　4×4＝②□
だから、16÷4＝③□　　答え ④□まい

□×4＝4×□だから、
16÷4の答えは、
4のだんの九九を使って
見つけることができるね。

★できた問題には、「た」をかこう！★

1 でき　2 でき　3 でき　4 でき

学習日　月　日

教科書 上25～27ページ　答え 4ページ

1 18本のえんぴつを、9人で同じ数ずつ分けます。
1人分は何本になりますか。

教科書 25ページ1、27ページ2

（　　　）

2 21このボールを、7人で同じ数ずつ分けます。
1人分は何こになりますか。

教科書 25ページ1、27ページ2

（　　　）

よくよんで

3 48まいのはがきを、6人で同じ数ずつ分けます。
1人分は何まいになりますか。

教科書 25ページ1、27ページ2

（　　　）

まちがい注意

4 **次のわり算の答えは、何のだんの九九を使ってもとめればよいですか。**
また、答えをもとめましょう。

教科書 27ページ2

① 12÷2
九九（　　　）
答え（　　　）

② 27÷3
九九（　　　）
答え（　　　）

③ 28÷7
九九（　　　）
答え（　　　）

④ 32÷8
九九（　　　）
答え（　　　）

⑤ 36÷4
九九（　　　）
答え（　　　）

⑥ 48÷8
九九（　　　）
答え（　　　）

ヒント
3 □×6＝48の□にあてはまる数が答えなので、□×6＝6×□より、
6のだんの九九を使って答えを見つけることができます。

学習日　月　日

② 何人分かをもとめる計算

教科書 上28〜31ページ　答え 5ページ

次の□にあてはまる数をかきましょう。

ねらい 何人に分けられるかわかるようにしよう。　練習 1 2 3 4→

何人分かをもとめる計算

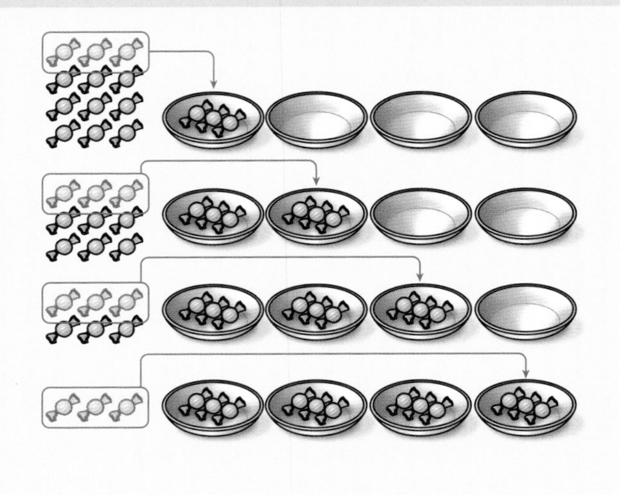

12 このあめを、1人に**3**こずつ分けると、4人に分けられます。

このことも、わり算の式で、次のようにかきます。

12 ÷ 3 ＝ 4

全部の数		1人分の数		人数
12	÷	3	＝	4
⋮		⋮		⋮
わられる数	÷	**わる数**	＝	答え

1 9このみかんを、1人に3こずつ分けると、3人に分けられます。このことを式にかきましょう。

とき方 **全部の数 ÷ 1人分の数＝人数** です。

このことを式にかくと、

□÷3＝□

全部の数　1人分の数　人数

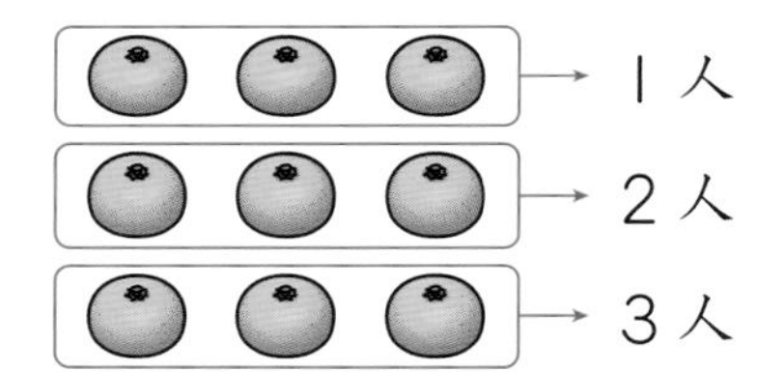

2 18このクッキーを、1人に6こずつ分けます。何人に分けられますか。

とき方 式は、18こを6こずつ分けるので、①□÷6となります。

1人分の数×人数＝全部の数 なので、18÷6の答えは、

6×□＝18 の□にあてはまる数です。

□が1のとき　6×1＝6

□が2のとき　6×2＝12

□が3のとき　6×3＝②□

だから、18÷6＝③□　　答え ④□人

★できた問題には、「た」をかこう！★

① でき ② でき ③ でき ④ でき

学習日　月　日

教科書 上28〜31ページ　答え 5ページ

よくみて

1 24本の花を、1人に3本ずつ配(くば)ります。
何人に配ることができますか。

教科書 28ページ 1、30ページ 2

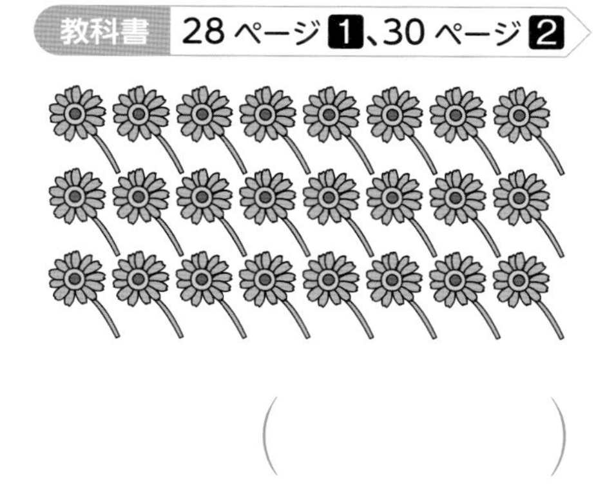

(　　　　)

2 64 cmのひもを、1本8cmずつに切り取(と)ります。
8cmのひもは何本できますか。

教科書 28ページ 1、30ページ 2

(　　　　)

3 56人の子どもを、7人ずつのグループに分けます。
グループはいくつできますか。

教科書 30ページ 1

(　　　　)

4 **わり算をしましょう。**

教科書 30ページ 2

① 12÷6　② 4÷2　③ 35÷5

④ 18÷2　⑤ 24÷6　⑥ 42÷7

⑦ 36÷4　⑧ 81÷9　⑨ 24÷8

ヒント ④ わる数のだんの九九を使って答えを見つけます。

2 わり算

③ 1や0のわり算
④ 答えが九九にないわり算

教科書 上32～34ページ　答え 5ページ

次の□にあてはまる数をかきましょう。

ねらい わられる数が0のわり算ができるようにしよう。 練習 1→

1や0のわり算

わられる数が0のとき、わり算の答えは0になります。　$0\div2=0$

また、わる数が1のとき、わり算の答えはわられる数になります。　$2\div1=2$

1 □にあてはまる数をかきましょう。

(1) $8\div1=$□　(2) $7\div$□$=7$　(3) $0\div8=$□

とき方 (1) わる数が1のとき、答えはわられる数と同じになるので、
$8\div1=$□ になります。
(2) わられる数と答えが同じになるのは、わる数が1のときなので、
$7\div$□$=7$ になります。
(3) わられる数が0のとき、答えはいつも0になるので、
$0\div8=$□ になります。

ねらい 答えが九九にないわり算がわかるようにしよう。 練習 2 3 4→

答えが九九にないわり算

80÷4 のようなわり算は、
10のまとまりをもとに考えます。
80は10が8こなので、
$8\div4=2$ から、10が2こで、
$80\div4=20$

84÷4 のようなわり算は、
十の位(くらい)と一の位に分けて考えます。
$80\div4=20$
$4\div4=1$
$20+1=21$

2 わり算をしましょう。

(1) $40\div2$　(2) $55\div5$

とき方 (1) 40は10が4こと考えて計算します。
$4\div2=2$ から、10が2こで□　$40\div2=$□ になります。
(2) 55を50と5に分けて計算します。
$50\div5=$□ と、$5\div5=$□ で、
$55\div5=$□ になります。

学習日　月　日

★できた問題には、「た」をかこう！★

教科書 上32～34ページ　答え 5ページ

!まちがい注意

1 わり算をしましょう。

教科書 32ページ 1

① 0÷9　② 3÷1　③ 8÷8

④ 9÷9　⑤ 0÷3　⑥ 2÷1

⑦ 5÷5　⑧ 9÷1　⑨ 0÷5

2 わり算をしましょう。

教科書 33ページ 1、34ページ 3

① 60÷2　② 90÷3

③ 66÷2　④ 44÷4

⑤ 88÷8　⑥ 96÷3

よくよんで

3 50このみかんを、5人で同じ数ずつ分けます。1人分は何こになりますか。

教科書 33ページ 1・2

(　　　)

よくよんで

4 36このボールを、3チームで同じ数ずつ分けます。1チーム分のボールの数は何こですか。

教科書 34ページ 2

(　　　)

4 わられる数を十の位と一の位に分けて計算します。

2 わり算

時間 30分

／100

ごうかく 80点

教科書 上25～36ページ　答え 5ページ

知識・技能　／64点

1 8÷2の式で答えがもとめられるのはどれですか。 (4点)

㋐ 1箱に、8このチョコレートがはいっています。
2箱では、チョコレートは全部で何こありますか。

㋑ チョコレートが8こあります。
1人に2こずつ配ると、何人に配れますか。

㋒ チョコレートが8こあります。
2こあげると、のこりは何こですか。

(　　　　)

2 次のわり算の答えは、何のだんの九九を使ってもとめればよいですか。
また、答えをもとめましょう。 1つ3点(12点)

① 16÷4
九九 (　　　　)
答え (　　　　)

② 27÷9
九九 (　　　　)
答え (　　　　)

3 よく出る わり算をしましょう。 1つ4点(36点)

① 40÷8　② 32÷4　③ 18÷2

④ 36÷9　⑤ 9÷3　⑥ 30÷5

⑦ 42÷6　⑧ 80÷4　⑨ 26÷2

4 □にあてはまる数をかきましょう。 1つ4点(12点)

① 6÷6=□　② 0÷6=□　③ 6÷1=□

思考・判断・表現 ／36点

5 キャラメルが 54 こあります。 式・答え 1つ3点(12点)

① 6人で同じ数ずつ分けると、１人分は何こになりますか。

式

答え（　　　　）

② １人に6こずつ分けると、何人に分けられますか。

式

答え（　　　　）

6 32 人の子どもを、8つのはんに同じ人数ずつ分けます。
１つのはんの人数は、何人ですか。 式・答え 1つ4点(8点)

式

答え（　　　　）

7 よく出る 30 まいの色紙を、3まいずつたばにします。
色紙のたばは、何たばできますか。 式・答え 1つ4点(8点)

式

答え（　　　　）

8 64 本のえんぴつを、2箱に同じ数ずつ分けます。
１箱分のえんぴつの数は何本ですか。 式・答え 1つ4点(8点)

式

答え（　　　　）

ふろくの「計算せんもんドリル」2～6もやってみよう！

ふりかえり ❶がわからないときは、12 ページの❶にもどってかくにんしてみよう。

3 時間の計算と短い時間

① 時間の計算
② 秒

教科書 上39～44ページ　答え 6ページ

次の□にあてはまる数をかきましょう。

ねらい 時こくや時間のもとめ方がわかるようにしよう。 練習 1 2 3 →

時こくをもとめる

午前6時50分から20分後の時こく

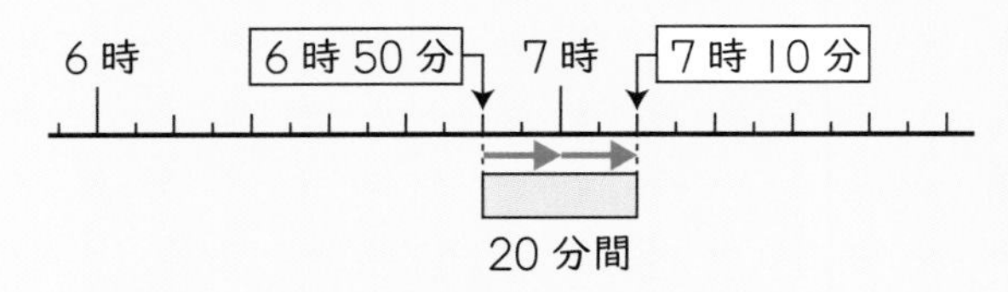

午前8時10分から30分前の時こく

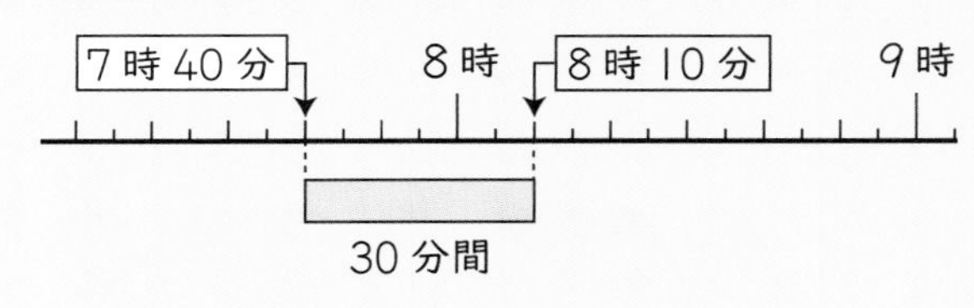

時間をもとめる

40分間と30分間をあわせた時間

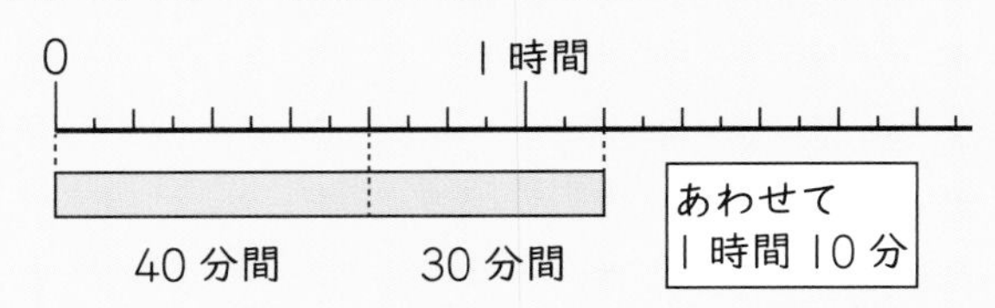

午前7時50分から午前8時30分までの時間

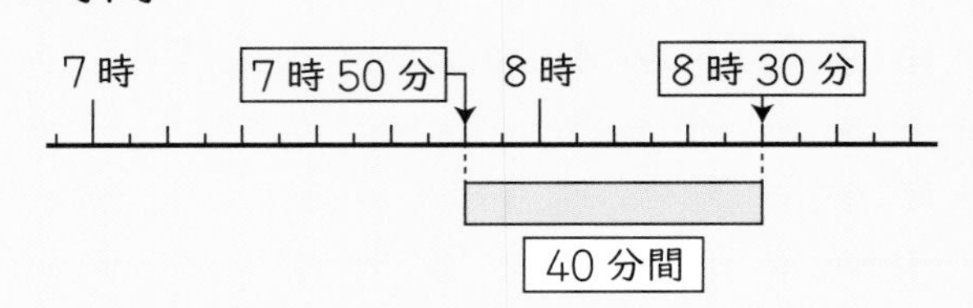

時こくと時間は、時計や数の線を使ってもとめることができます。

1 (1) 午前8時20分から50分後の時こくをもとめましょう。
(2) 午後2時20分から午後2時50分までの時間をもとめましょう。

とき方 数の線をかいて考えます。

(1)

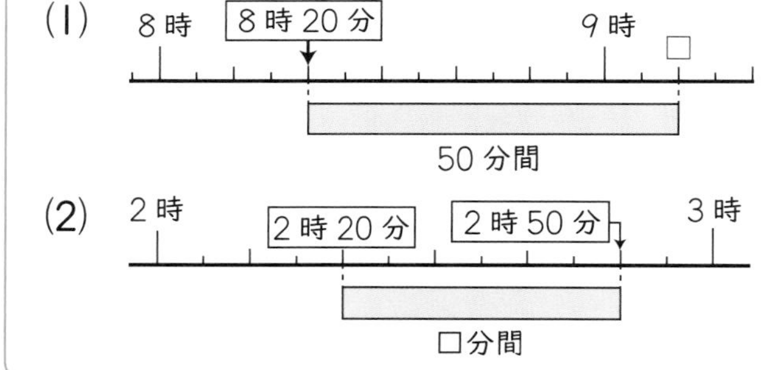

□にあてはまる時こくなので、

午前□時□分です。

(2)

□にあてはまる時間なので、

□分間です。

ねらい 短い時間の表し方がわかるようにしよう。 練習 4 →

短い時間

1分より短い時間の単位に、秒があります。　1分＝60秒

2 3分は、60秒＋60秒＋60秒で□秒です。

ぴったり2

練習

★できた問題には、「た」をかこう！★

1 でき　2 でき　3 でき　4 でき

学習日　月　日

教科書 上39～44ページ　答え 6ページ

1 家を午前7時40分に出て、25分間歩くと学校に着きました。着いた時こくは何時何分ですか。

教科書 39ページ 1

7時　8時

（　　　　）

2 水族館に行くために、電車に50分間、バスに25分間乗りました。あわせて何時間何分ですか。

教科書 40ページ 2

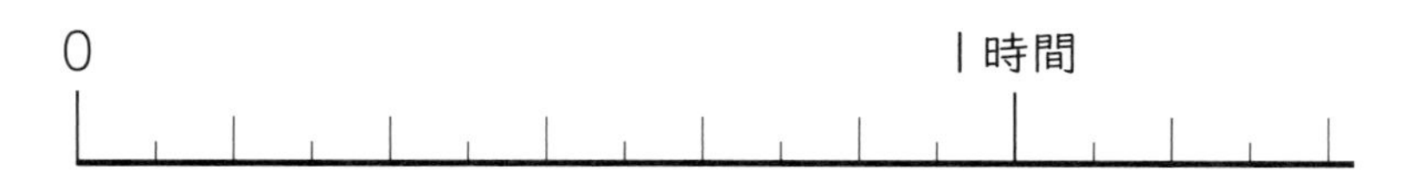

（　　　　）

よくみて

3 テレビを30分間見て時計を見たら、午後7時20分でした。テレビを見はじめた時こくは何時何分ですか。

教科書 42ページ 4

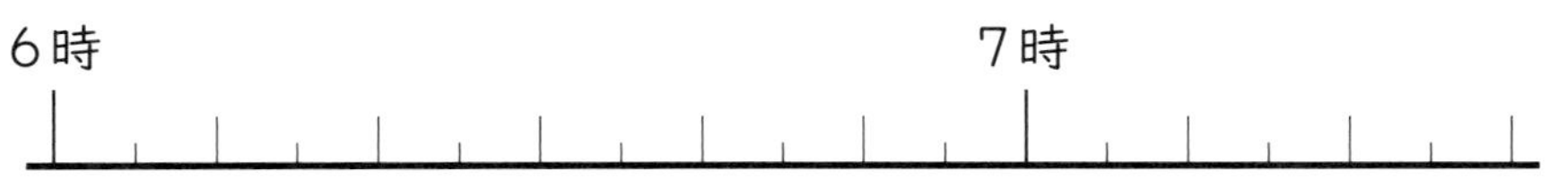

（　　　　）

4 □にあてはまる数をかきましょう。

教科書 43ページ 1▶

① 4分＝□秒　② 120秒＝□分

③ 110秒＝□分□秒

ヒント　4 1分＝60秒はかならずおぼえましょう。これをもとに考えます。

③ 時間の計算と短い時間

教科書 上 39～46、149 ページ　答え 7 ページ

知識・技能　／60点

1 秒(びょう)を使(つか)って表(あらわ)すのがよい時間はどれですか。 (10点)

あ 午前中のじゅぎょう時間

い 家を出て学校に着(つ)くまでの時間

う とびはねて、着地(ちゃくち)するまでの時間

(　　　)

2 よく出る □にあてはまる数をかきましょう。 1問5点(20点)

① 5分＝□秒　② 180 秒＝□分

③ 70 秒＝□分□秒　④ 1分 20 秒＝□秒

3 よく出る 次(つぎ)の時こくや時間をもとめましょう。 1つ5点(30点)

① 午前8時 20 分から 30 分後の時こく

(　　　)

② 午後2時 40 分から 40 分後の時こく

(　　　)

③ 午後5時 50 分から 20 分前の時こく

(　　　)

④ 午前9時 30 分から 50 分前の時こく

(　　　)

⑤ 50 分間と 10 分間をあわせた時間

(　　　)

⑥ 35 分間と 40 分間をあわせた時間

(　　　)

思考・判断・表現　／40点

4 めぐみさんたちは、午前 11 時 20 分から午前 11 時 50 分までお茶をつくる工場を見学しました。

工場を見学した時間は何分間ですか。(10点)

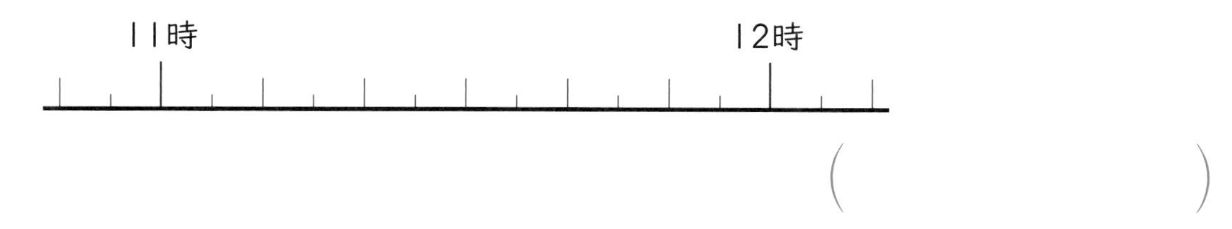

(　　　　)

5 さくらさんは、算数と国語の勉強(べんきょう)を、あわせて 2 時間 10 分しました。そのうち、国語の勉強をした時間は、1 時間 20 分でした。

算数の勉強をした時間は何分間ですか。(10点)

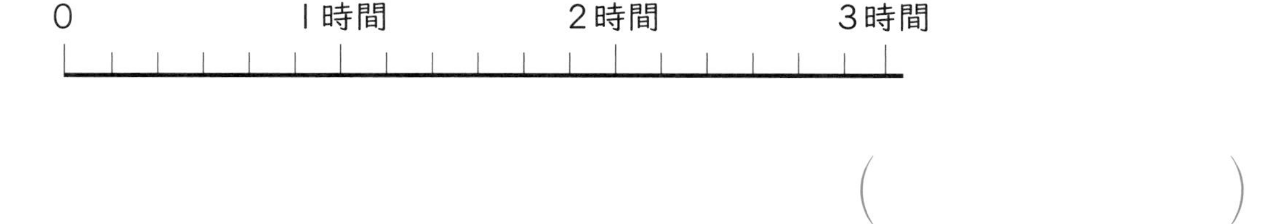

(　　　　)

6 **活用** **あすかさんが住(す)んでいる町に東駅(えき)と西駅があります。**
あすかさんの家から東駅までは歩いて 10 分間かかります。
西駅と東駅の間は電車で 15 分間かかります。　1つ10点(20点)

① 右の時こく表(ひょう)は、午前中に、西駅行きの電車が東駅を出発(しゅっぱつ)する時こくを表しています。

あすかさんは、西駅に午前 8 時 20 分に行きたいと考えています。

午前 8 時 20 分に西駅に着くようにするには、家を午前何時何分に出て、歩いて東駅に行けばよいですか。

時こく表

時	分			
7	5		35	50
8	5	20	35	50
9	5	20	35	
10	5		35	
11	5		35	

(　　　　)

② あすかさんから、「西駅を午後 4 時 20 分に出発する電車に乗(の)って東駅に帰る」と電話がありました。

家にいるお母さんがあすかさんと同時に東駅に着くには、午後何時何分に家を出ればよいですか。ただし、お母さんが家から東駅までかかる時間は、あすかさんと同じです。

(　　　　)

ふりかえり　1がわからないときは、18 ページの2にもどってかくにんしてみよう。

① たし算

3分でまとめ

学習日　月　日

教科書 上49～51ページ　答え 9ページ

次(つぎ)の□にあてはまる数をかきましょう。

ねらい　(3けた)＋(3けた)の筆算(ひっさん)ができるようにしよう。　練習 1 2 3 4

3けたの数のたし算の筆算のしかた

3けた＋3けたのたし算は、筆算で位(くらい)をそろえて、一の位から計算します。

234＋382 の筆算のしかた

一の位の計算

```
  2 3 4
+ 3 8 2
-------
      6
```

4＋2＝6

十の位の計算

```
  2 3 4
+ 3 8 2
-------
    1 6
```

3＋8＝11
百の位に1くり上げる。

百の位の計算

```
  2 3 4
+ 3 8 2
-------
  6 1 6
```

1＋2＋3＝6

くり上がりが2回あるたし算も、これまでと同じ筆算のしかたで計算できるよ。

234＋382＝616

1 筆算でしましょう。

(1) 432＋169　　(2) 653＋825

とき方　位をそろえて、一の位から計算します。

(1) **一の位の計算**

```
  4 3 2
+ 1 6 9
-------
      ①
```

2＋9＝11
十の位に1くり上げる。

十の位の計算

```
  4 3 2
+ 1 6 9
-------
    ② 1
```

1＋3＋6＝10
百の位に1くり上げる。

百の位の計算

```
  4 3 2
+ 1 6 9
-------
  ③ 0 1
```

1＋4＋1＝6

432＋169＝④□

(2) **一の位の計算**

```
  6 5 3
+ 8 2 5
-------
      ①
```

3＋5＝8

十の位の計算

```
  6 5 3
+ 8 2 5
-------
    ② 8
```

5＋2＝7

百の位の計算

```
  6 5 3
+ 8 2 5
-------
 ③  7 8
```

6＋8＝14
千の位に1くり上げる。

653＋825＝④□

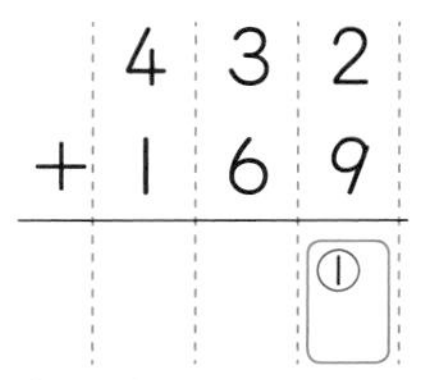
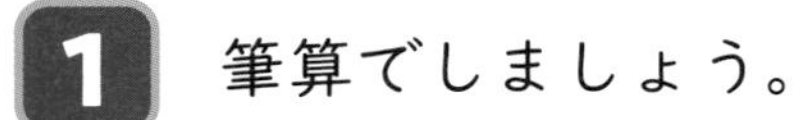

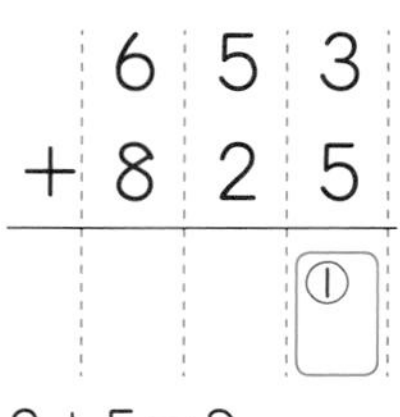

★できた問題には、「た」をかこう！★

❶ でき　❷ でき　❸ でき　❹ でき

学習日　　月　　日

教科書 上 49～51 ページ　答え 9 ページ

1 筆算でしましょう。 教科書 51 ページ 1

① 125＋523　② 359＋328　③ 472＋481

2 筆算でしましょう。 教科書 51 ページ 2

① 267＋185　② 166＋67

③ 704＋798　④ 953＋587

3 713＋489 と 489＋713 の計算をして、答えをくらべましょう。また、2つの計算の答えをくらべてわかったことを説明（せつめい）しましょう。 教科書 51 ページ 3

● 713＋489＝□　● 489＋713＝□

（　　　　　　　　）

よくよんで

4 はく物館（ぶつかん）には、大人が 378 人、子どもが 354 人来ました。
あわせて何人来ましたか。 教科書 49 ページ 1

（　　　）

ヒント ❶ 3けた＋3けたの筆算も、位をそろえて一の位から計算しましょう。

② ひき算

教科書 上52～55ページ　答え 9ページ

次の□にあてはまる数をかきましょう。

ねらい (3けた)－(3けた)の筆算がができるようにしよう。

3けたの数のひき算の筆算のしかた

3けた－3けたの筆算も、位をそろえて、一の位から計算します。

534－261 の筆算のしかた

一の位の計算

```
  534
－261
    3
```

4－1＝3

十の位の計算

```
  534
－261
   73
```

百の位から
1くり下げて
13－6＝7

百の位の計算

```
  534
－261
  273
```

5－1－2＝2

534－261＝273

くり下がりが2回あるひき算も、これまでと同じ筆算のしかたで計算できるよ。

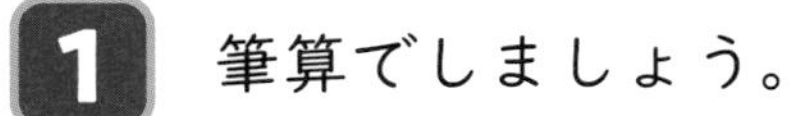

(1) 426－158　　(2) 306－137

とき方 位をそろえて、一の位から計算します。

(1) **一の位の計算**

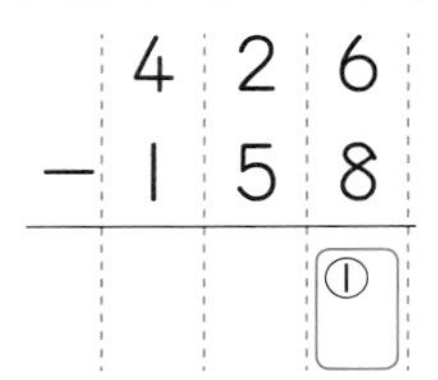

十の位から1くり下げて
16－8＝8

十の位の計算

```
  426
－158
 ②8
```

百の位から1くり下げて
12－1－5＝6

百の位の計算

```
  426
－158
③68
```

4－1－1＝2

426－158＝④

(2) **一の位の計算**

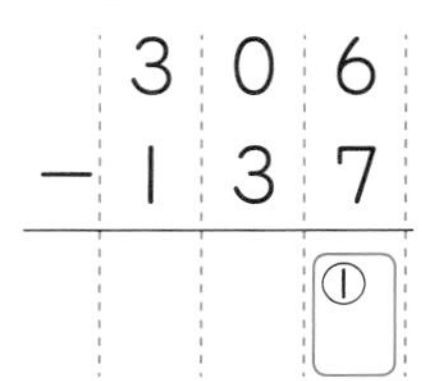

百の位から十の位に
1くり下げる。
十の位から1くり下げる。
16－7＝9

十の位の計算

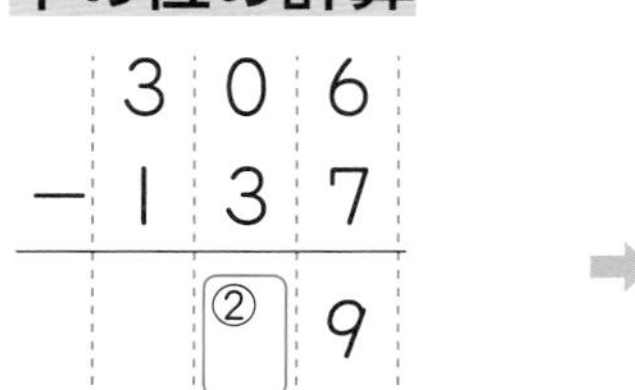

百の位からくり下げた
10から、一の位に1
くり下げているので、
10－1－3＝6

百の位の計算

```
  306
－137
③69
```

3－1－1＝1

306－137＝④

★できた問題には、「た」をかこう！★

できた 1　できた 2　できた 3　できた 4

学習日　月　日

教科書 上52～55ページ　答え 10ページ

1 筆算でしましょう。

教科書 53ページ 1、54ページ 2

① 387−123　② 837−254

③ 461−125　④ 417−138

⑤ 942−76　⑥ 734−686

2 筆算でしましょう。

教科書 54ページ 3、55ページ 4

① 802−268　② 504−28

③ 308−9　④ 701−306

3 次の計算のまちがいを見つけて、正しい答えになおしましょう。

教科書 54ページ 3、54ページ 3

①
```
  256
 −171
  185
```

②
```
  502
 −379
  233
```

よくよんで

4 赤色の画用紙と黄色の画用紙があわせて 206 まいあります。そのうち、赤色の画用紙は 108 まいです。

黄色の画用紙は、何まいありますか。

教科書 55ページ 5

（　　　　）

ヒント

2 十の位が0の3けたの数からひくひき算です。一の位へくり下がるときは、まず百の位から十の位へくり下げます。

③ 大きい数の筆算
④ 計算のくふう

学習日 月 日

教科書 上56〜58ページ 答え 10ページ

次の□にあてはまる数をかきましょう。

ねらい 4けたの数のたし算やひき算の筆算ができるようにしよう。 練習 1 2

大きい数のたし算やひき算の筆算のしかた
数が大きくなっても、これまでと同じ筆算のしかたで計算できます。

1 筆算でしましょう。

(1) 2563＋3722　　(2) 6255−2974

とき方 位をそろえて、一の位から計算します。

(1)

一の位の計算	十の位の計算	百の位の計算	千の位の計算
2563 ＋3722 ―――― 5	2563 ＋3722 ―――― ①□5	2563 ＋3722 ―――― ②□85	2563 ＋3722 ―――― ③□285
3＋2＝5	6＋2＝8	5＋7＝12	1＋2＋3＝6

2563＋3722＝④□

(2)

一の位の計算	十の位の計算	百の位の計算	千の位の計算
6255 −2974 ―――― 1	6255 −2974 ―――― ①□1	6255 −2974 ―――― ②□81	6255 −2974 ―――― ③□281
5−4＝1	15−7＝8	12−1−9＝2	6−1−2＝3

6255−2974＝④□

ねらい 3つの数のたし算ができるようにしよう。 練習 3

計算のくふう　3つの数のたし算では、じゅんにたしても、まとめてたしても、答えは同じになります。

2 くふうして、125＋62＋38の計算をしましょう。

とき方 たして100になる計算を先にすると、計算がかんたんになります。

125＋(62＋38)＝125＋□＝□

ぴったり2

練習

★できた問題には、「た」をかこう！★

1 でき　2 でき　3 でき

学習日　月　日

教科書 上56〜58ページ　答え 10ページ

1 筆算でしましょう。

教科書 56ページ 1・1

① 1253+1382　② 4246+3198

③ 3513+2696　④ 6439+2649

⑤ 1254+1748　⑥ 2916+375

2 筆算でしましょう。

教科書 56ページ 1・1・2、57ページ 2

① 6537−3709　② 5721−1453

③ 1356−566　④ 1007−489

⑤ 1000−371　⑥ 1003−64

3 くふうして、次の計算をしましょう。

教科書 58ページ 1

① 357+42+58　② 296+81+19

③ 428+37+163　④ 545+184+155

ヒント　3 100や何百になるたし算を先にすると、計算がかんたんになります。

⑤ 暗算

教科書 上60ページ　答え 11ページ

次の□にあてはまる数をかきましょう。

ねらい (2けた)＋(2けた)のたし算の暗算のしかたを理かいしよう。 練習 1 2 →

25＋47 の暗算のしかた

しかた1

25 ＋ 47
20 5 40 7
20＋40＝60
5＋7＝12
60＋12＝72

しかた2

47 を 50 とみて、
25 に 50 をたすと
3たしすぎるから、
25＋50－3＝75－3
＝72

1 77＋26 を暗算でしましょう。

とき方 **しかた1** 77 は 70 と 7、26 は 20 と 6 と位ごとに分けて計算します。

70＋20＝□　7＋6＝□　だから、77＋26＝□

しかた2 26 を 30 とみて、77 に 30 をたすと 4 たしすぎると考えて計算します。

77＋30－4＝□　だから、77＋26＝□

ねらい (2けた)－(2けた)のひき算の暗算のしかたを理かいしよう。 練習 1 3 →

65－18 の暗算のしかた

しかた1

18 を 10 と 8 に分けて、
65－10＝55
55－8＝47

しかた2

18 を 20 とみて、
65 から 20 をひくと 2 ひきすぎるから、
65－20＋2＝45＋2
＝47

2 122－56 を暗算でしましょう。

とき方 **しかた1** 56 を 50 と 6 に分けて計算します。

122－50＝□　72－6＝□　だから、122－56＝□

しかた2 56 を 60 とみて、122 から 60 をひくと 4 ひきすぎると考えて計算します。

122－60＋4＝□　だから、122－56＝□

ぴったり2

練習

★できた問題には、「た」をかこう！★

学習日　　月　　日

教科書 上60ページ　答え 11ページ

1 □にあてはまる数をかきましょう。

教科書 60ページ 1

① 49＋28 の暗算のしかたを、2とおり考えます。

しかた1 49は40と9、28は20と8と位ごとに分けて計算します。

40＋20＝□　　9＋8＝□

だから、49＋28＝□

しかた2 30をたすと2たしすぎると考えて計算します。

49＋30－2＝□　　だから、49＋28＝□

② 103－37 の暗算のしかたを、2とおり考えます。

しかた1 37を30と7に分けて計算します。

103－30＝□　　73－7＝□

だから、103－37＝□

しかた2 40をひくと3ひきすぎると考えて計算します。

103－40＋3＝□　　だから、103－37＝□

！まちがい注意

2 暗算でしましょう。

教科書 60ページ 1

① 31＋44　② 24＋53　③ 62＋30

④ 46＋14　⑤ 54＋28　⑥ 76＋8

⑦ 32＋80　⑧ 85＋57　⑨ 34＋66

！まちがい注意

3 暗算でしましょう。

教科書 60ページ 2

① 58－24　② 96－50　③ 42－31

④ 63－19　⑤ 72－65　⑥ 84－7

⑦ 147－85　⑧ 111－63　⑨ 105－26

ヒント

2 3 位ごとに分けたり、何十とみて考えたりしてかんたんに答えがもとめられるようにくふうしましょう。

4 たし算とひき算

教科書 上49～62ページ　答え 11ページ

知識・技能　／46点

1 671＋149 の筆算(ひっさん)について、一の位(くらい)、十の位、百の位の計算を考え、□にあてはまる数をかきましょう。　全部(ぜんぶ)できて（10点）

❶ 一の位の計算　①□＋②□＝③□

❷ 十の位の計算　①□＋②□＋③□＝④□

❸ 百の位の計算　1＋①□＋②□＝③□

2 たし算をしましょう。　1つ2点(18点)

① 137＋442　② 309＋328　③ 223＋485

④ 529＋294　⑤ 566＋77　⑥ 747＋698

⑦ 4623＋2254　⑧ 5487＋3656　⑨ 6937＋126

3 ひき算をしましょう。　1つ2点(18点)

① 673－221　② 719－186　③ 412－237

④ 524－19　⑤ 605－439　⑥ 802－407

⑦ 4793－2968　⑧ 7615－1839　⑨ 1001－69

思考・判断・表現

／54点

4 よく出る　1箱366円のクッキーと、1箱257円のチョコレートを買います。代金は何円ですか。

式・答え　1つ4点(8点)

式

答え（　　　）

5 よく出る　こうじさんは804円持っています。115円のおかしを買うと、のこりは何円になりますか。

式・答え　1つ5点(10点)

式

答え（　　　）

6 えい画館におとなが1275人、子どもが1434人来ました。　式・答え　1つ4点(16点)

① あわせて何人ですか。

式

答え（　　　）

② どちらが何人多く来ましたか。

式

答え（　　　）

できたらスゴイ!

7 □にあてはまる数をかきましょう。　1問5点(10点)

①

	3	㋐	2
+	2	7	㋑
	㋒	3	9

㋐（　　）㋑（　　）㋒（　　）

②

	7	4	㋕
−	4	㋖	5
	㋗	6	7

㋕（　　）㋖（　　）㋗（　　）

8 くふうして、次の計算をしましょう。　1つ5点(10点)

① 146+53+47　　② 228+236+272

ふろくの「計算せんもんドリル」7〜18もやってみよう!

ふりかえり　1がわからないときは、22ページの1にもどってかくにんしてみよう。

学習日　月　日

5 ぼうグラフ

① 整理のしかた

教科書 上65～66ページ　答え 12ページ

次の□にあてはまることばや数をかきましょう。

ねらい 表にして、わかりやすく整理できるようにしよう。　練習 ❶❷→

整理のしかた

くだものごとに、すきな人の数を調べて整理したりするときには、「正」の字でかぞえたり、表にまとめたりすると、わかりやすく整理することができます。

❶ 「正」の字をかいて、人数を調べます。
（「正」の字は5を表します。）

メロン	正下
いちご	正丅
バナナ	丅
りんご	正一
その他	下

❷ 「正」の字を数字になおして、表に整理します。

表には、何を調べたか表題をつけます。→ すきなくだもの調べ（3年1組）

くだもの	人数（人）
メロン	8
いちご	7
バナナ	2
りんご	6
その他	4
合計	27

← 最後に合計をたしかめます。

1 スポーツごとに、すきな人の数を調べました。右の表に整理しましょう。

ドッジボール	正丅
サッカー	正下
テニス	下
野球	正一
バレーボール	丅
水泳	下
バドミントン	一
たっ球	一

すきなスポーツ調べ（3年1組）

スポーツ	人数（人）
㋐	㋑
㋒	㋓
㋔	㋕
㋖	㋗
㋘	㋙
㋚	㋛
その他	㋜
合計	㋝

とき方 ㋐～㋛ 「正」の字を数字になおして、表に整理します。
㋜ すきな人の数が少ないスポーツは、まとめて「その他」とします。
㋝ それぞれの人数をたして、合計をもとめます。

バドミントンとたっ球を「その他」で表しましょう。

学習日　月　日

教科書 上65～66ページ　答え 12ページ

1 色ごとに、すきな人の数を調べました。

教科書 65ページ 1

① 右の表に整理しましょう。

青色	正正
みどり色	正下
黄色	正
赤色	下
その他	正

すきな色調べ（3年1組）

色	人数（人）
青色	㋐
みどり色	㋑
黄色	㋒
赤色	㋓
その他	㋔
合計	㋕

② すきな人がいちばん多いのは何色ですか。

（　　　　）

③ 黄色をすきな人は何人ですか。

（　　　　）

2 かっているペットのしゅるいを調べました。

教科書 65ページ 1

① 右の表に整理しましょう。

犬	正正丅
ねこ	正一
小鳥	正
ハムスター	下
その他	丅

㋐

（3年1組）

しゅるい	人数（人）
㋑	㋒
㋓	㋔
㋕	㋖
㋗	㋘
㋙	㋚
合計	㋛

表題をかくことをわすれずに。

② かっている人がいちばん多いペットは何ですか。

（　　　　）

③ ねこをかっている人は何人ですか。

（　　　　）

1 2 「正」の字は、5より大きい数でも同じようにくりかえして、6、7、8、…と表していくことができます。

5 ぼうグラフ

② 数の大きさを表すグラフ

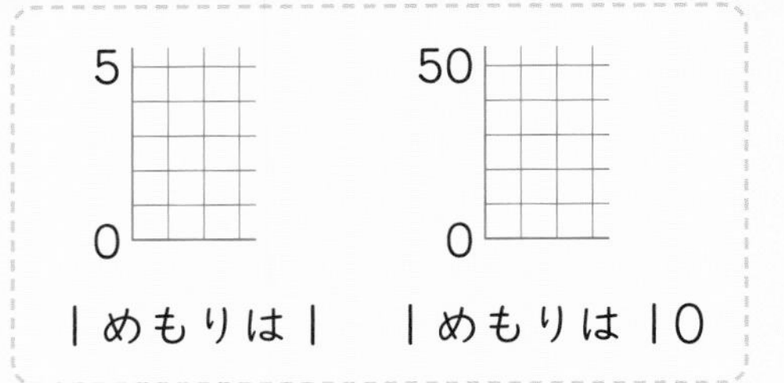

教科書 上67～72ページ　答え 13ページ

次の□にあてはまる数をかきましょう。

ねらい ぼうグラフをよんだり、かいたりできるようにしよう。　練習 1 2→

ぼうの長さで数の大きさを表したグラフを、**ぼうグラフ**といいます。

ぼうグラフをよむとき、かくときには、Ｉめもりがいくつ分を表しているかに注意します。

5 / 0　Ｉめもりは１　　50 / 0　Ｉめもりは１０

1 けが調べをしました。

それぞれのけがの人数をもとめましょう。

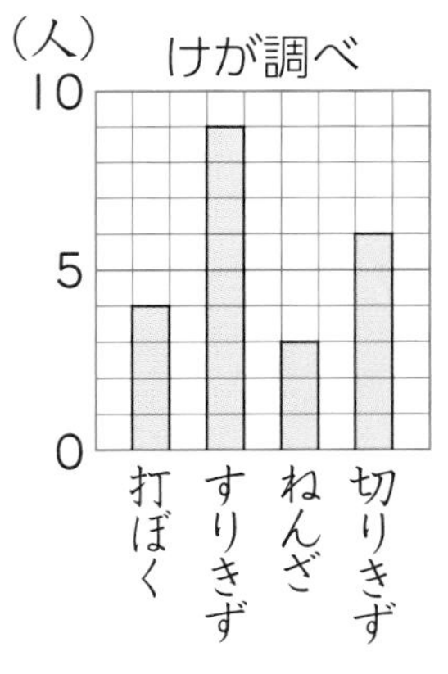

とき方 たてのＩめもりはＩ人を表しています。

打ぼく ①□人　すりきず ②□人

ねんざ ③□人　切りきず ④□人

2 下の表は、３年３組ですきな動物を調べて、まとめたものです。

これをぼうグラフに表します。

グラフのつづきをかきましょう。

すきな動物調べ（3年3組）

動物	人数(人)
ねこ	11
犬	8
うさぎ	4
その他	2
合計	25

ぼうグラフに表すと、数の大きさのちがいや数の多い順番がわかりやすくなるよ。

(人) すきな動物調べ（３年３組）

15 / 10 / 5 / 0

ねこ　犬　うさぎ　その他

とき方 横のじくには動物のしゅるい、たてのじくにはめもりの数とその単位がかかれているので、人数にあわせてぼうをかきます。

また、ぼうグラフの上には表題をかきます。

Ｉめもりは、Ｉ人を表しているから、その他の２人は２めもりのぼうだね。

★できた問題には、「た」をかこう！★

学習日　　月　　日

教科書 上67〜72ページ　答え 13ページ

1 右のぼうグラフは、ソフトボール投げの記録を表したものです。

教科書 69ページ 3

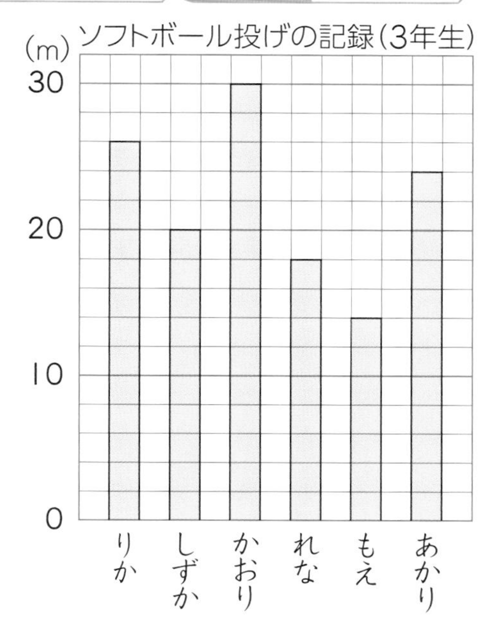

① たてのじくの1めもりは、何mを表していますか。

(　　　　　)

② いちばん遠くまで投げたのはだれですか。

(　　　　　)さん

③ れなさんともえさんの記録のちがいは何mですか。

(　　　　　)

④ ぼうグラフを見て、下の表をかんせいさせましょう。

ソフトボール投げの記録

名前	りか	しずか	かおり	れな	もえ	あかり
きょり(m)	26	㋐	㋑	18	㋒	24

2 右の2つのぼうグラフは、3年生が5月と6月にけがをした場所と人数を表したものです。

教科書 72ページ 5

(人) けが調べ(5月)
25
20
15
10
5
0
校庭　体育館　教室　その他

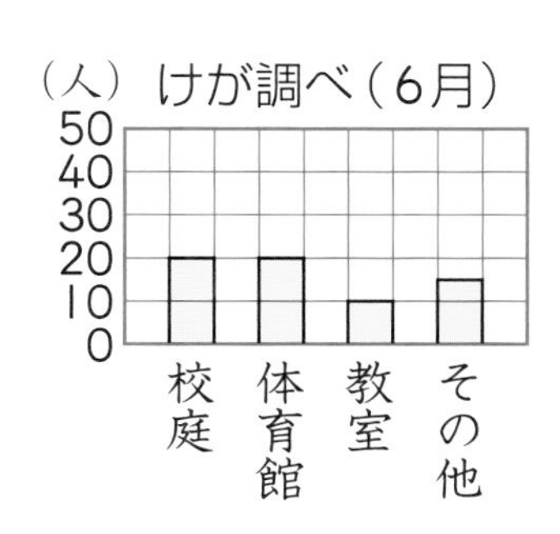

① 5月と6月のグラフの1めもりの大きさをそれぞれもとめましょう。

5月(　　　)人　6月(　　　)人

② 次のことは正しいですか。「正しい」、「正しくない」のどちらかで答えましょう。
「教室でけがをした人数は、5月と6月で同じです。」

(　　　　　)

ヒント 1 ① 5めもりが10mを表しています。

学習日　月　日

5 ぼうグラフ

③ 表とグラフの見方

教科書 上73〜79ページ　答え 13ページ

次の□にあてはまる数や記号をかきましょう。

ねらい いくつかの表を１つの表にまとめて、全体のようすをわかりやすく表そう。 練習 1→

いくつかの表を１つの表にまとめると、全体のようすがわかりやすくなります。

1 右の表は、３年生の３クラスの、すきな動物調べの人数を表したものです。
これを１つの表に整理しましょう。

すきな動物調べ（１組）

動　物	人数（人）
ねこ	9
犬	12
うさぎ	3
その他	4
合　計	28

すきな動物調べ（２組）

動　物	人数（人）
ねこ	11
犬	8
うさぎ	4
その他	2
合　計	25

すきな動物調べ（３組）

動　物	人数（人）
ねこ	10
犬	8
うさぎ	6
その他	3
合　計	27

とき方 上の表の数をかいたら、たてにたした合計と、横にたした合計をかきます。

28＋25＋⑤と
⑥から⑨までをたした数は
同じになるよ。

すきな動物調べ　（人）

動物＼組	１組	２組	３組	合　計
ねこ	9	11	①	⑥
犬	12	8	②	⑦
うさぎ	3	4	③	⑧
その他	4	2	④	⑨
合　計	28	25	⑤	⑩

ねらい 調べたことのとくちょうがわかりやすいぼうグラフがかけるようにしよう。 練習 1→

ぼうグラフの表し方をかえると、調べたことのとくちょうがわかりやすくなります。

2 右の２つのぼうグラフは、きのうと今日売れたメロンパンとあんパンの数を表したものです。
どんなことがわかりやすいグラフかまとめましょう。

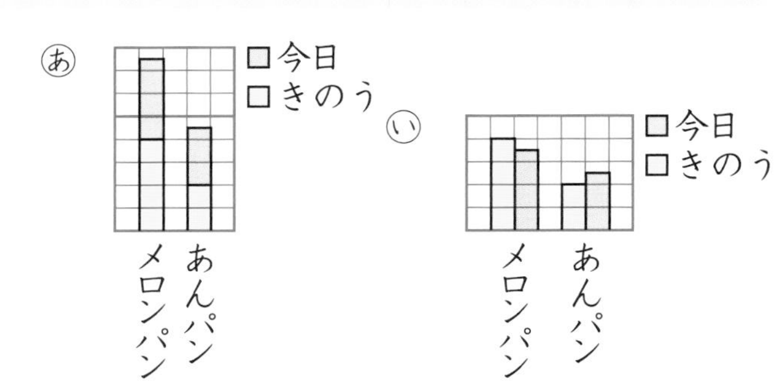

とき方 きのうと今日をあわせてよく売れたパンが、メロンパンとあんパンのどちらであるかがわかりやすいグラフは、□のグラフです。
あんパンがよく売れた日が、きのうと今日のどちらであるかがわかりやすいグラフは、□のグラフです。

学習日　月　日

★できた問題には、「た」をかこう！★

でき ①

教科書 上73～79ページ　答え 14ページ

1 下の表は、3年生のすきなスポーツのしゅるいと人数をまとめたものです。

教科書 73ページ 1、75ページ 2

すきなスポーツ調べ(3年1組)

スポーツ	人数(人)
サッカー	9
野球	7
ドッジボール	10
水泳	2
その他	4
合計	32

すきなスポーツ調べ(3年2組)

スポーツ	人数(人)
サッカー	8
野球	7
ドッジボール	8
水泳	6
その他	2
合計	31

① 1つの表にまとめましょう。

横にたした合計も
わすれずにかいて、
全体のようすに注目しよう。

すきなスポーツ調べ(3年生)　(人)

組 / スポーツ	1組	2組	合計
サッカー			
野球			
ドッジボール			
水泳			
その他			
合計			

② 3年生全体の人数は何人ですか。

(　　　　)

③ 右のように1つのぼうグラフにまとめます。
グラフのつづきをかきましょう。

下の□が1組、
上の□が2組を
表しているよ。

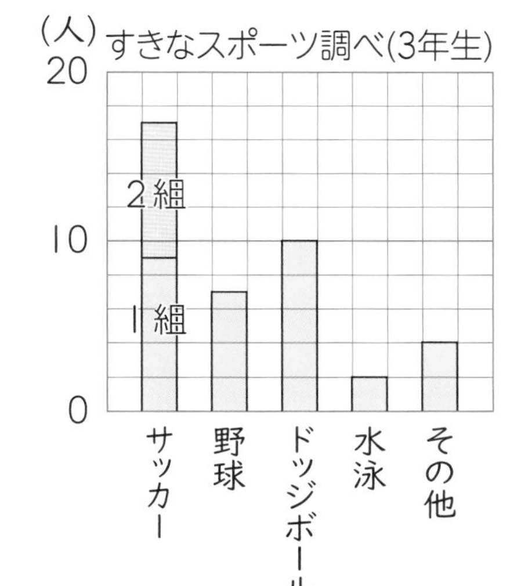

ヒント ① ③ 1めもりが2人を表しています。

5 ぼうグラフ

教科書 上65～82ページ　答え 14ページ

知識・技能　／50点

1 まなぶさんの組で、どんなスポーツがすきかを調べました。
記録を表に表しましょう。　1つ4点(20点)

野球	正下
サッカー	正𠄌
ドッジボール	正一
バドミントン	𠄌
その他	T

すきなスポーツ調べ(3年1組)

スポーツ	野球	サッカー	ドッジボール	バドミントン	その他
人数(人)	㋐	㋑	㋒	㋓	㋔

2 次のぼうグラフで、1めもりやぼうの長さはどんな大きさを表していますか。それぞれ、単位をつけて答えましょう。　1つ5点(20点)

① (まい) 120, 80, 40, 0

1めもり
(　　　　)

ぼうの長さ
(　　　　)

② (mL) 300, 200, 100, 0

1めもり
(　　　　)

ぼうの長さ
(　　　　)

3 3年1組でどの町に住んでいるかを調べたところ、次のようになりました。
表やぼうグラフをしあげましょう。　全部できて(10点)

町べつの人数(3年1組)

町	人数(人)
東町	9
西町	6
南町	12
北町	8
合計	㋐

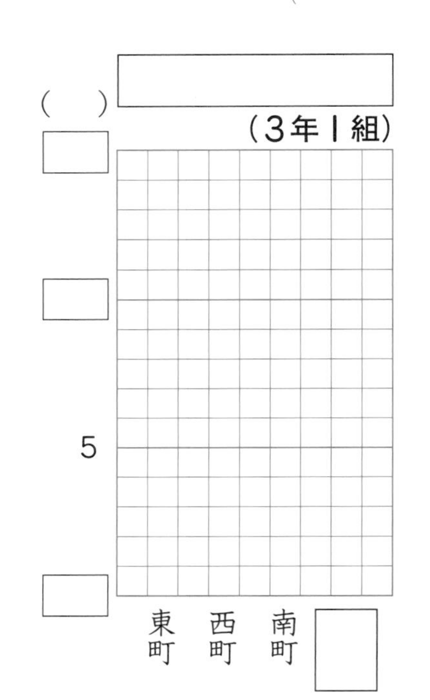

思考・判断・表現　／50点

4 右のぼうグラフは、野球のチームごとに、打(う)ったホームランの数を表しています。 1つ5点(15点)

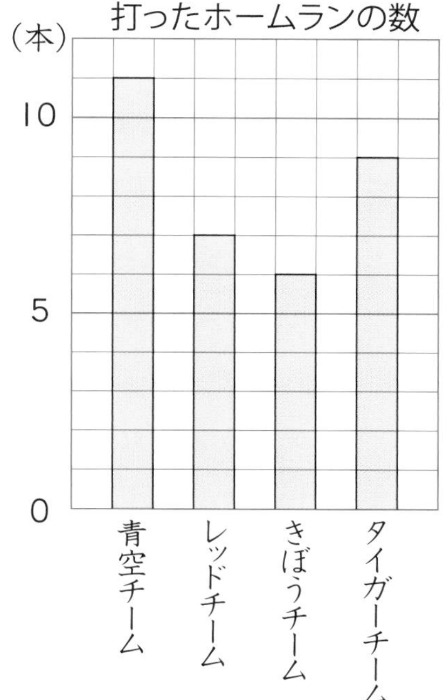

① Ⅰめもりは、何本を表していますか。

(　　　　)

② いちばん多くホームランを打ったのは、どのチームですか。

(　　　　)

③ タイガーチームは何本打ちましたか。

(　　　　)

5 ある町の店で売っているやさいのねだんを調べて、下のようなぼうグラフに表しました。 1つ5点(15点)

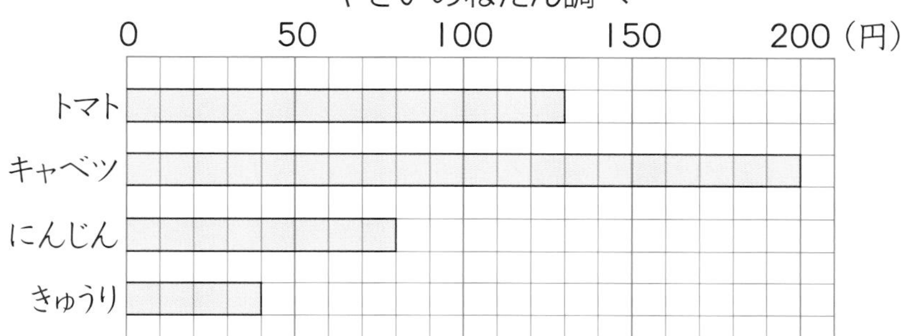

① Ⅰめもりは、何円を表していますか。 (　　　　)

② にんじんは、何円ですか。 (　　　　)

③ 150円より高いやさいは何ですか。 (　　　　)

できたらスゴイ!

6 3年生の男女べつの人数を調べて、右のように1つの表にまとめました。 1つ5点(20点)

男女べつの人数調べ(3年生)　(人)

	1組	2組	3組	合計
男子	18	19	17	㋐ 54
女子	18	㋑	18	53
合計	㋒	36	35	㋓

① ㋐の数は、何を表していますか。

(　　　　)

② ㋑、㋒、㋓にあてはまる数をかきましょう。

㋑(　　　　)　㋒(　　　　)　㋓(　　　　)

ふりかえり　**1**がわからないときは、32ページの**1**にもどってかくにんしてみよう。

① あまりのあるわり算

教科書 上85〜89ページ　答え 15ページ

次の□にあてはまる記号や数をかきましょう。

ねらい あまりのあるわり算の答えの見つけ方を考えよう。 練習 1→

あまりのあるわり算

11このあめを1人に2こずつ分けると、5人に分けられて、1こあまります。

このことを式で、次のようにかきます。

11÷2＝5 **あまり** 1　「十一　わる　二は　五　あまり　一」

わり算をしてあまりがあるときは「**わりきれない**」といい、あまりがないときは「**わりきれる**」といいます。

1 わりきれないわり算はどれですか。

㋐ 14÷6　㋑ 20÷5　㋒ 12÷7　㋓ 32÷4

とき方 わる数の九九の答えにわられる数がないわり算のことです。

㋐ 6のだんの九九に14は（ ある ・ ない ）←正しいほうを○でかこみましょう。
㋑ 5のだんの九九に20は（ ある ・ ない ）
㋒ 7のだんの九九に12は（ ある ・ ない ）
㋓ 4のだんの九九に32は（ ある ・ ない ）　答え □、□

ねらい あまりの大きさについて考えよう。 練習 2 3 4→

わり算のあまりの大きさ

わり算のあまりは、わる数より小さくなるようにします。

わる数＞あまり

2 13このみかんを、5人で同じ数ずつ分けます。
1人分は何こになりますか。また、みかんは何こあまりますか。

とき方 式は13÷5になります。1人に分ける数をきめると、

1人に1こ　1×5＝5　8こあまる。
1人に2こ　2×5＝10　3こあまる。
1人に3こ　3×5＝15　2こたりない。

だから、13÷5＝①□ あまり ②□

答え　1人分は③□こで、④□こあまる。

九九を使って答えを見つけることができるね。

★できた問題には、「た」をかこう！★

でき 1　でき 2　でき 3　でき 4

学習日　月　日

教科書 上85～89ページ　答え 15ページ

！まちがい注意

1 わり算をしましょう。 教科書 89ページ 4

① 3÷2　② 8÷3　③ 10÷4

④ 17÷4　⑤ 38÷5　⑥ 74÷9

⑦ 46÷8　⑧ 62÷7　⑨ 56÷6

2 70cmのテープを、1本9cmずつ切り取(と)ります。
9cmのテープは何本できて、何cmあまりますか。 教科書 87ページ 1

(　　　　　　　　)

3 50本のえんぴつを、8人で同じ数ずつ分けます。
1人分は何本になりますか。また、何本あまりますか。 教科書 89ページ 3・5

(　　　　　　　　)

4 計算のまちがいを見つけて、正しい答えをかきましょう。 教科書 88ページ 3

46÷6＝6 あまり 10

(　　　　　　　　)

ヒント
4 わり算のあまりは、わる数よりかならず小さくなります。

学習日　月　日

② 答えのたしかめ
③ あまりを考える問題

教科書 上90、92～93ページ　答え 16ページ

次の□にあてはまる数をかきましょう。

ねらい あまりのあるわり算の答えのたしかめ方を考えよう。 練習 1 2→

答えのたしかめ 40ページの11÷2の計算の答えは、次のようにたしかめます。

11 ÷ 2 = 5 あまり 1

2 × 5 + 1 = 11

1人分の数　人数　あまり　全部の数

1 次の計算のたしかめをして、まちがいがあればなおしましょう。

(1) 27÷4=6あまり3　(2) 43÷7=6あまり2

とき方 (1) ①□×6+②□=27で、わられる数の27と同じ数になるので、答えは正しいです。

(2) 7×6+①□=②□で、わられる数の43にならないので、答えはまちがいです。

43÷7=③□あまり④□です。

ねらい あまりをどのようにすればよいか考えられるようにしよう。 練習 3 4→

あまりの考え方

22このあめを1つのふくろに5こずつ入れます。全部のあめを入れるのにひつようなふくろの数は、あまりを使って考えます。

22÷5=4あまり2

5こ入りのふくろは4つできますが、全部のあめをふくろに入れるためには、ふくろがもう1まいひつようなので、1をたして答えをもとめます。

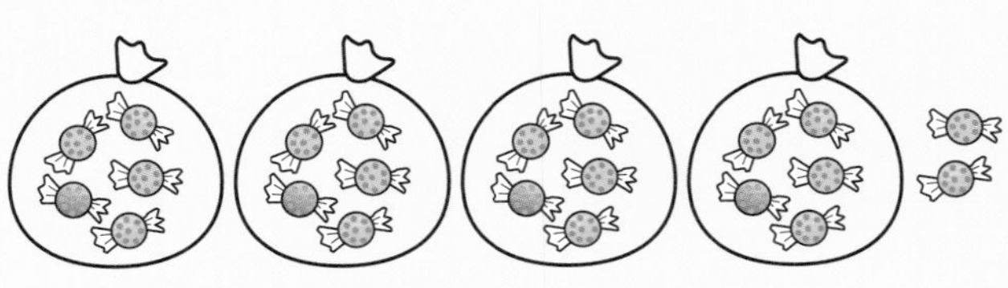

4+1=5で、ふくろは5まいひつようです。

2 子どもが40人います。1きゃくの長いすに6人ずつすわります。全員がすわるには、長いすは何きゃくひつようですか。

とき方 40÷6=6あまり①□　6+②□=③□

答え ④□きゃく

練習

★できた問題には、「た」をかこう！★

1 でき　2 でき　3 でき　4 でき

学習日　月　日

教科書 上90、92〜93ページ　答え 16ページ

1 40このいちごを、1人に9こずつ配(くば)ります。
何人に配れて、何こあまりますか。

教科書 90ページ 1

① 式(しき)と答えをかきましょう。

式

答え（　　　　）

② ①の答えのたしかめをしましょう。

（　　　　）

! まちがい注意

2 わり算をして、答えのたしかめをしましょう。

教科書 90ページ 2

① 39÷5　　② 55÷7

答え（　　　　）　答え（　　　　）

たしかめ（　　　　）　たしかめ（　　　　）

よくよんで

3 子どもが34人います。1きゃくの長いすに5人ずつすわります。
全員がすわるには、長いすは何きゃくいりますか。

教科書 92ページ 1

（　　　　）

4 あたりけんが18まいあります。このけん4まいで、おかしが1こもらえます。
全部でおかしを何こもらうことができますか。

教科書 93ページ 2

（　　　　）

ヒント　4 あまったけんのまい数で、おかしがもらえるかどうかを考えましょう。

6 あまりのあるわり算

／100

ごうかく 80 点

教科書 上85～95ページ　答え 17ページ

知識・技能　／70点

1 わりきれないわり算はどれですか。　1つ2点(4点)

ⓐ 15÷2　ⓘ 40÷8　ⓤ 38÷6　ⓔ 27÷3

(　　)と(　　)

2 計算のまちがいを見つけて、正しい答えをかきましょう。　1つ3点(6点)

① 36÷5＝6あまり6　② 29÷9＝3あまり1

(　　)　(　　)

3 よく出る わり算をして、答えのたしかめをしましょう。　1つ3点(60点)

① 19÷3
答え (　　)
たしかめ (　　)

② 58÷7
答え (　　)
たしかめ (　　)

③ 30÷4
答え (　　)
たしかめ (　　)

④ 27÷8
答え (　　)
たしかめ (　　)

⑤ 69÷9
答え (　　)
たしかめ (　　)

⑥ 37÷6
答え (　　)
たしかめ (　　)

⑦ 29÷5
答え (　　)
たしかめ (　　)

⑧ 66÷8
答え (　　)
たしかめ (　　)

⑨ 40÷7
答え (　　)
たしかめ (　　)

⑩ 47÷9
答え (　　)
たしかめ (　　)

思考・判断・表現　／30点

4 よく出る　ボールペンが36本あります。
|人に8本ずつ配ると、何人に配れて、何本あまりますか。　式・答え　1つ5点(10点)

式

答え（　　）

5 よく出る　50さつの本を、図書室から教室に運びます。|回に6さつずつ運びます。
全部運ぶには何回かかりますか。　式・答え　1つ5点(10点)

式

答え（　　）

できたらスゴイ!

6 スタンプが27こ集まりました。このスタンプ5こで、メダルが|こもらえます。
全部でメダルを何こもらうことができますか。　式・答え　1つ5点(10点)

式

答え（　　）

この本の終わりにある「夏のチャレンジテスト」をやってみよう！

はってん　なるほど算数　筆算でわり算をしてみよう

教科書　上91ページ

1 65÷9の筆算にちょうせんしてみましょう。

❶ まず、65÷9を右のようにかく。

9)65

❷ 65の一の位の上に答えの7をかく。

①
9)65

◀9のだんの九九で答えを見つけます。

❸「九七　63」の63を、65の下に位をそろえてかく。

7
9)65
②

❹ ひき算の筆算のように65−63をし、ひき算の答えの2を下にかく。
2があまりの数になる。
わり算の筆算から、
65÷9＝④　あまり⑤

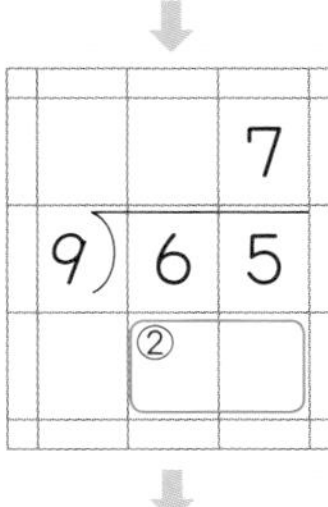

◀このとき、ひき算の答えがわる数より小さくなっていることをかくにんします。

ふろくの「計算せんもんドリル」19～21もやってみよう！

ふりかえり　1がわからないときは、40ページの1にもどってかくにんしてみよう。

ぴったり1 じゅんび

3分でまとめ

学習日　　月　　日

7 大きい数

① 数の表し方ー(1)

教科書 上 101〜107 ページ　答え 18 ページ

次の□にあてはまる数をかきましょう。

ねらい 10000 より大きい数のしくみと表し方を理かいしよう。　練習 1 2 3 4 →

大きい数のしくみと表し方

24816537 は、
「二千四百八十一万六千五百三十七」
とよみます。

千万の位	百万の位	十万の位	一万の位	千の位	百の位	十の位	一の位
2	4	8	1	6	5	3	7

10000 を 10 こ集めた数を**十万**といい、**100000** とかきます。

10000 より大きい数のしくみは、右のようになっています。

千が 10 こ	1 万				1	0	0	0	0
1 万が 10 こ	10 万			1	0	0	0	0	0
10 万が 10 こ	100 万		1	0	0	0	0	0	0
100 万が 10 こ	1000 万	1	0	0	0	0	0	0	0

1 24816537 の、2は 1000 万を ①□ こ、4は 100 万を ②□ こ、8は 10 万を ③□ こ、1は1万を ④□ こ、6は 1000 を6こ、5は 100 を5こ、3は 10 を3こ、7は1を7こあわせたことを表しています。

ねらい 数直線、一億について理かいしよう。　練習 5 →

数直線

下のような数の線のことを、**数直線**といいます。

0　10000　20000　30000

数直線は、いちばん小さい1めもりの大きさを考えてよみます。

一億

99999999 より1大きい数を**一億**といい、**100000000** とかきます。

2 下の数直線で、ア、イが表す数をかきましょう。

99998000　99999000

ア　イ

とき方 1めもりの大きさは ①□ です。
アは ②□ 、イは ③□

学習日 月 日

★できた問題には、「た」をかこう！★

1 でき 2 でき 3 でき 4 でき 5 でき

教科書 上101～107ページ 答え 18ページ

！まちがい注意

1 次の数をよみましょう。

教科書 102ページ1、104ページ3

① 32586 （　　　）

② 10396508 （　　　）

！まちがい注意

2 次の数を数字でかきましょう。

教科書 102ページ2、104ページ4

① 五万八千百六十五 （　　　）

② 八千六万三千二 （　　　）

3 次の数を数字でかきましょう。

教科書 104ページ4

① 10万を8こと、1万を3こと、1000を6こと、10を4こあわせた数

（　　　）

② 1000万を5こと、10万を9こあわせた数 （　　　）

4 □にあてはまる数をかきましょう。

教科書 105ページ6・7

① 10000を28こ集めた数は□です。

② 630000は10000を□こ集めた数です。

③ 490000は1000を□こ集めた数です。

よくみて

5 下の数直線を見て答えましょう。

教科書 106ページ8・9

300000　400000　500000　600000

↑ア　↑イ

① ア、イの数をかきましょう。

ア（　　　） イ（　　　）

② 540000を上の数直線に↑で表しましょう。

ヒント 5 数直線の1めもりの大きさは10000です。

① 数の表し方ー(2)

教科書 上108～109ページ　答え 18ページ

次の□にあてはまる数や記号をかきましょう。

ねらい 大きい数のたし算とひき算ができるようにしよう。 練習 ① ②→

大きい数の計算

大きい数の計算は、数のまとまりで考えてもとめることができます。

26万＋12万＝38万
|万が 26 ＋ 12 ＝ 38

26万－12万＝14万
|万が 26 － 12 ＝ 14

1 58万＋41万＝□　　58万－41万＝□

（|万が 58＋41＝99）（|万が 58－41＝17）

ねらい 大きな数の大小がくらべられるようになろう。 練習 ③→

等号、不等号

＝のしるしを**等号**、＞、＜のしるしを**不等号**といいます。

2 □にあてはまる等号、不等号をかきましょう。

(1) 541万□451万　　(2) 40万□12万＋28万

とき方 (1) 541万は451万より大きい数だから、541万□451万

(2) 12万＋28万は|万のまとまりで考えると、12＋28＝40になります。
12万＋28万＝□だから、40万□12万＋28万

ねらい 数をいろいろな見方で表せるようになろう。 練習 ④→

数の見方

|つの数は、数の見方によって、いろいろな表し方ができます。

3 83000をいろいろな見方で表しましょう。

(1) 83000は、□と3000をあわせた数です。

(2) 83000は、80000より□大きい数です。

(3) 83000は、1000を□こ集めた数です。

ぴったり2

練習

★できた問題には、「た」をかこう！★

1 でき　2 でき　3 でき　4 でき

学習日　　月　　日

教科書 上108～109ページ　答え 18ページ

1 次の計算をしましょう。

教科書 108ページ 11

① 230万＋160万　　② 7000万＋1000万

③ 790万－660万　　④ 4000万－800万

2 次の計算は、何のまとまりで考えると、77－24の計算でもとめられますか。計算の答えもかきましょう。

教科書 108ページ 6

① 77000－24000　　まとまり（　　）　答え（　　）

② 770万－240万　　まとまり（　　）　答え（　　）

よくみて

3 □にあてはまる等号、不等号をかきましょう。

教科書 108ページ 12

① 67000 □ 60000　　② 98900 □ 100000

③ 562万 □ 489万　　④ 56万＋21万 □ 86万

⑤ 2800万 □ 3000万－200万

4 39000は、どんな数といえますか。□にあてはまる数をかきましょう。

教科書 109ページ 8

① 39000は、10000を□こと、1000を□こあわせた数です。

② 39000は、40000より□小さい数です。

③ 39000は、100を□こ集めた数です。

ヒント　2 ② 770万は10万を77こ集めた数です。

学習日　月　日

7 大きい数

② 10倍、100倍、1000倍した数と、10でわった数

教科書　上110～111ページ　答え　19ページ

次の□にあてはまる数をかきましょう。

ねらい　10倍した数がわかるようになろう。　練習 1→

10倍した数　ある数を10倍した数は、位が1つ上がり、もとの数の右に0を1つつけた数になります。

1　14を10倍した数はいくつですか。

とき方　もとの数の右に0を1つつけた数だから、□です。

ねらい　100倍、1000倍した数がわかるようになろう。　練習 2→

100倍、1000倍した数

ある数の10倍の10倍は、ある数を100倍した数です。

ある数の10倍の10倍の10倍は、ある数を1000倍した数です。

一万	千	百	十	一
			2	5
		2	5	0
	2	5	0	0
2	5	0	0	0

10倍　10倍　10倍　100倍　1000倍

100倍した数は
もとの数の右に0を
2つつけた数になるね！

1000倍した数は
もとの数の右に0を
3つつけた数になるよ。

2　14を100倍、1000倍した数はいくつですか。

とき方　100倍した数は、もとの数の右に0を2つつけた数だから、□です。

1000倍した数は、もとの数の右に0を3つつけた数だから、□です。

ねらい　10でわった数がわかるようにしよう。　練習 3→

10でわった数　一の位に0のある数を10でわると、位が1つ下がり、一の位の0をとった数になります。

3　20を10でわった数はいくつですか。

とき方　もとの数の一の位の0をとった数だから、□です。

1 次の数を10倍した数をかきましょう。

教科書 110ページ 1・2

① 70　(　　)
② 145　(　　)
③ 406　(　　)
④ 520　(　　)
⑤ 4826　(　　)
⑥ 3050　(　　)

2 次の数を100倍、1000倍した数をかきましょう。

教科書 111ページ 3

① 673
100倍 (　　)
1000倍 (　　)

② 701
100倍 (　　)
1000倍 (　　)

③ 690
100倍 (　　)
1000倍 (　　)

④ 1183
100倍 (　　)
1000倍 (　　)

3 次の数を10でわった数をかきましょう。

教科書 111ページ 4

① 90　(　　)
② 780　(　　)
③ 400　(　　)
④ 5490　(　　)
⑤ 2500　(　　)
⑥ 19000　(　　)

ヒント
1 10倍した数は、もとの数の右に0を1つつけた数になります。

7 大きい数

／100

ごうかく 80 点

教科書 上101〜113、153ページ　答え 19ページ

知識・技能　／76点

1 よく出る □にあてはまる数をかきましょう。　□1つ3点(15点)

① 290000は、10万を□こと、1万を□こあわせた数です。

② 10000を35こ集めた数は□です。

③ 270000は、10000を□こ集めた数です。

④ 1億は、99999990より□大きい数です。

2 下の数直線を見て答えましょう。　1つ3点(9点)

500000　600000　700000　800000

ア　イ

① ア、イの数をかきましょう。

ア（　　　）　イ（　　　）

② 670000を上の数直線に↑で表しましょう。

3 次の数をかきましょう。　1つ3点(12点)

① 8600を10倍した数（　　　）

② 76500を100倍した数（　　　）

③ 320を1000倍した数（　　　）

④ 5900万を10でわった数（　　　）

4 よく出る 次の数を数字でかきましょう。　1つ3点(12点)

① 三百二十九万六千五百四十七（　　　）

② 九千九百三万五十（　　　）

③ 1000万を7こと、10万を8こあわせた数（　　　）

④ 10万より1小さい数（　　　）

5 次の計算をしましょう。

1つ3点(12点)

① 26万＋58万　　② 900万＋700万

③ 64万－19万　　④ 1500万－800万

6 □にあてはまる等号、不等号をかきましょう。

1つ4点(16点)

① 12640 □ 12590　　② 352667 □ 352659

③ 56万＋14万 □ 70万　　④ 1300万＋5万 □ 1350万

思考・判断・表現　　／24点

できたらスゴイ！

7 □にあてはまる数をかきましょう。

1つ4点(16点)

① 76000は、70000と□をあわせた数です。

② 76000は、□より4000小さい数です。

③ 76000は、1000を□こ集めた数です。

④ 76000は、760を□倍した数です。

8 次の計算は、何のまとまりで考えると、58－24の計算でもとめられますか。

1つ4点(8点)

① 58000－24000　（　　　）

② 5800万－2400万　（　　　）

はってん 算数マイトライ　ぐっとチャレンジ

教科書 上153ページ

1 0から9までの10まいのカードのうち7まいを使って、7けたの数をつくります。

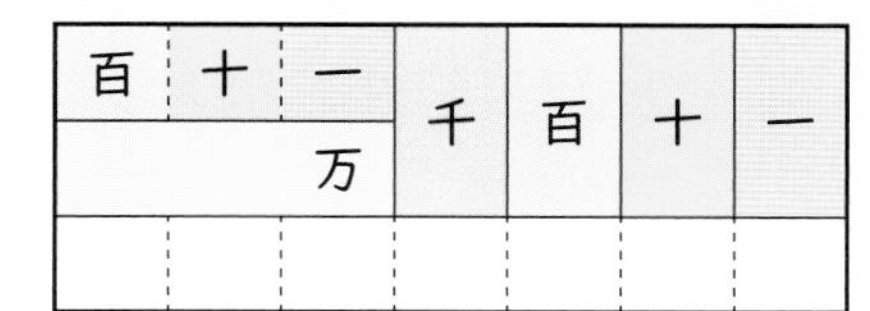

百	十	一	千	百	十	一
		万				

① いちばん大きい数をつくりましょう。（　　　）

② いちばん小さい数をつくりましょう。（　　　）

③ 4600000にいちばん近い数をつくりましょう。（　　　）

◀①数字を大きいじゅんにならべていきましょう。
②数字を小さいじゅんにならべていきますが、0は百万の位には使えません。
③45や46の次にいくつをならべたら、いちばん近い数になるか考えましょう。

1①がわからないときは、46ページの1にもどってかくにんしてみよう。

ぴったり1 じゅんび

3分でまとめ

学習日 月 日

8 長さ

① 長さ調べ
② 道のりときょり

教科書 上117～122ページ　答え 21ページ

次の□にあてはまる記号や数をかきましょう。

ねらい まきじゃくを使って、長い長さやまるいもののまわりの長さをはかれるようにしよう。　練習 1→

まきじゃく

長い長さは、まきじゃくを使うとせいかくにはかることができます。

まるいもののまわりの長さは、まきじゃくを使うとかんたんにはかることができます。

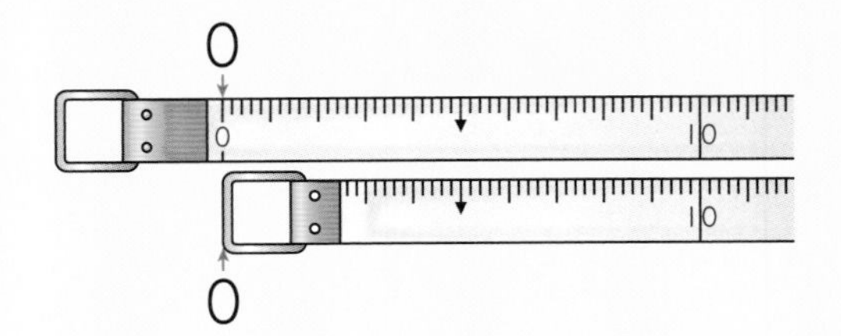

まきじゃくによって0のいちがちがうので、はかるときに気をつけようね。

1 次の長さをはかるとき、まきじゃくを使うとべんりなのはどれですか。

㋐ 本のあつさ　　㋑ プールのたての長さ

㋒ ノートの横の長さ　　㋓ ジュースのかんのまわりの長さ

とき方 長いものやまるいもののまわりの長さをはかるときは、まきじゃくを使うとべんりです。

答え □、□

ねらい 道のりときょりのちがいがわかるようにしよう。　練習 2 3→

道のりときょり

道にそってはかった長さを**道のり**といいます。

また、まっすぐにはかった長さを**きょり**といいます。

長さの単位

1000 m を **1キロメートル**といい、**1 km** とかきます。

キロメートルも長さの単位です。　**1 km＝1000 m**

2 右下の図で、家から銀行までの道のりは、何 m ですか。また、何 km 何 m ですか。

とき方 道のりは、道にそってはかった長さなので、500＋650＝□ (m)です。

1150 m＝□ km □ m

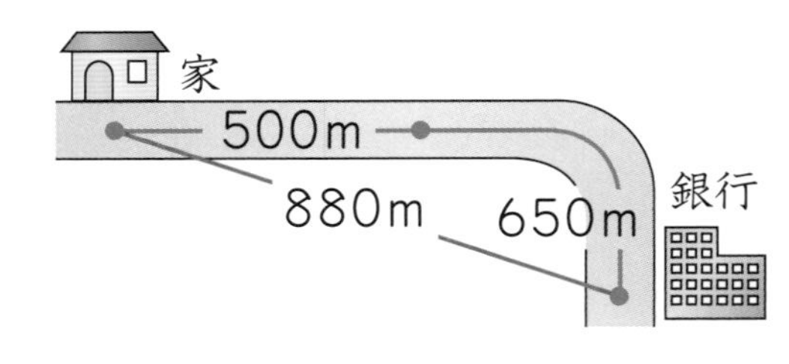

ぴったり2

練習

★できた問題には、「た」をかこう！★

できた 1 2 3

教科書 上117〜122ページ　答え 21ページ

1 下のまきじゃくを見て、答えましょう。

教科書 117ページ 1

ア イ ウ エ
2m 10 20 30 40 80 90 3m 10 20 30 40 50 60

① 1めもりは何cmですか。 (　　)

② ↓のめもりをよみましょう。

ア (　　)　イ (　　)

ウ (　　)　エ (　　)

2 □にあてはまる単位をかきましょう。

教科書 121ページ 2

① へやのたての長さ 6 □

② れんらく帳(ちょう)のあつさ 3 □

③ 市みんマラソンで走る道のり 10 □

④ ボールペンの長さ 14 □

よくみて

3 右の地図を見て答えましょう。

教科書 120ページ 1

こうきさんの家
ゆうきさんの家
700m
280m
学校
420m
240m
560m
440m

① こうきさんの家から学校までの道のりは、何km何mですか。

(　　)

② こうきさんの家からゆうきさんの家までのきょりは、何mですか。

(　　)

③ こうきさんとゆうきさんのそれぞれの家から学校までの道のりをくらべ、ちがいをもとめましょう。

(　　)

ヒント
1 ② まず、まきじゃく全体(ぜんたい)を見て、とちゅうに2mや3mのめもりがあることに気づくようにしましょう。

⑧ 長さ

時間 30 分

／100

ごうかく 80 点

教科書 上117～124ページ　答え 22ページ

知識・技能

／60点

1 [　　]にあてはまる単位(たんい)をかきましょう。　1つ4点(16点)

① となり町までの道のり　6 [　　]

② ゆみこさんの身長(しんちょう)　132 [　　]

③ 入口のドアのたての長さ　2 [　　]

④ 走りはばとびの記録(きろく)　2 [　　]

2 次(つぎ)の長さをはかるとき、まきじゃくを使(つか)うとべんりなのはどれですか。　1つ4点(12点)

あ 教科書のあつさ　い 頭のまわりの長さ

う 校庭の横(よこ)の長さ　え クレヨンの長さ

お 筆箱(ふでばこ)の長さ　か サッカーのコートのたての長さ

(　　)、(　　)、(　　)

3 よく出る [　　]にあてはまる数をかきましょう。　1つ4点(16点)

① 5000 m＝[　　] km　② 4030 m＝[　　] km [　　] m

③ 20 km＝[　　] m　④ 3 km 100 m＝[　　] m

4 よく出る ↓のめもりをよみましょう。　1つ4点(16点)

ア　イ　ウ　エ

4m　10　20　30　40　50　60　70　80　90　5m　10

ア (　　)　イ (　　)

ウ (　　)　エ (　　)

思考・判断・表現　／40点

5 よく出る さつきさんの家から図書館（としょかん）までの道のりときょりをくらべ、ちがいをもとめましょう。

1つ5点（15点）

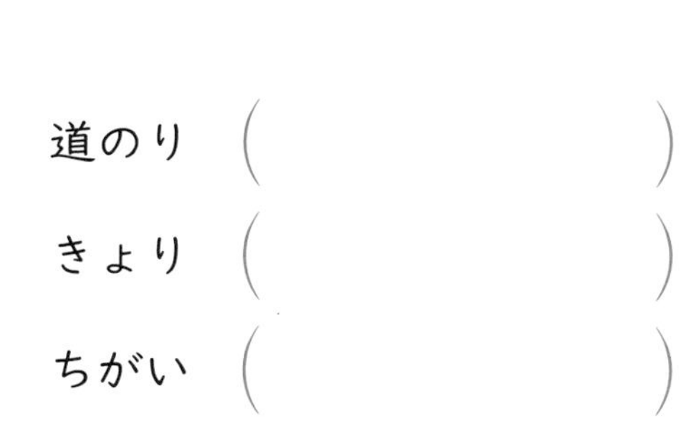

道のり（　　　）

きょり（　　　）

ちがい（　　　）

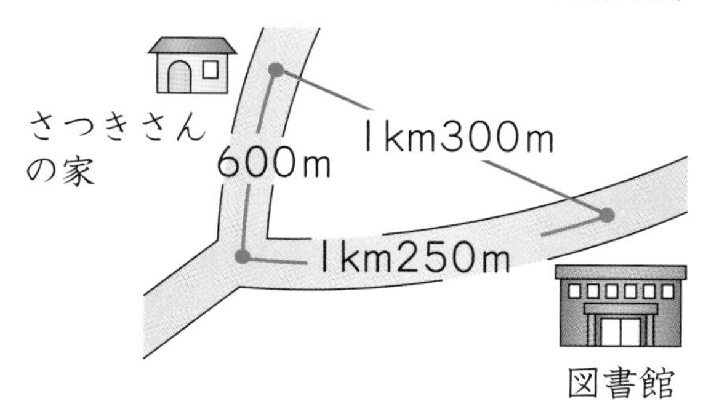

6 **右の地図を見て答えましょう。**

1つ5点（25点）

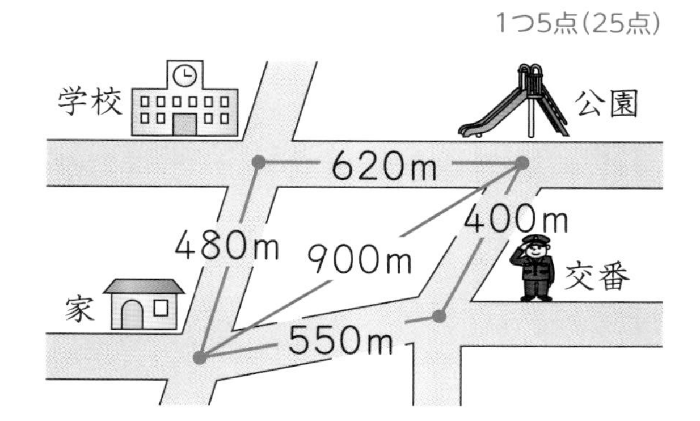

① 家から公園までのきょりは何 m ですか。

（　　　）

② 家から公園まで歩きます。
交番の前を通ると、道のりは何 m ですか。

（　　　）

③ 家から公園まで歩きます。学校の前を通ると、道のりは何 m ですか。
また、何 km 何 m ですか。

（　　　）、（　　　）

④ 家から公園まで歩きます。
交番の前を通るのと、学校の前を通るのとでは、どちらが何 m 近いですか。

（　　　）

ふりかえり　1 ①がわからないときは、54 ページの 1 にもどってかくにんしてみよう。

学習日　月　日

9 円と球

① 円
② 球

教科書 上127～135ページ　答え 23ページ

次の□にあてはまる数や記号をかきましょう。

ねらい 円のせいしつを知り、かけるようにしよう。 練習 1 2 →

円

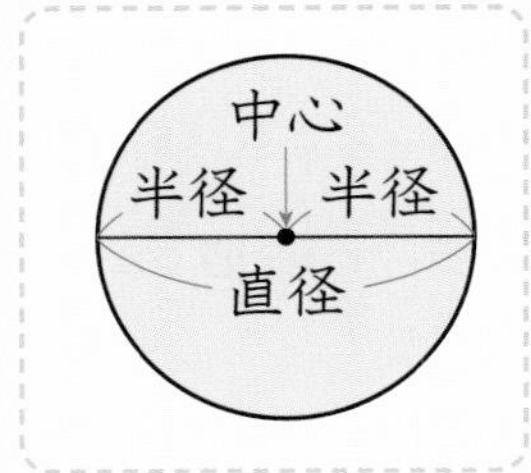

右のようなまるい形を、**円**といいます。

円の真ん中の点を、**中心**といいます。中心から円のまわりまでひいた直線を、**半径**といいます。

中心を通って、円のまわりからまわりまでひいた直線を、**直径**といいます。

|つの円の直径は、みんな同じ長さです。また、直径の長さは、半径の2倍です。

|つの円の半径は、みんな同じ長さです。

1 右の円を見て答えましょう。

(1) 直径は何cmですか。　(2) 半径は何cmですか。

(3) 右の円をかくとき、コンパスを何cmに開きますか。

10cm

とき方 (1) 円の中心を通って、円のまわりからまわりまでひいた長さなので、□cmです。

(2) 半径は、直径の長さの半分なので、□cmです。

(3) コンパスは半径の長さに開くので、□cmに開きます。

ねらい 球のとくちょうがわかるようにしよう。 練習 3 →

球

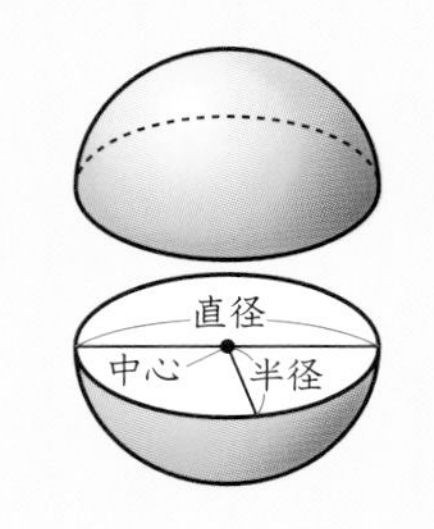

どこから見ても円に見える形を**球**といいます。

球を半分に切ったときの、切り口の円の中心、半径、直径を、それぞれ球の**中心**、**半径**、**直径**といいます。

球はどこで切っても、切り口は円になります。

2 右の半分に切った球を見て答えましょう。

(1) 球の中心は□です。

(2) 球の半径は□です。

(3) 球の直径は□です。

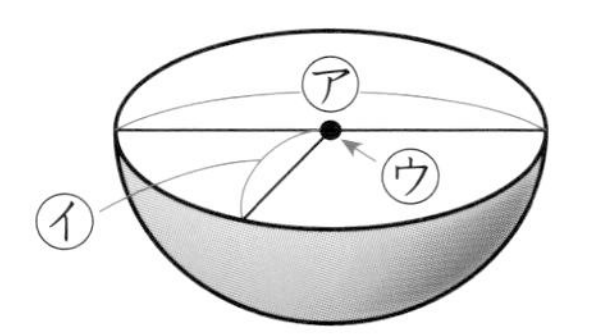

球を半分に切ると、切り口の円がいちばん大きくなるよ。

学習日　月　日

★できた問題には、「た」をかこう！★

できた ①　できた ②　できた ③

教科書 上127～135ページ　答え 23ページ

よくみて

1 右の円について答えましょう。

教科書 129ページ 2、130ページ 1

① いちばん長い直線はどれですか。

（　　　）

② ①の直線を何といいますか。

（　　　）

③ この円の直径は何cmですか。

（　　　）

④ この円の半径は何cmですか。

（　　　）

イ　ア　ウ　4cm　カ　オ　エ

2 次の円をかきましょう。

教科書 130ページ 2

① 半径2cmの円　② 直径6cmの円

よくみて

3 右の図のように、半径10cmのボールが、箱(はこ)の中に3こきちんとはいっています。

教科書 135ページ 1

① ボールの直径は何cmですか。

（　　　）

② ㋐の長さは何cmですか。

（　　　）

③ ㋑の長さは何cmですか。

（　　　）

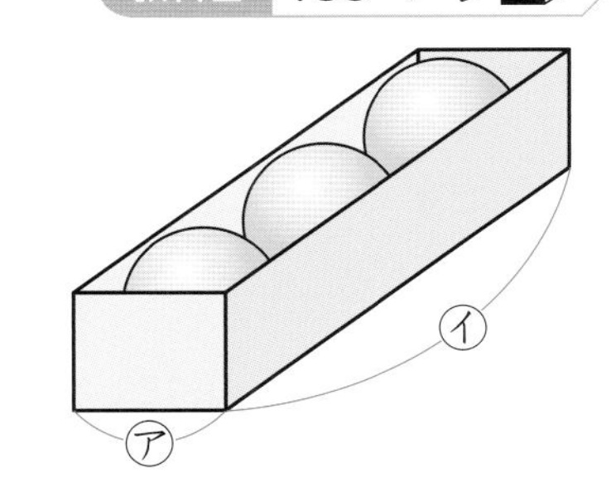

ヒント

3 ②ボールが箱の中にきちんとはいっているとき、㋐の長さはボールの直径と等(ひと)しくなります。

9 円と球

時間 30分

／100

ごうかく 80点

教科書 上127～137ページ　答え 23ページ

知識・技能　／44点

1 □にあてはまることばや数をかきましょう。　□1つ4点(24点)

① 右の円で、㋐を円の□、㋑を□、㋒を□といいます。

② 右の円で、㋒が6cmのとき、㋑は□cmです。

③ 直径(ちょっけい)の長さは、半径(はんけい)の□倍(ばい)の長さです。

④ 球(きゅう)をどこで切っても、切り口の形は□です。

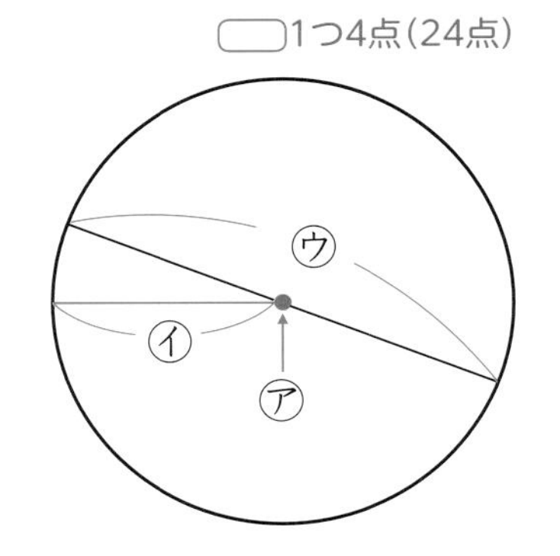

2 よく出る 次(つぎ)の円をかきましょう。　1つ7点(14点)

① 半径3cm5mmの円　　② 直径8cmの円

3 コンパスを使(つか)って、次(つぎ)のおれ線の長さを下のうすい直線の上にうつし取(と)って、長さをくらべましょう。　(6点)

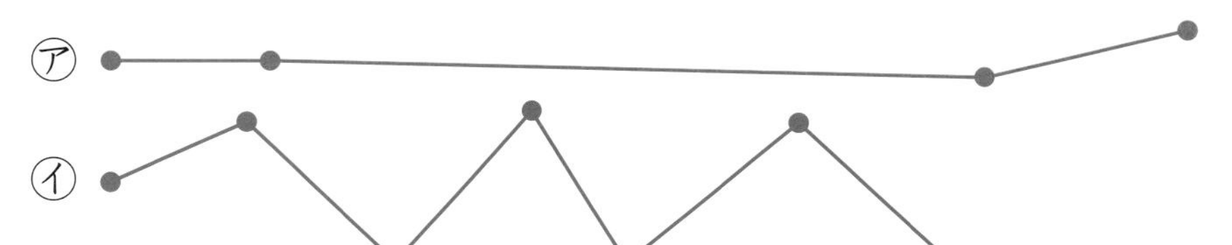

㋐

㋑

(　　　　)のほうが長い。

学習日　　月　　日

思考・判断・表現　　／56点

4 **右の図のように、直径が12cmの円の中に同じ大きさの小さい円が3つぴったりとはいっています。**

1つ7点(21点)

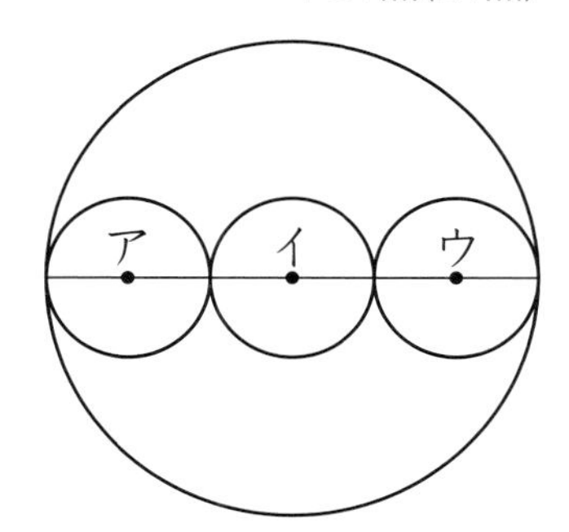

① 大きい円の中心は、ア、イ、ウの点のうち、どれですか。

（　　　　）

② 小さい円の半径は何cmですか。

（　　　　）

③ 直線アウの長さは何cmですか。

（　　　　）

5 よく出る **右の図のように、四角形の中に、同じ大きさの円がきちんとはいっています。**

1つ7点(14点)

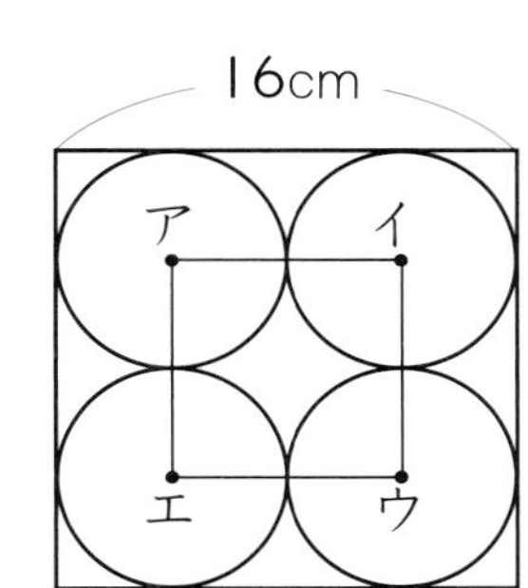

① 点ア、点イ、点ウ、点エは、それぞれ円の中心です。
円の直径は何cmですか。

（　　　　）

② 小さい四角形のまわりの長さは何cmですか。

（　　　　）

できたらスゴイ！

6 **右の図のように、箱(はこ)の中に、同じ大きさのボールがきちんとはいっています。**

1つ7点(21点)

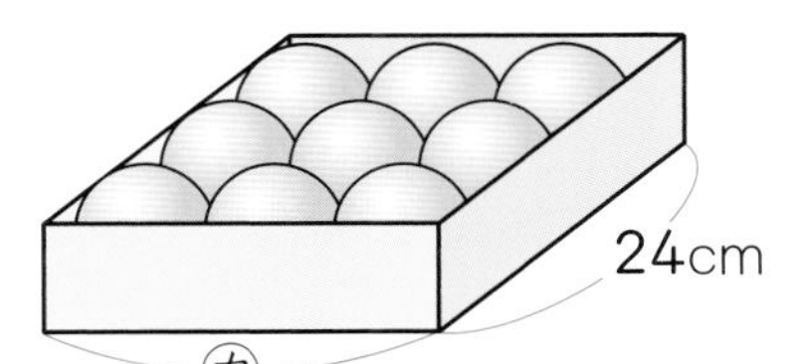

① ボールの直径は何cmですか。

（　　　　）

② ボールの半径は何cmですか。

（　　　　）

③ 箱の㋕の長さは何cmですか。

（　　　　）

ふりかえり　1がわからないときは、58ページの1にもどってかくにんしてみよう。

ぴったり1 じゅんび

3分でまとめ

学習日　月　日

10 かけ算の筆算(1)

① 何十、何百のかけ算
② 2けたの数にかける計算ー(1)

教科書 下7〜11ページ　答え 24ページ

次の□にあてはまる数をかきましょう。

ねらい 何十、何百のかけ算のしかたがわかるようにしよう。　練習 1 4 →

何十のかけ算は、10がいくつあるかを考えると計算できます。

40×2 の計算のしかた

⑩の数で考えると、

10	10	10	10
10	10	10	10

⑩が8こで、80

40は10が4こだから、
40×2は10が
4×2=8で8こ
40×2=80

1 かけ算をしましょう。

(1) 70×3　　(2) 300×4

とき方 (1) 70は10が7こだから、70×3は10が7×3=21で21こだから、70×3=□

(2) 300は100が3こだから、300×4は100が3×4=12で12こだから、300×4=□

ねらい くり上がりのない(2けた)×(1けた)の筆算ができるようにしよう。　練習 2 3 →

32×2 の筆算のしかた

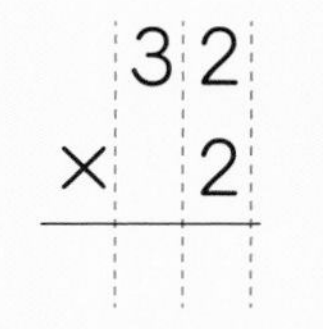

位をそろえてかく。

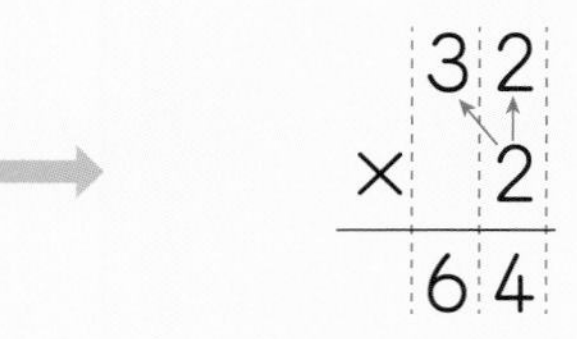

位ごとに計算する。

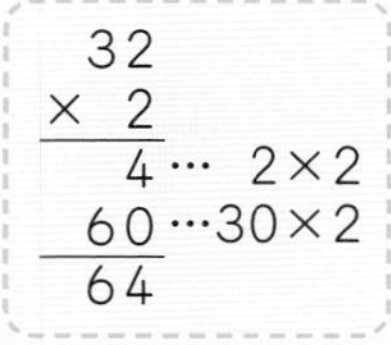

32×2=64

2 43×2を筆算でしましょう。

とき方

```
  4 3        4 3        4 3
×   2  →   ×   2  →   ×   2
                  □    □ 6
```

位をそろえてかく。　二三が6　二四が8　43×2=□

教科書 下7～11ページ　答え 24ページ

!まちがい注意

1 かけ算をしましょう。

教科書 8ページ 1・2

① 20×3　② 30×3　③ 40×2

④ 90×6　⑤ 50×4　⑥ 70×8

⑦ 300×2　⑧ 200×4　⑨ 300×3

⑩ 600×2　⑪ 500×8　⑫ 900×7

2 筆算でしましょう。

教科書 11ページ 2

① 21×4　② 32×2　③ 13×3

3 1箱(はこ)32こ入りのみかんを3箱買いました。

みかんは全部(ぜんぶ)で何こありますか。

教科書 9ページ 1

(　　　　)

よくよんで

4 ちょ金箱に、500円玉が6まいだけはいっています。

ちょ金箱にはいっているお金は何円ですか。

教科書 8ページ 2

(　　　　)

ヒント ④ 500を100が5こと見て、100が全部で何こになるか考えます。

次の□にあてはまる数をかきましょう。

ねらい くり上がりのある(2けた)×(1けた)の筆算ができるようにしよう。 練習 ❶❸→

23×4 の筆算のしかた

一の位の計算

$$\begin{array}{r} 23 \\ \times\ \ 4 \\ \hline {}^{1}2 \end{array}$$

四三 12
1くり上げる。

十の位の計算

$$\begin{array}{r} 23 \\ \times\ \ 4 \\ \hline 92 \end{array}$$

四二が8
8+1=9

$$\begin{array}{rl} 23 & \\ \times\ \ 4 & \\ \hline 12 & \cdots 3\times4 \\ 80 & \cdots 20\times4 \\ \hline 92 & \end{array}$$

23×4=92

1 25×5 を筆算でしましょう。

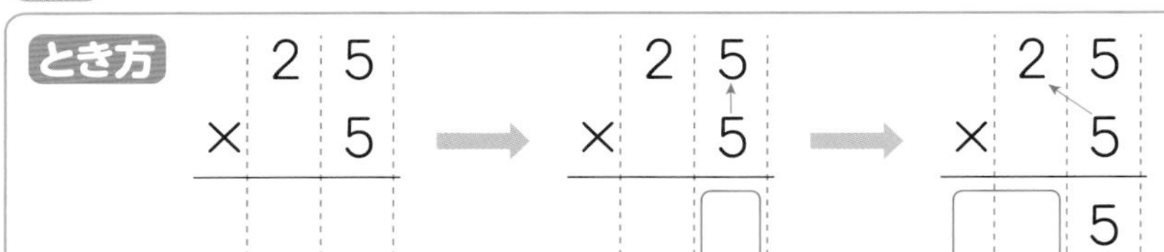

とき方

$$\begin{array}{r} 25 \\ \times\ \ 5 \\ \hline \end{array} \rightarrow \begin{array}{r} 25 \\ \times\ \ 5 \\ \hline \square \end{array} \rightarrow \begin{array}{r} 25 \\ \times\ \ 5 \\ \hline \square 5 \end{array}$$

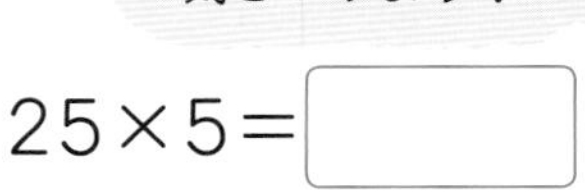
25×5=□

ねらい (3けた)×(1けた)の筆算ができるようにしよう。 練習 ❷→

213×3 の筆算のしかた

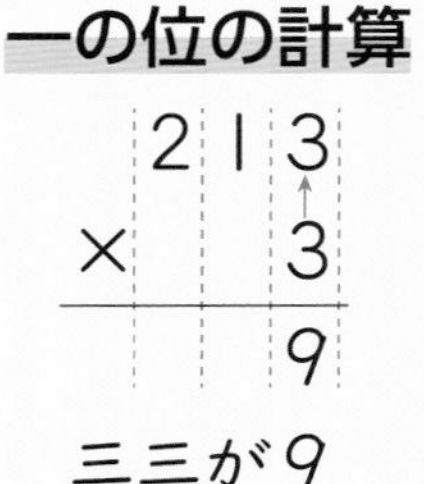

一の位の計算

$$\begin{array}{r} 213 \\ \times\ \ \ 3 \\ \hline 9 \end{array}$$

三三が9

十の位の計算

$$\begin{array}{r} 213 \\ \times\ \ \ 3 \\ \hline 39 \end{array}$$

三一が3

百の位の計算

$$\begin{array}{r} 213 \\ \times\ \ \ 3 \\ \hline 639 \end{array}$$

三二が6

$$\begin{array}{rl} 213 & \\ \times\ \ \ 3 & \\ \hline 9 & \cdots 3\times3 \\ 30 & \cdots 10\times3 \\ 600 & \cdots 200\times3 \\ \hline 639 & \end{array}$$

213×3=639

2 185×7 を筆算でしましょう。

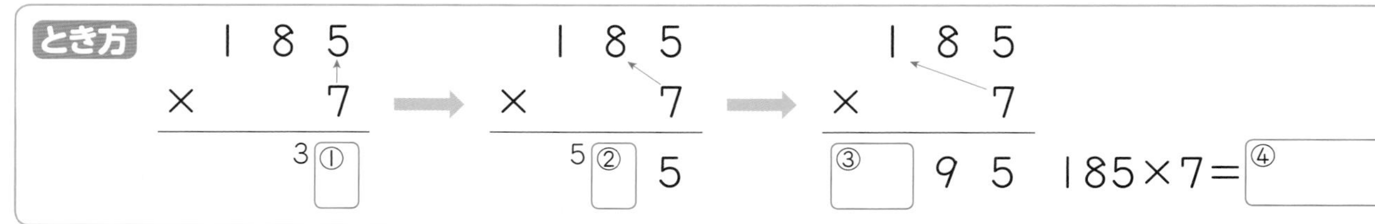

とき方

$$\begin{array}{r} 185 \\ \times\ \ \ 7 \\ \hline {}^{3}① \end{array} \rightarrow \begin{array}{r} 185 \\ \times\ \ \ 7 \\ \hline {}^{5}②\,5 \end{array} \rightarrow \begin{array}{r} 185 \\ \times\ \ \ 7 \\ \hline ③\,9\,5 \end{array}$$

185×7=④

ねらい かけ算の暗算ができるようにしよう。 練習 ❹→

24×3 の暗算のしかた

24 を 20 と 4 に分けて計算します。

24×3 < 20×3=60, 4×3=12 > 72

3 14×6 を暗算でしましょう。14×6=□

★できた問題には、「た」をかこう！★

学習日　月　日

教科書 下12〜18ページ　答え 25ページ

1 筆算でしましょう。

教科書 13ページ 4・5、14ページ 6

① 81×6　② 54×3　③ 89×6

2 筆算でしましょう。

教科書 16ページ 1・2、17ページ 3・4

① 321×2　② 427×2　③ 155×6

④ 524×2　⑤ 732×3　⑥ 602×4

⑦ 387×6　⑧ 197×8　⑨ 436×5

3

チョコレートのはいった箱(はこ)が8箱あります。1箱に15こはいっています。チョコレートは全部(ぜんぶ)で何こありますか。

教科書 14ページ 6

(　　　　)

4 暗算でしましょう。

教科書 18ページ 1

① 43×2　② 16×3

③ 15×4　④ 70×5

ヒント 3 1箱分の数×箱の数＝全部の数になることに気をつけて式(しき)を考えましょう。

⑩ かけ算の筆算(1)

教科書 下 7〜20 ページ　答え 25 ページ

知識・技能　／74点

1 よく出る かけ算をしましょう。　1つ3点(12点)

① 50×7　　② 80×6

③ 300×9　　④ 700×4

2 次の問題を下のような図に表しました。
□にあてはまる数をかきましょう。　1つ2点(10点)

あめを１人 15 こずつ３人に配りました。
あめは何こありましたか。

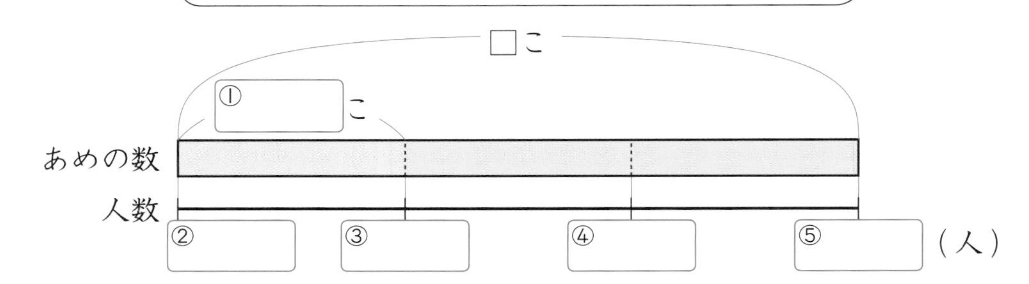

3 次の筆算の考え方で、□にあてはまる数をかきましょう。　□1つ2点(10点)

①
```
   29
×   7
   63 …□×7
  140 …□×7
  203
```

②
```
  156
×   3
   18 …□×3
  150 …□×3
  300 …□×3
  468
```

4 よく出る 筆算でしましょう。 1つ3点(18点)

① 33×2　② 47×2　③ 53×3

④ 63×5　⑤ 76×8　⑥ 39×6

5 よく出る 筆算でしましょう。 1つ3点(18点)

① 402×2　② 163×3　③ 225×4

④ 319×7　⑤ 542×6　⑥ 928×8

6 暗算(あんざん)でしましょう。 1つ3点(6点)

① 28×2　② 17×7

思考・判断・表現　／26点

7 □にあてはまる数をかきましょう。 1つ4点(16点)

①
```
    3 ㋐
×     7
─────
㋑ 3  8
```
㋐（　　　）
㋑（　　　）

②
```
    2  7
×     ㋕
─────
1  ㋖  2
```
㋕（　　　）
㋖（　　　）

できたらスゴイ!

8 あおいさんは1000円持(も)っています。1本87円のえんぴつを6本買うと、のこりは何円になりますか。 式・答え 1つ5点(10点)

式(しき)

答え（　　　）

ふりかえり　1の①がわからないときは、62ページの1にもどってかくにんしてみよう。

3分でまとめ

学習日　月　日

① 小数
② 小数の大きさ

教科書 下23〜28ページ　答え 26ページ

次の□にあてはまる数をかきましょう。

ねらい 1より小さい数の表し方がわかるようにしよう。　練習 1 2 →

小数　0.3、2.5などの数を**小数**といい、「.」を、**小数点**といいます。
また、0、1、2などの数を、**整数**といいます。
小数で、小数点のすぐ右の位を**小数第一位**といいます。

1 右の図の水のかさは、何dLですか。

1dL　1dL　1dL

とき方 1dLを10等分した
1つ分のかさは□dLです。
0.1dLの5つ分は□dLです。
水のかさは、2dLと0.5dLをあわせて□dLです。

2 右の図のテープの長さは何cmですか。

とき方 1cmを10等分した
1つ分の長さは□cmです。
0.1cmの2つ分は□cmです。
テープの長さは、3cmと0.2cmをあわせて□cmです。

ねらい 小数の大きさやいろいろな見方がわかるようにしよう。　練習 3 4 5 6 →

小数の大きさやいろいろな見方
1を10等分した数直線に小数を表すと、小数の大きさがわかりやすくなります。
右の数直線で、**ア**は、
2と0.1の3つ分なので2.3です。2.3は0.1を23こ集めた数です。
小数は、見方によって、いろいろな表し方ができます。

0　1　2　ア　3

3 右の数直線で、**カ**が表す小数は、
1と0.1の□つ分なので
□です。1.7は、0.1を□こ集めた数です。

0　1　カ　2　3

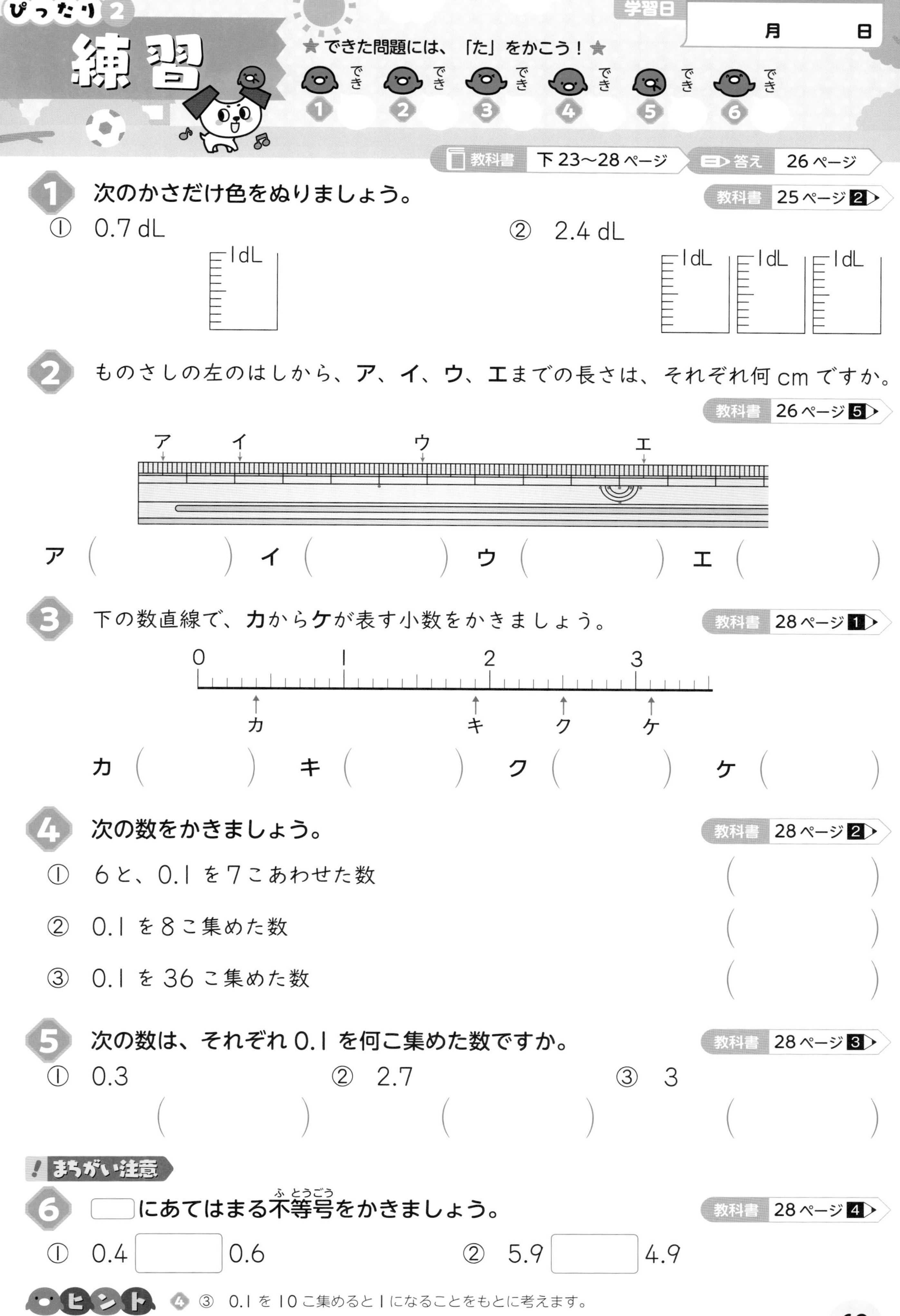

ぴったり2

練習

★できた問題には、「た」をかこう！★

学習日　月　日

教科書　下23～28ページ　答え　26ページ

1 次のかさだけ色をぬりましょう。　教科書　25ページ 2

① 0.7 dL　　② 2.4 dL

2 ものさしの左のはしから、ア、イ、ウ、エまでの長さは、それぞれ何 cm ですか。　教科書　26ページ 5

ア（　　）　イ（　　）　ウ（　　）　エ（　　）

3 下の数直線で、カからケが表す小数をかきましょう。　教科書　28ページ 1

カ（　　）　キ（　　）　ク（　　）　ケ（　　）

4 次の数をかきましょう。　教科書　28ページ 2

① 6と、0.1を7こあわせた数（　　）

② 0.1を8こ集めた数（　　）

③ 0.1を36こ集めた数（　　）

5 次の数は、それぞれ0.1を何こ集めた数ですか。　教科書　28ページ 3

① 0.3（　　）　② 2.7（　　）　③ 3（　　）

まちがい注意

6 □にあてはまる不等号（ふとうごう）をかきましょう。　教科書　28ページ 4

① 0.4 □ 0.6　　② 5.9 □ 4.9

ヒント　4 ③ 0.1を10こ集めると1になることをもとに考えます。

学習日　月　日

③ 小数のたし算とひき算ー(1)

教科書 下 29～30 ページ　答え 27 ページ

次(つぎ)の□にあてはまる数をかきましょう。

ねらい 小数のたし算ができるようにしよう。

練習 1 3 →

小数のたし算のしかた

小数のたし算は、0.1 のいくつ分で考えると、整数(せいすう)のたし算で答えをもとめることができます。

0.5 ＋ 0.3 ＝ 0.8
↓　↓　↑
0.1 が 5 こ ＋ 0.1 が 3 こ ➡ 0.1 が 8 こ

1 0.4＋0.9 を計算しましょう。

とき方 0.1 のいくつ分で考えます。
0.4 は 0.1 の ① □ こ分、0.9 は 0.1 の ② □ こ分
あわせると、0.1 の ③ □ こ分になるから、0.4＋0.9＝ ④ □ になります。

ねらい 小数のひき算ができるようにしよう。

練習 2 →

小数のひき算のしかた

小数のひき算も、たし算と同じように、0.1 のいくつ分で考えると、整数のひき算で答えをもとめることができます。

0.5 － 0.3 ＝ 0.2
↓　↓　↑
0.1 が 5 こ － 0.1 が 3 こ ➡ 0.1 が 2 こ

2 1.6－0.7 を計算しましょう。

とき方 0.1 のいくつ分で考えます。
1.6 は 0.1 の ① □ こ分、0.7 は 0.1 の ② □ こ分
ひくと、0.1 の ③ □ こ分になるから、1.6－0.7＝ ④ □ になります。

★できた問題には、「た」をかこう！★

できた 1　できた 2　できた 3

学習日　　月　　日

教科書 下29～30ページ　答え 27ページ

1 たし算をしましょう。

教科書 29ページ 1

① 0.2＋0.2　　② 0.5＋0.1

③ 0.3＋0.4　　④ 0.8＋0.6

⑤ 0.2＋0.9　　⑥ 0.7＋0.3

2 ひき算をしましょう。

教科書 30ページ 2

① 0.8－0.2　　② 0.4－0.1

③ 0.9－0.5　　④ 1.2－0.7

⑤ 1.4－0.6　　⑥ 1－0.3

3 水が水とうに 0.3 L、コップに 0.1 L はいっています。あわせて何 L ですか。

教科書 29ページ 1

（　　　　）

ヒント 3 「あわせて」とあるので、たし算で答えをもとめます。

学習日　月　日

③ 小数のたし算とひき算−(2)

教科書 下31〜32ページ　答え 28ページ

次の□にあてはまる数をかきましょう。

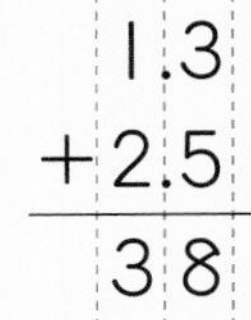
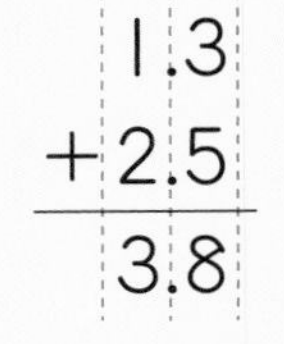

ねらい 小数のたし算の筆算ができるようにしよう。 練習 1→

1.3＋2.5 の筆算のしかた

$$\begin{array}{r} 1.3 \\ +2.5 \\ \hline \end{array} \rightarrow \begin{array}{r} 1.3 \\ +2.5 \\ \hline 3\ 8 \end{array} \rightarrow \begin{array}{r} 1.3 \\ +2.5 \\ \hline 3.8 \end{array}$$

位をそろえてかく。　整数のたし算と同じように計算する。　上の小数点にそろえて、答えの小数点をうつ。

1 筆算でしましょう。

(1) 3.8＋4.5　(2) 2.2＋1.8　(3) 2＋1.5

とき方 位をそろえて、整数と同じように計算してから答えの小数点をうちます。

(1) $\begin{array}{r} 3.8 \\ +4.5 \\ \hline \square \end{array}$　(2) $\begin{array}{r} 2.2 \\ +1.8 \\ \hline \square \end{array}$　(3) $\begin{array}{r} 2 \\ +1.5 \\ \hline \square \end{array}$

ねらい 小数のひき算の筆算ができるようにしよう。 練習 2 3→

4.6−3.2 の筆算のしかた

$$\begin{array}{r} 4.6 \\ -3.2 \\ \hline \end{array} \rightarrow \begin{array}{r} 4.6 \\ -3.2 \\ \hline 1\ 4 \end{array} \rightarrow \begin{array}{r} 4.6 \\ -3.2 \\ \hline 1.4 \end{array}$$

位をそろえてかく。　整数のひき算と同じように計算する。　上の小数点にそろえて、答えの小数点をうつ。

2 筆算でしましょう。

(1) 6.1−4.8　(2) 7.4−3.4　(3) 6−1.5

とき方 位をそろえて、整数と同じように計算してから小数点をうちます。

(1) $\begin{array}{r} 6.1 \\ -4.8 \\ \hline \square \end{array}$　(2) $\begin{array}{r} 7.4 \\ -3.4 \\ \hline \square \end{array}$　(3) $\begin{array}{r} 6 \\ -1.5 \\ \hline \square \end{array}$

★できた問題には、「た」をかこう！★

できき ❶ できき ❷ できき ❸

学習日 月 日

教科書 下31～32ページ　答え 28ページ

1 筆算でしましょう。

教科書 31ページ 3

① 3.5＋2.2　② 0.4＋6.3　③ 1.9＋3.7

④ 6.4＋2.8　⑤ 8.5＋3.7　⑥ 5.6＋4.9

⑦ 7.3＋1.7　⑧ 2.5＋7　⑨ 4＋2.6

2 筆算でしましょう。

教科書 32ページ 4

① 4.8－2.4　② 7.5－1.9　③ 8.1－4.6

④ 14.4－6.1　⑤ 12.4－8.7　⑥ 9.3－5.3

⑦ 11－7.2　⑧ 4.8－3.9　⑨ 6－3.1

3 赤いテープが 5.3 m、白いテープが 3.7 m あります。どちらのテープが何 m 長いですか。

教科書 32ページ 6

(　　　　　　　　)

ヒント ❷ ⑦⑨ 整数の 11 は 11.0、6 は 6.0 と考えて位をそろえます。

⑪ 小数

時間 30 分

／100

ごうかく 80 点

教科書 下23～34、130ページ　答え 28ページ

知識・技能 ／70点

1 よく出る □にあてはまる数をかきましょう。 1つ4点(24点)

① 2と0.3をあわせた数は□です。

② 1を8こと、0.1を6こあわせた数は□です。

③ 9.3は、9と□をあわせた数です。

④ 0.1を35こ集(あつ)めた数は□です。

⑤ 0.1を50こ集めた数は□です。

⑥ 4.5は、0.1を□こ集めた数です。

2 よく出る 下の数直線で、アからエが表(あらわ)す小数をかきましょう。 1つ4点(16点)

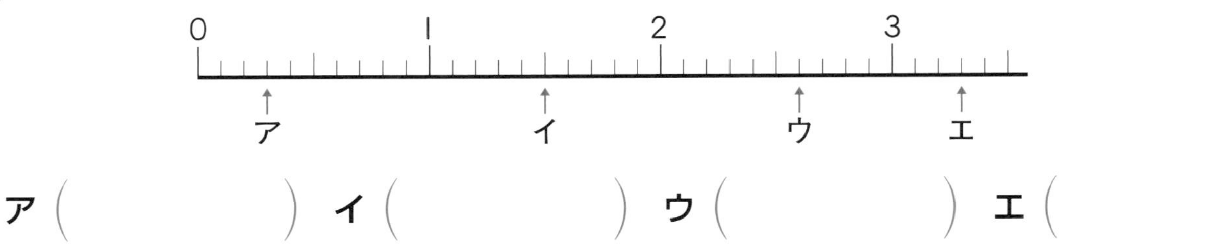

ア（　　） イ（　　） ウ（　　） エ（　　）

3 よく出る 筆算(ひっさん)でしましょう。 1つ5点(30点)

① 4.6＋3.6　② 5.8＋4.2　③ 1.9＋8

④ 8.2－2.6　⑤ 13.2－9.9　⑥ 5－4.3

思考・判断・表現　／30点

4 けんじさんは 2.8 m、さとみさんは 3.2 m のテープを使(つか)いました。
2人が使ったテープの長さはあわせて何 m ですか。　式・答え　1つ5点(10点)

式(しき)

答え（　　　）

5 4.6 L の油(あぶら)のうち、0.8 L 使いました。
のこりは何 L ですか。　式・答え　1つ5点(10点)

式

答え（　　　）

よくみて

6 あといの2つのサイクリングコースがあります。その道のりは、あが5km で、いが 3.4 km です。
あといの2つのコースの道のりのちがいは、何 km ですか。　式・答え　1つ5点(10点)

式

答え（　　　）

はってん　算数マイトライ　ぐっとチャレンジ

教科書　下 130 ページ

1 10 cm は 0.1 m です。1 cm は 0.1 m を 10 等分(とうぶん)した1つ分です。0.1 m を 10 等分した長さは、0.01 m と表します。
3cm、7cm は何 m と表せますか。

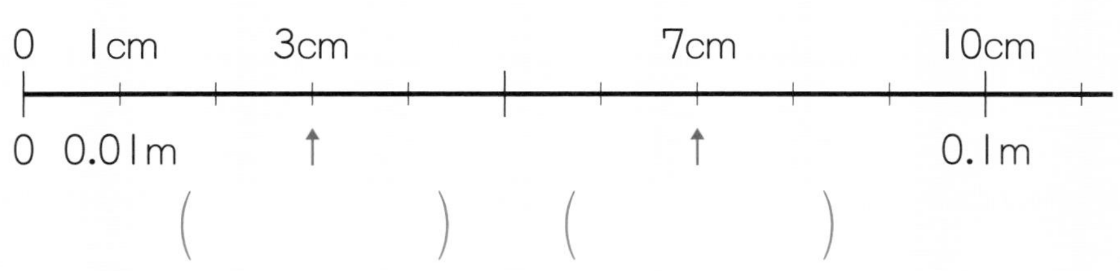

◀100 cm＝1 m
10 cm＝0.1 m
1 cm＝0.01 m

2 250 mL は 2.5 dL です。250 mL は何 L ですか。
下の数直線を使ってもとめましょう。

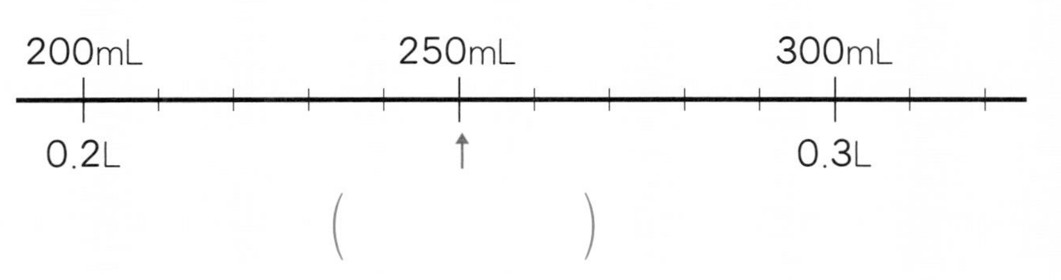

◀この数直線の1めもりは 10 mL です。
10 mL は0.01 L です。

ふろくの「計算せんもんドリル」30～32もやってみよう！

ふりかえり　1の①がわからないときは、68 ページの3にもどってたしかめよう。

ぴったり1 じゅんび

3分でまとめ

12 重さ

① 重さくらべ
② はかりの使い方

学習日　月　日

教科書 下37～44ページ　答え 29ページ

次の□にあてはまる数をかきましょう。

ねらい 重さを数で表せるようにしよう。　練習 1 2 →

重さの単位　重さの単位には、**グラム**があります。
1グラムは **1g** とかきます。
重さをはかるには、はかりを使います。

1 はりのさしている重さは何gですか。

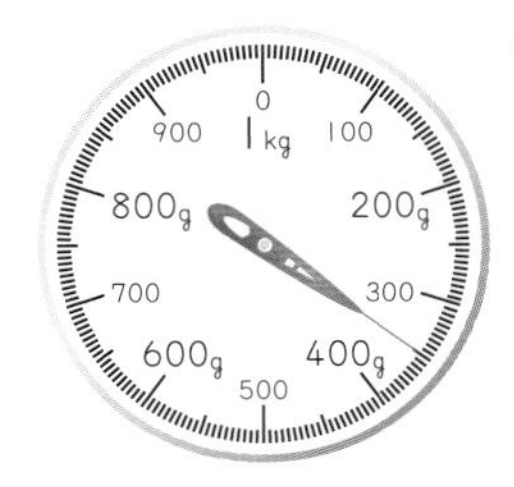

とき方 いちばん小さい1めもりは□gを表しています。
300gとあと□gなので、□gです。

ねらい 重さの表し方や計算のしかたを考えよう。　練習 2 3 4 5 →

キログラム、トン
1000gを**1キログラム**といい、**1kg**とかきます。
キログラムも重さの単位です。

1kg＝1000g

重い重さを表す単位にトンがあります。
1000kgを**1トン**といい、**1t**とかきます。

1t＝1000kg

重さも、長さやかさと同じように、同じ単位どうしのたし算やひき算で計算することができます。

2 はりのさしている重さは何kg何gですか。

とき方 3kgとあと□gなので、
□kg□gです。

3 みきさんの体重は34kgです。犬をだいてはかると、39kgになりました。犬の体重は何kgですか。

とき方 重さも計算でもとめられます。39－34＝□で、□kgです。

教科書 下37～44ページ　答え 30ページ

1 右のはかりで、次の重さを表すめもりに↑をかきましょう。

教科書 40ページ 1

① 300 g
② 450 g
③ 620 g
④ 970 g

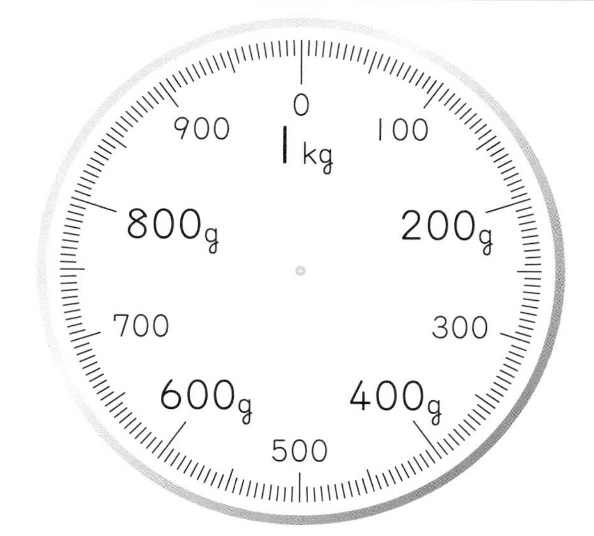

よくよんで

2 はりのさしている重さをかきましょう。

教科書 40ページ 2、42ページ 3

①　（　　　）

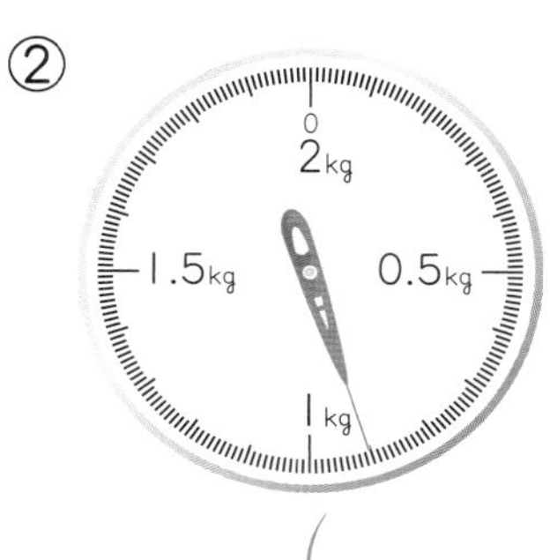

②　（　　　）

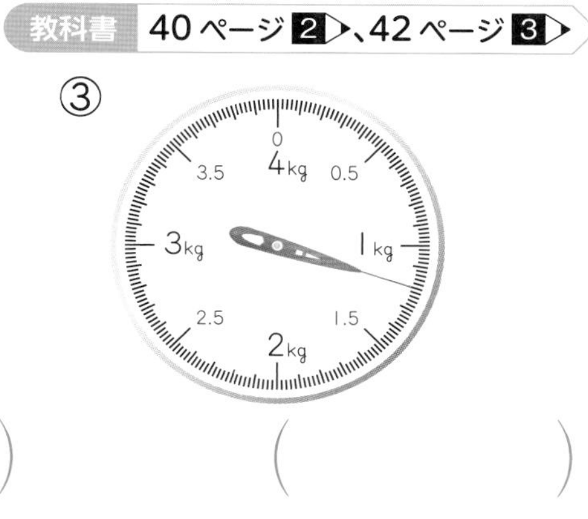

③　（　　　）

3 次の重さを（　）の中の単位で表しましょう。

教科書 42ページ 4、44ページ 6

① 3kg 800 g　(g)　（　　　）
② 1800 kg　(t)　（　　　）

4 あてはまる単位をかきましょう。

教科書 44ページ 7

① トラックの重さ　4（　　　）
② 教室のいすの重さ　3（　　　）

5 100 g のふくろにはいったトマトの重さをはかると、450 g でした。トマトだけの重さは何 g ですか。

教科書 43ページ 5

（　　　）

ヒント
3 ② 1t＝1000 kg だから、100 kg を t で表すと、0.1 t になることをもとにして考えましょう。

ぴったり1 **じゅんび**

12 重さ

③ 長さ、かさ、重さの単位

学習日　　月　　日

教科書 下 45～46 ページ　答え 30 ページ

次(つぎ)の□にあてはまる数をかきましょう。

ねらい 単位(たんい)のしくみを調(しら)べよう。　練習 1 2 3 →

これまでに学習(がくしゅう)した単位のまとめ

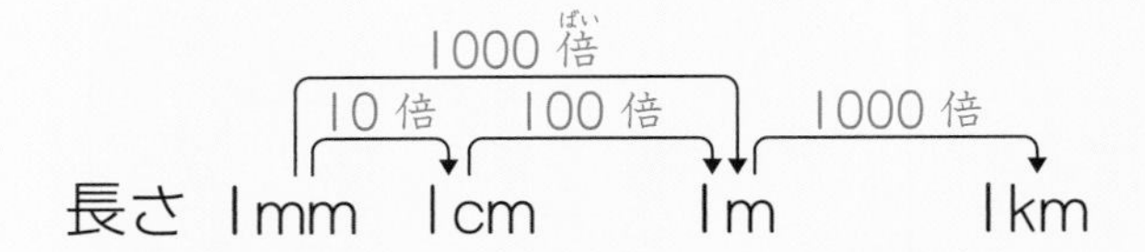

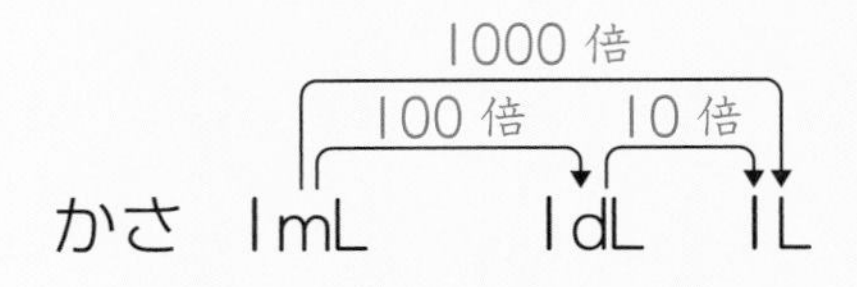

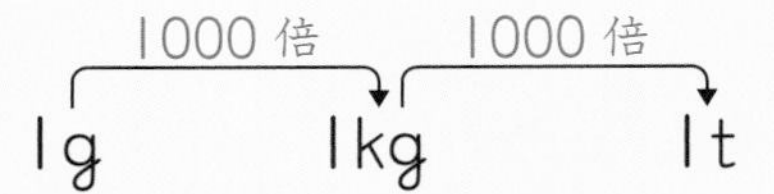

1kg や 1km のように、
k(キロ) がついている単位は、
1g や 1m を 1000 倍した
大きさを表しているね。

m(メートル) は長さ、L はかさ、g は重さのもとになる単位と考えることができます。

1 単位の間の関係(かんけい)をまとめましょう。

(1) 1km＝□m　　(2) 1t＝□kg

(3) 1m＝□cm＝□mm　　(4) 1L＝□dL＝□mL

とき方 (1) 1km は 1m の 1000 倍の長さなので、1km＝□m

(2) 1t は 1kg の 1000 倍の重さなので、1t＝□kg

(3) 1m は 1cm の 100 倍の長さです。
また、1m は 1mm の 1000 倍の長さなので、
1m＝□cm＝□mm

(4) 1L は 1dL の 10 倍のかさです。
また、1L は 1mL の 1000 倍のかさなので、
1L＝□dL＝□mL

1mm や 1mL のように、
m(ミリ) がついている単位を
1000 倍すると、
1m や 1L になるね。

m、L、g の前につく文字
にも意味(いみ)があるよ。

学習日　　月　　日

できた ① ② ③

教科書 下45～46ページ　答え 30ページ

1 □にあてはまる数をかきましょう。

教科書 45ページ 1

① 1kgは1gの□倍の重さです。

② 1kmは1mの□倍の長さです。

③ 1Lは1dLの□倍のかさです。

④ 1mは1cmの□倍の長さです。

⑤ 1dLは1mLの□倍のかさです。

何倍の大きさになっているかな。

まちがい注意

2 □にあてはまる数をかきましょう。

教科書 45ページ 1

① 1m＝□cm　② 1kg＝□g

③ 1L＝□dL　④ 1m＝□mm

⑤ 1L＝□mL

3 □にあてはまる単位をかきましょう。

教科書 45ページ 1

① 家から駅（えき）までの道のりは、4□です。

② コップに入れたジュースのかさは、280□です。

③ ものさしの長さは、30□です。

④ お父さんの体重（たいじゅう）は、65□です。

ヒント 1 ⑤ 1L＝10dL＝1000mLをもとに、1dLは1mLのいくつ分かを考えます。

⑫ 重さ

／100
ごうかく 80 点

教科書 下37〜48、131ページ　答え 31ページ

知識・技能　／90点

1 よく出る □にあてはまる数をかきましょう。　1問6点(24点)

① 4kg＝□g　② 1kg900g＝□g

③ 3600g＝□kg□g　④ 5700g＝□kg

2 □にあてはまる単位をかきましょう。　1つ6点(18点)

① 玉ねぎ１この重さ　150□

② さとるさんの体重　27□

③ ゾウの体重　4□

3 □にあてはまる数をかきましょう。　1つ6点(12点)

① 6t＝□kg　② 2800kg＝□t

4 右のはかりのめもりのよみ方を調べましょう。　1つ6点(24点)

① このはかりでは、何kgまではかれますか。
（　　　　）

② 0から100gまで、いくつに分けられていますか。
（　　　　）

③ いちばん小さい１めもりは、何gですか。
（　　　　）

④ はりのさしている重さをかきましょう。
（　　　　）

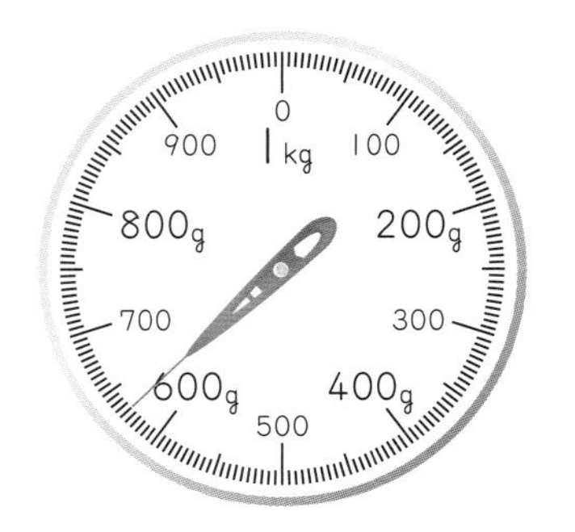

5 よく出る はりのさしている重さをかきましょう。

1つ6点(12点)

①

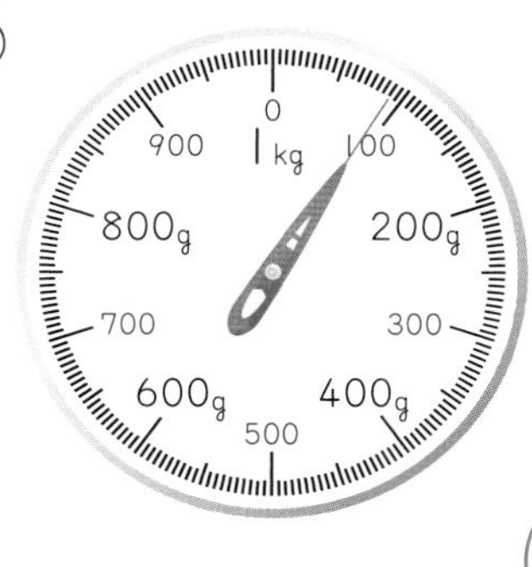

②

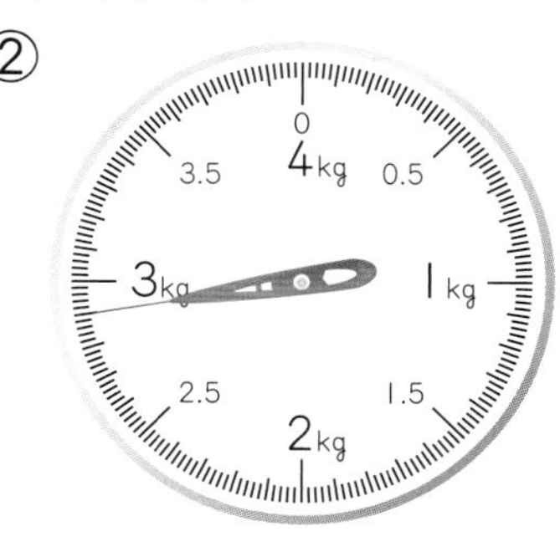

(　　　　)　(　　　　)

思考・判断・表現　／10点

できたらスゴイ!

6 りんごを 300 g の箱(はこ)に入れて重さをはかると、1kg 500 g ありました。りんごの重さは何 g ですか。

(10点)

(　　　　)

はってん 算数マイトライ　ぐっとチャレンジ

教科書　下 131 ページ

1 重さのちがう4しゅるいの球(きゅう)があります。

㋐ 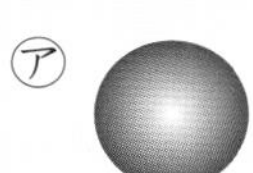 ㋑ 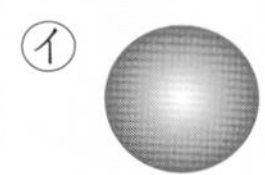 ㋒ 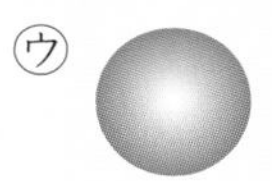 ㋓ 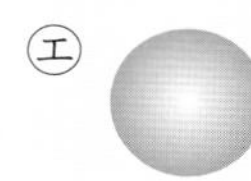

① 天びんばかりにのせて重さをはかると、㋐、㋑、㋒は、それぞれ下のようになりました。

㋐、㋑、㋒を重いじゅんにかきましょう。

(　　　　)

◀天びんばかりは、重いほうがどうなるか考えます。

② 天びんばかりの皿(さら)にいくつか球をのせると、下のようにつりあいました。㋑１ことつりあう㋒は何こですか。

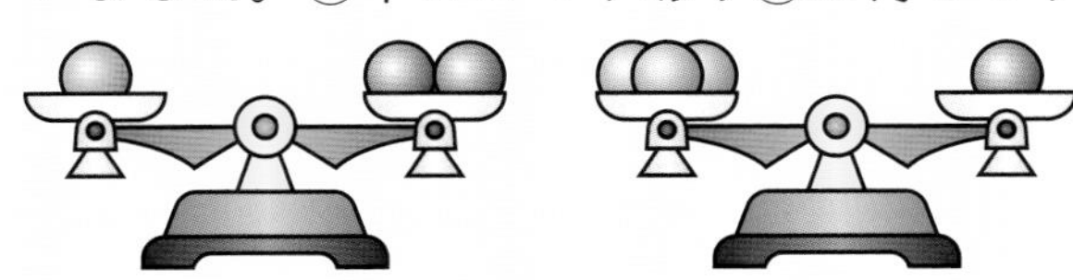

(　　　　)

◀㋐１こ分は㋒３こ分とつりあっています。このことから、㋐２こ分が㋒何こ分になるか考えます。

③ ㋓の重さを調べると、右のようにつりあいました。次(つぎ)に、左の皿に㋐１こと㋑１こ、右の皿に㋒１こと㋓１こをのせます。

どちらの皿が下にかたむきますか。

左　右

(　　　　)

◀㋐、㋑、㋓が、それぞれ㋒何こ分の重さかを考えて、重さをくらべます。

ふりかえり　1がわからないときは、76 ページの2にもどってかくにんしてみよう。

① 分数

教科書 下50〜57ページ 答え 32ページ

次の□にあてはまる数をかきましょう。

ねらい 1より小さい数を分数で表せるようにしよう。 練習 1 2 3→

分数 1mを3等分した1つ分の長さを、1mの**三分の一**といいます。

1mの三分の一の長さを $\frac{1}{3}$ mとかき、「三分の一メートル」とよみます。

1m
$\frac{1}{3}$ m

$\frac{2}{3}$ や $\frac{2}{7}$ のような数も**分数**といいます。$\frac{2}{3}$ の3を**分母**、2を**分子**といいます。

1 色のついたところの水のかさを、分数で表しましょう。

1L

とき方 1Lを□等分した4つ分のかさなので、□Lです。

ねらい 1と同じ大きさになる分数や1より大きい数になる分数を表せるようにしよう。 練習 4→

1mより長い長さも、1mを何等分したいくつ分で考えると、分数で表すことができます。

$\frac{5}{5}=1$

2 □にあてはまる数をかきましょう。

① $\frac{1}{2}$ を□こ集めると1になります。

② $\frac{1}{2}$ の□こ分は $\frac{5}{2}$ です。

ねらい 2mを4等分した1つ分の長さを考えよう。 練習 4→

もとの長さがかわるとき

2mを4等分した1つ分の長さは $\frac{1}{2}$ m、1mを4等分した1つ分の長さは $\frac{1}{4}$ mです。もとの長さがかわると、同じ分数が表す長さもかわります。

3 □にあてはまる数をかきましょう。

2mを6等分した1つ分の長さは□m、

3mを6等分した1つ分の長さは□mです。

★できた問題には、「た」をかこう！★

教科書　下 50～57 ページ　答え　32 ページ

よくみて

1 色のついたところの長さを、分数で表しましょう。

教科書　52 ページ 2・1、53 ページ 3・3

① 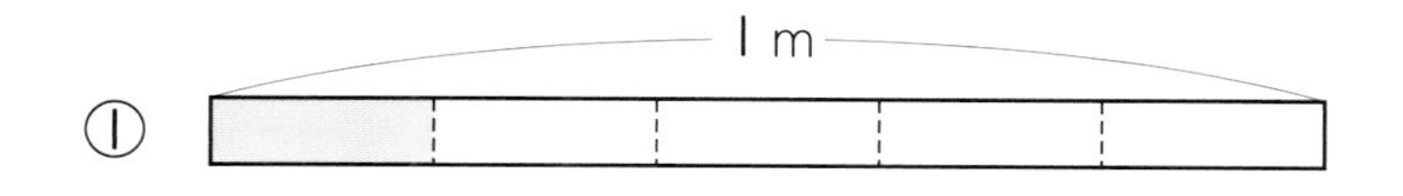

(　　　)

② 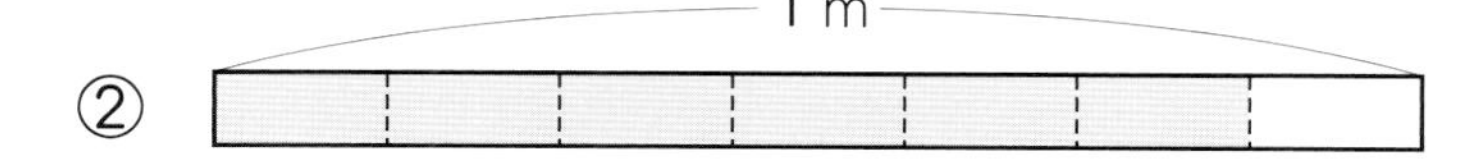

(　　　)

③ 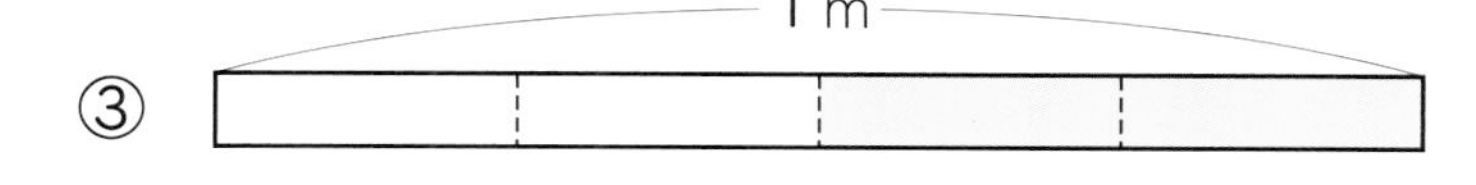

(　　　)

④ 1 m
(　　　)

2 下の図で、次のかさだけ色をぬりましょう。

教科書　54 ページ 5

① $\frac{4}{5}$ L

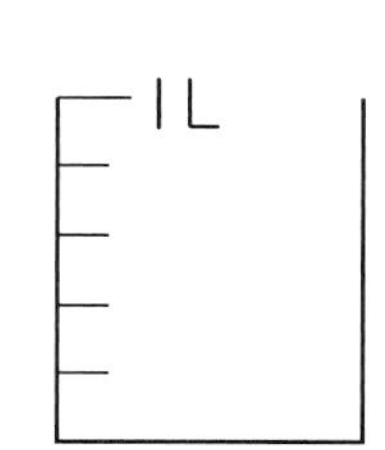

② $\frac{3}{4}$ L

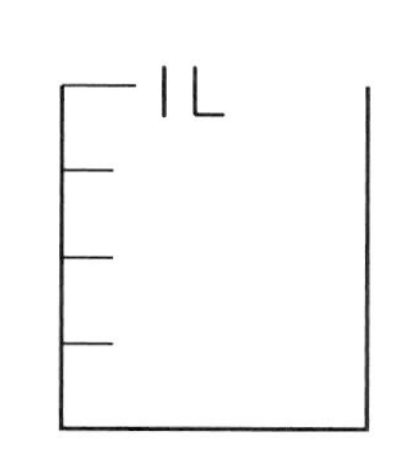

3 □にあてはまる分数をかきましょう。

教科書　55 ページ 5、54 ページ 4

① $\frac{1}{5}$ m の 4 つ分の長さは □ m です。

② $\frac{1}{9}$ L の 8 つ分のかさは □ L です。

③ $\frac{1}{6}$ を 3 こ集めた数は □ です。

④ □ を 2 こ集めた数は $\frac{2}{3}$ です。

4 次の数は、それぞれ $\frac{1}{7}$ m のいくつ分の長さですか。

教科書　55 ページ 6

① $\frac{3}{7}$ m　(　　　)

② 1 m　(　　　)

③ $\frac{8}{7}$ m　(　　　)

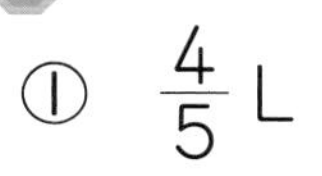

1 まず、何等分されているかを調(しら)べて、何等分にあたる数を分母、いくつ分にあたる数を分子にかきます。

学習日　月　日

② 分数の大きさ

教科書 下58〜59ページ　答え 32ページ

次の□にあてはまる数や記号、ことばをかきましょう。

ねらい 数直線を使って分母が4の分数を表そう。 練習 1 2 →

分数の大小

分母が同じ分数は、分子の数で分数の大きさをくらべることができます。

分母より分子のほうが大きい分数は、1より大きい分数です。

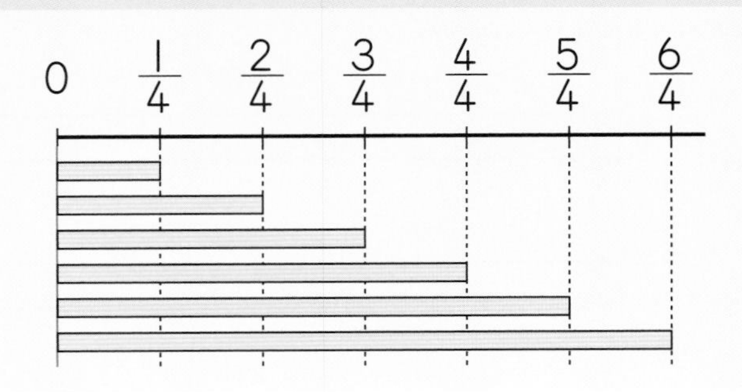

1 □にあてはまる不等号をかきましょう。

(1) $\frac{3}{7}$ □ $\frac{2}{7}$　　(2) 1 □ $\frac{9}{8}$

とき方 (1) 分母が7で同じなので、分子で大きさをくらべます。

分子が□の分数のほうが大きいので、$\frac{3}{7}$ □ $\frac{2}{7}$

(2) $\frac{9}{8}$ は分母より□のほうが大きいので、1より□分数です。

1 □ $\frac{9}{8}$

ねらい 分母が10の分数と小数の関係を調べよう。 練習 3 4 →

分数と小数の関係　$\frac{1}{10}$ と0.1は、等しい大きさです。

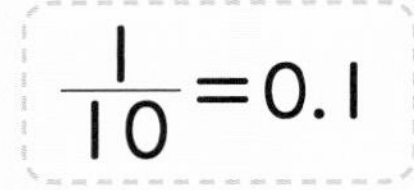

0	$\frac{1}{10}$	$\frac{2}{10}$	$\frac{3}{10}$	$\frac{4}{10}$	$\frac{5}{10}$	$\frac{6}{10}$	$\frac{7}{10}$	$\frac{8}{10}$	$\frac{9}{10}$	1	$\frac{11}{10}$
0	0.1	0.2	0.3	0.4	0.5	0.6	0.7	0.8	0.9	1	1.1

小数第一位のことを **$\frac{1}{10}$ の位**ともいいます。

2 右の1Lますにはいっている水のかさは何Lですか。分数と小数でかきましょう。

とき方 1Lを10等分した□つ分なので、

$\frac{□}{10}$ Lです。$\frac{5}{10}$ Lを小数で表すと□Lです。

★できた問題には、「た」をかこう！★

学習日　月　日

教科書 下58～59ページ　答え 32ページ

1 □にあてはまる等号、不等号をかきましょう。　教科書 58ページ 1

① $\frac{3}{4}$ □ $\frac{2}{4}$　② $\frac{2}{7}$ □ $\frac{3}{7}$　③ $\frac{4}{6}$ □ $\frac{5}{6}$

④ $\frac{1}{9}$ □ 0　⑤ 1 □ $\frac{5}{5}$　⑥ $\frac{4}{3}$ □ 1

2 $\frac{2}{9}$、$\frac{9}{9}$、$\frac{11}{9}$ を下の数直線に↓で表しましょう。　教科書 58ページ 2

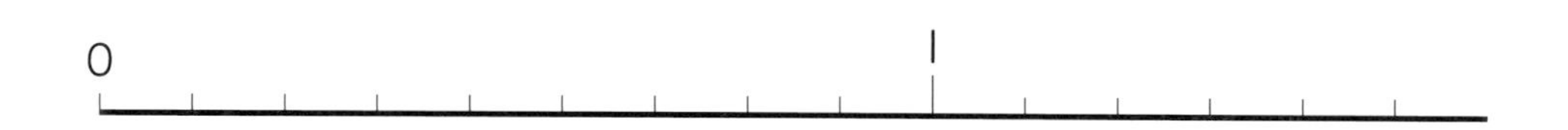

よくみて

3 右の1Lますにはいっている水のかさは何Lですか。
分数と小数でかきましょう。　教科書 59ページ 2

分数（　　　）

小数（　　　）

1L

まちがい注意

4 0.8 と $\frac{7}{10}$ はどちらが大きいですか。
下の数直線を使って考え、どのように考えたか説明しましょう。　教科書 59ページ 3

3 1Lを10等分しためもりの7めもり分です。
4 数直線の右にある数ほど大きな数です。

13 分数

③ 分数のたし算とひき算

教科書 下60〜61ページ　答え 33ページ

次(つぎ)の□にあてはまる数をかきましょう。

ねらい 分数のたし算のしかたを考えよう。

練習 ❶❸→

分数のたし算

分数のたし算は、何分の一のいくつ分で考えると、分子のたし算で答えをもとめることができます。

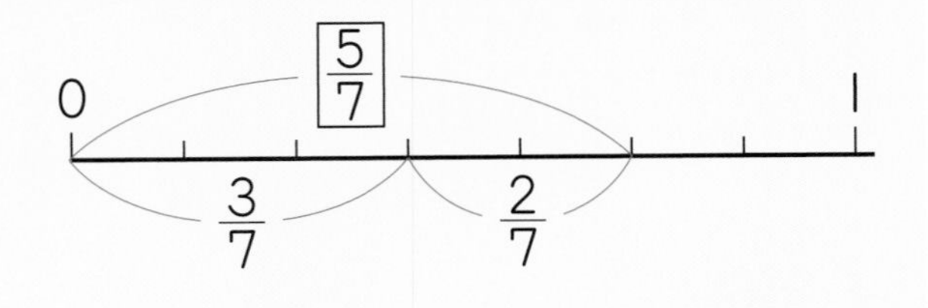

1 たし算をしましょう。

(1) $\frac{5}{8}+\frac{2}{8}$　　(2) $\frac{3}{4}+\frac{1}{4}$

とき方 分子のたし算をして答えをもとめます。

(1) $5+2=$□

$\frac{5}{8}+\frac{2}{8}=$□

(2) $3+1=$□

$\frac{3}{4}+\frac{1}{4}=$□

$=$□

$\frac{4}{4}$ のように、答えの分母と分子が同じ数になるときは「1」と答えよう。

ねらい 分数のひき算のしかたを考えよう。

練習 ❷❹→

分数のひき算

分数のひき算は、何分の一のいくつ分で考えると、分子のひき算で答えをもとめることができます。

2 ひき算をしましょう。

(1) $\frac{7}{8}-\frac{5}{8}$　　(2) $1-\frac{1}{3}$

とき方 分子のひき算をして答えをもとめます。

(1) $7-5=$□

$\frac{7}{8}-\frac{5}{8}=$□

(2) $1-\frac{1}{3}=$□$-\frac{1}{3}$

$3-1=$□

$1-\frac{1}{3}=$□

1を分母が同じ分数になおしてから計算します。

★できた問題には、「た」をかこう！★

教科書 下60～61ページ　答え 33ページ

1 たし算をしましょう。

教科書 60ページ 1

① $\frac{2}{7}+\frac{1}{7}$　② $\frac{5}{9}+\frac{2}{9}$　③ $\frac{1}{3}+\frac{1}{3}$

④ $\frac{3}{6}+\frac{2}{6}$　⑤ $\frac{5}{8}+\frac{3}{8}$　⑥ $\frac{1}{2}+\frac{1}{2}$

！まちがい注意

2 ひき算をしましょう。

教科書 61ページ 2

① $\frac{6}{7}-\frac{3}{7}$　② $\frac{2}{5}-\frac{1}{5}$　③ $\frac{8}{9}-\frac{7}{9}$

④ $\frac{6}{8}-\frac{2}{8}$　⑤ $1-\frac{4}{7}$　⑥ $1-\frac{1}{9}$

よくよんで

3

ジュースが2つのペットボトルに、$\frac{3}{5}$Lと$\frac{2}{5}$Lはいっています。
あわせて何Lですか。

教科書 60ページ 1

（　　　　　）

よくよんで

4

テープが1mありました。そのうち$\frac{3}{9}$m使（つか）いました。
テープは何mのこっていますか。

教科書 61ページ 3

（　　　　　）

ヒント
3 分母と分子が同じ数の分数は1です。
4 1を分数にかえてから計算します。

⑬ 分数

時間 30 分

／100

ごうかく 80 点

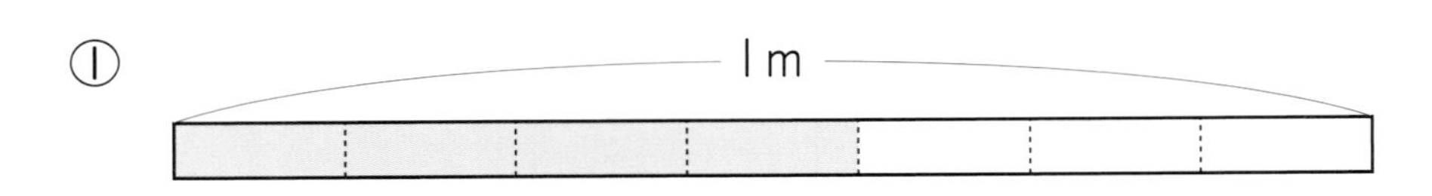

知識・技能

／64点

1 よく出る 色のついたところの長さや水のかさを、分数で表(あらわ)しましょう。

1つ4点(12点)

① 1m

(　　　)

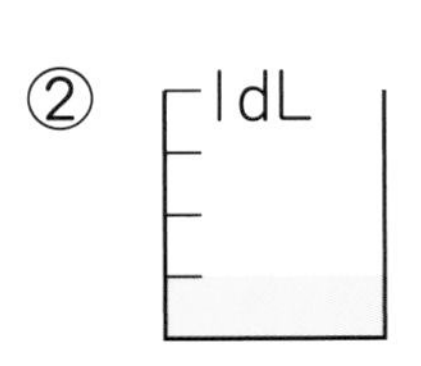

② (　　　)

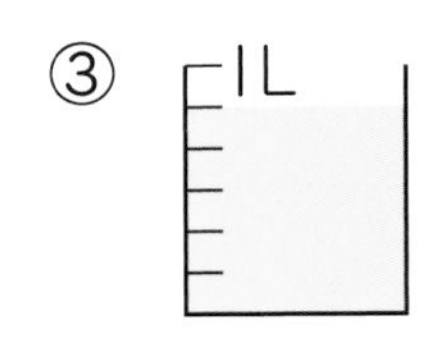

③ (　　　)

2 □にあてはまる数をかきましょう。

□1つ4点(16点)

① $\frac{1}{6}$ を4こ集(あつ)めた数は □ です。

② □ を6こ集めた数は $\frac{6}{9}$ です。

③ $\frac{2}{4}+\frac{1}{4}$ の計算は、□ のいくつ分で考えると、2＋1で計算でき、

答えは □ です。

3 □にあてはまる等号(とうごう)、不等号(ふとうごう)をかきましょう。

1つ4点(12点)

① $\frac{5}{7}$ □ $\frac{4}{7}$　② 1 □ $\frac{8}{9}$　③ 0.9 □ $\frac{9}{10}$

4 よく出る 次(つぎ)の計算をしましょう。

1つ4点(24点)

① $\frac{3}{7}+\frac{2}{7}$　② $\frac{2}{5}+\frac{2}{5}$　③ $\frac{5}{6}+\frac{1}{6}$

④ $\frac{3}{4}-\frac{2}{4}$　⑤ $\frac{5}{7}-\frac{2}{7}$　⑥ $1-\frac{5}{8}$

思考・判断・表現

／36点

5 下の**ア**、**イ**を分数で表しましょう。
また、小数でも表しましょう。　　1つ4点(16点)

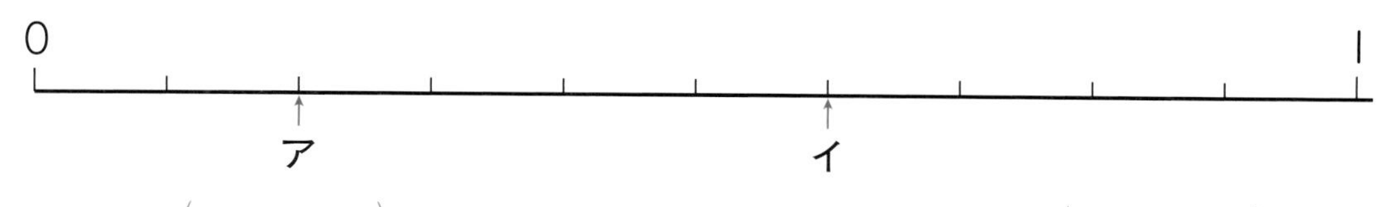

ア　分数（　　　）　小数（　　　）　**イ**　分数（　　　）　小数（　　　）

6 赤いリボンが $\frac{4}{7}$ m、青いリボンが $\frac{2}{7}$ m あります。
あわせて何 m ありますか。　　式・答え　1つ5点(10点)

式(しき)

答え（　　　）

7 水が $\frac{8}{9}$ L ありました。
$\frac{3}{9}$ L 飲(の)むと、水は何 L のこっていますか。　　式・答え　1つ5点(10点)

式

答え（　　　）

この本の終わりにある「冬のチャレンジテスト」をやってみよう！

はってん　分母のちがう分数の大きさくらべ

教科書　下 132 ページ

1 下の図のように水が入っている水そうに2本のぼう㋐と㋑を立てました。
20 cm のぼう㋐はぼう全体(ぜんたい)の $\frac{1}{4}$ の長さが水から出ています。
また、長さのわからないぼう㋑はぼう全体の $\frac{1}{2}$ の長さが水から出ています。

① 水の深(ふか)さは何 cm ですか。

（　　　）

② ぼう㋑の長さは何 cm ですか。

（　　　）

③ ぼう㋐とぼう㋑の長さのちがいは何 cm ですか。

（　　　）

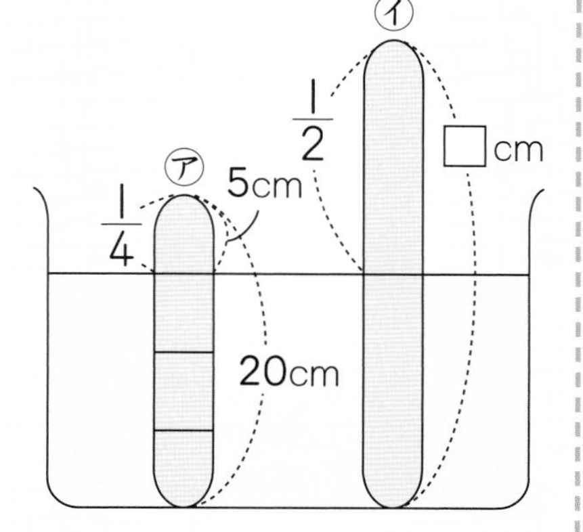

◀ぼう㋐の $\frac{3}{4}$ の長さと、ぼう㋑の $\frac{1}{2}$ の長さが等(ひと)しいといえます。

ふろくの「計算せんもんドリル」33 もやってみよう！

ふりかえり　1がわからないときは、82 ページの1にもどってかくにんしてみよう。

学習日　月　日

□を使った式で表そう

教科書 下69～72ページ　答え 35ページ

次の□にあてはまる数をかきましょう。

ねらい わからない数を□を使った式で表して、もとめられるようにしよう。 練習 1 2 3 4 5

□を使った式　たし算やひき算、かけ算の場面で、わからない数を□を使って表すと、場面のとおりに式に表すことができ、□にあてはまる数がもとめやすくなります。

1 ゆみさんは、メダルを15まい持っていました。友だちから何まいかもらったので、メダルは22まいになりました。友だちからもらったメダルは何まいですか。

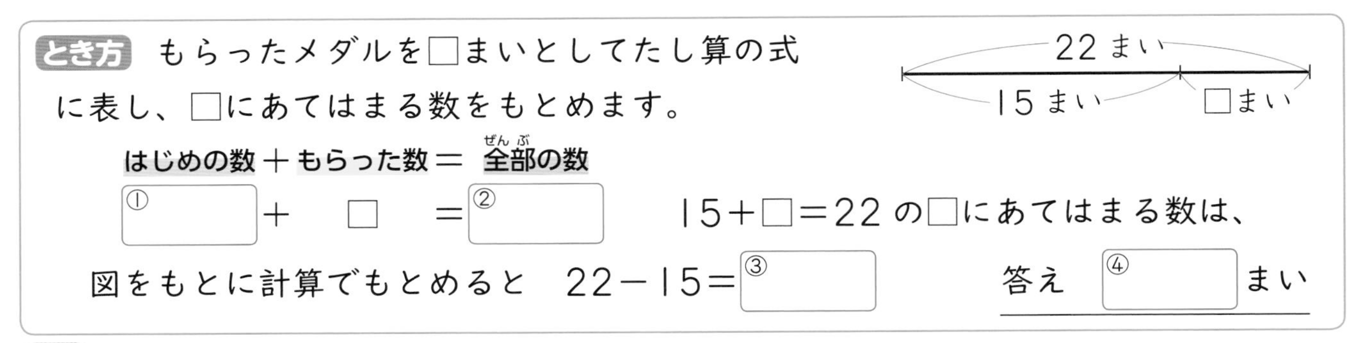

とき方 もらったメダルを□まいとしてたし算の式に表し、□にあてはまる数をもとめます。

はじめの数＋もらった数＝全部の数

① □ ＋ □ ＝ ② □　　15＋□＝22の□にあてはまる数は、

図をもとに計算でもとめると　22－15＝③ □　　答え ④ □ まい

2 クッキーが何こかありました。けんさんが6こ食べたので、18このこりました。はじめにクッキーは何こありましたか。

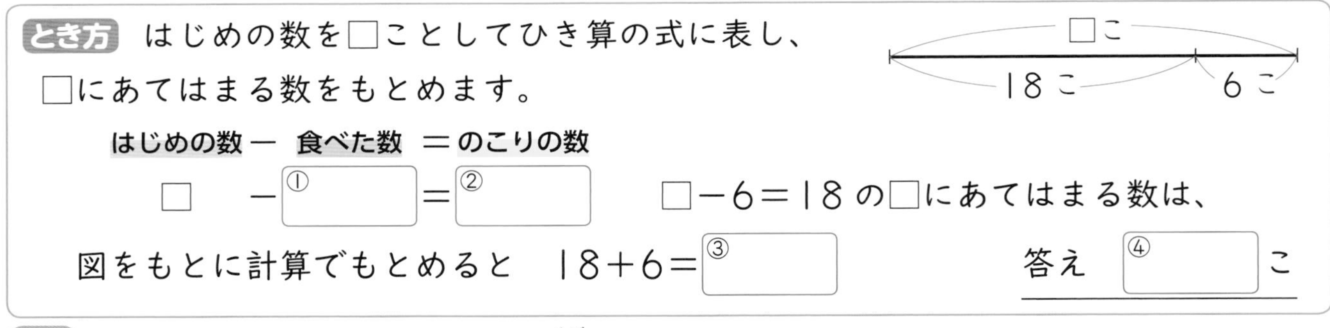

とき方 はじめの数を□ことしてひき算の式に表し、□にあてはまる数をもとめます。

はじめの数－食べた数＝のこりの数

□ － ① □ ＝ ② □　　□－6＝18の□にあてはまる数は、

図をもとに計算でもとめると　18＋6＝③ □　　答え ④ □ こ

3 おり紙を、同じ数ずつ7人に配ると、全部で21まいいりました。1人に何まいずつ配りましたか。

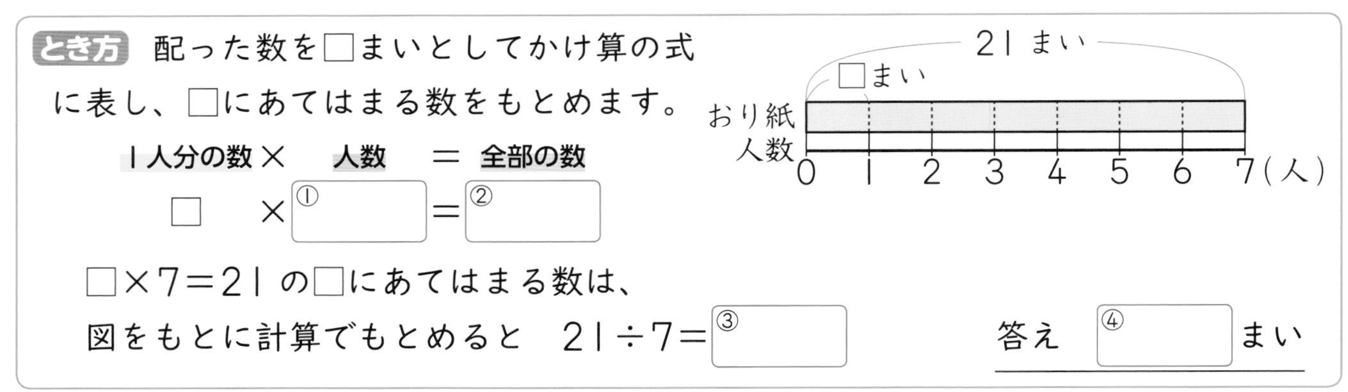

とき方 配った数を□まいとしてかけ算の式に表し、□にあてはまる数をもとめます。

1人分の数×人数＝全部の数

□ × ① □ ＝ ② □

□×7＝21の□にあてはまる数は、

図をもとに計算でもとめると　21÷7＝③ □　　答え ④ □ まい

ぴったり2

練習

★できた問題には、「た」をかこう！★

1 でき　2 でき　3 でき　4 でき　5 でき

学習日　月　日

教科書 下69〜72ページ　答え 35ページ

よくよんで

1 つよしさんは、シールを25まい持っていました。こうじさんから何まいかもらったので、41まいになりました。
こうじさんからもらったシールは何まいですか。　教科書 70ページ1

（　　　）

2 色紙を何まいか持っていました。18まい使ったので、のこりは34まいになりました。
はじめに何まい持っていましたか。　教科書 71ページ3

（　　　）

まちがい注意

3 あやのさんは、グミを15こ持っていました。何こか食べたので、8このこりました。
あやのさんはグミを何こ食べましたか。　教科書 71ページ2

（　　　）

4 ペンを、子どもに5本ずつ配ると、全部で25本いりました。
子どもは全部で何人でしたか。　教科書 72ページ5

（　　　）

5 **□にあてはまる数をもとめましょう。**　教科書 70ページ2、71ページ4、72ページ6

① □＋12＝29　（　　　）

② 7＋□＝56　（　　　）

③ □−32＝16　（　　　）

④ □−27＝8　（　　　）

⑤ □×3＝24　（　　　）

⑥ 6×□＝54　（　　　）

ヒント

3 □を使ったひき算の式の□をもとめるときは、たし算でもとめるときとひき算でもとめるときがあるので、図をかいてどちらになるか考えましょう。

14 □を使った式

／100
ごうかく 80 点

教科書 下69～73ページ　答え 35ページ

知識・技能　／60点

1 次の場面について、答えましょう。　1つ5点(10点)

えいたさんは、あめを23こ持っていました。お母さんから何こかもらったので、全部で31こになりました。お母さんからもらったあめは何こですか。

① わからない数を□こととして、たし算の式に表しましょう。

(　　　　　　　　)

② □にあてはまる数をもとめましょう。

(　　　　)

2 □にあてはまる数をもとめましょう。　1つ5点(50点)

① 27＋□＝85　(　　　　)

② 160＋□＝350　(　　　　)

③ □＋42＝90　(　　　　)

④ □＋280＝420　(　　　　)

⑤ □－56＝32　(　　　　)

⑥ □－310＝290　(　　　　)

⑦ □×4＝28　(　　　　)

⑧ □×8＝48　(　　　　)

⑨ 6×□＝42　(　　　　)

⑩ 3×□＝96　(　　　　)

思考・判断・表現　／40点

3 ももこさんは、色えんぴつを 24 本持っていました。お父さんから何本かもらったので、全部で 36 本になりました。

お父さんからもらった色えんぴつは何本ですか。わからない数を□本としてたし算の式に表し、□にあてはまる数をもとめましょう。　式・答え　1つ5点(10点)

式

答え（　　　）

4 だいきさんは、550 円を持って買い物に行きました。プラモデルを買ったら、のこりは 160 円になりました。

プラモデルのねだんは何円ですか。わからない数を□円としてひき算の式に表し、□にあてはまる数をもとめましょう。　式・答え　1つ5点(10点)

式

答え（　　　）

5 ラムネを 2 こ買ったら、代金は 80 円でした。

ラムネ 1 このねだんは何円ですか。わからない数を□円としてかけ算の式に表し、□にあてはまる数をもとめましょう。　式・答え　1つ5点(10点)

式

答え（　　　）

できたらスゴイ！

6 まやさんは、リボンを 1 m 持っていました。何 cm か使ったので、のこりは 65 cm になりました。

まやさんは、リボンを何 cm 使いましたか。　式・答え　1つ5点(10点)

式

答え（　　　）

ふりかえり　1の①がわからないときは、90 ページの1にもどってかくにんしてみよう。

15 倍の見方

倍の計算を考えよう

教科書 下74～77ページ　答え 36ページ

次の□にあてはまる数をかきましょう。

ねらい 倍の計算ができるようにしよう。　練習 1 2

倍の計算

何倍かした大きさは、かけ算を使ってもとめることができます。

また、何倍かをもとめる計算と、もとにする大きさをもとめる計算は、□を使ってかけ算の式をつくってもとめます。

1 赤いテープの長さは 20 cm で、青いテープの長さは 4 cm です。
赤いテープの長さは、青いテープの長さの何倍ですか。

とき方 20 cm は、4 cm のいくつ分かをもとめます。

4×□＝20　と表せるので、
□にあてはまる数をもとめます。

赤 20cm
青 4cm

式 ①□÷②□＝③□

答え ④□ 倍

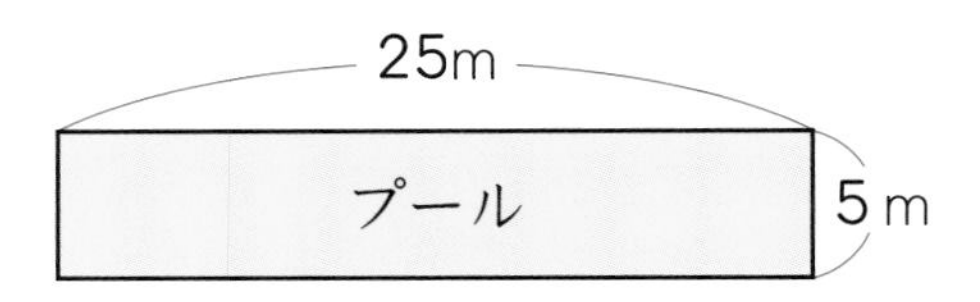

1 プールの横の長さは 25 m で、たての長さは 5 m です。
横の長さは、たての長さの何倍ですか。

25m
プール
5m

教科書 75ページ 2、76ページ 2・3

（　　　）

よくよんで

2 まさしくんは9さいで、まさしくんのお父さんは 36 さいです。
まさしくんのお父さんの年れいは、まさしくんの年れいの何倍ですか。

教科書 75ページ 2、76ページ 2・3

（　　　）

ヒント 2 まさしくんのお父さんの年れいは、まさしくんの年れいのいくつ分か考えます。

⑮ 倍の見方

教科書 下 74〜77 ページ　答え 36 ページ

知識・技能　　／100点

1 よく出る　１本 85 円のえんぴつがあります。ノートのねだんはえんぴつのねだんの４倍です。ノートのねだんは何円ですか。　(20点)

(　　　　)

2 よく出る　赤いリボンの長さは 30 cm で、青いリボンの長さは５cm です。赤いリボンの長さは、青いリボンの長さの何倍ですか。　(20点)

(　　　　)

3 よく出る　水が、大きい水そうに 40 L、小さい水そうに５L はいっています。大きい水そうにはいっている水のかさは、小さい水そうにはいっている水のかさの何倍ですか。　(20点)

(　　　　)

4 ビルの高さは 24 m で、木の高さの４倍です。木の高さは何 m ですか。下から正しい図をえらんで、答えをもとめましょう。　図・答え　1つ20点(40点)

㋐
木 □m
ビル 24m

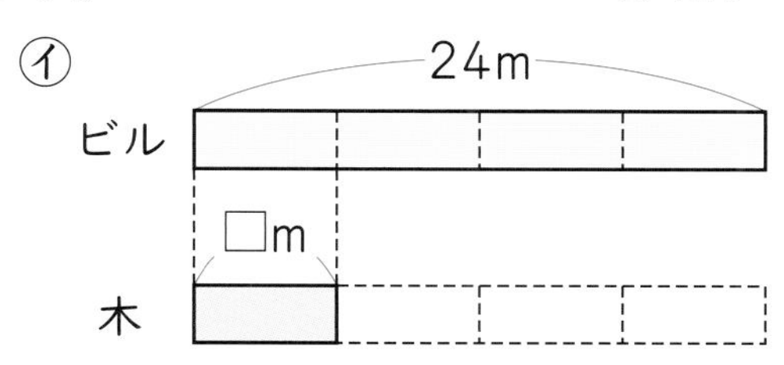

図 (　　　　)　答え (　　　　)

① 二等辺三角形と正三角形

教科書 下81〜87ページ　答え 37ページ

次の□にあてはまる数や記号をかきましょう。

ねらい 辺の長さに注目して、三角形のなかま分けのしかたを考えよう。 練習 1→

二等辺三角形と正三角形

2つの辺の長さが等しい三角形を、**二等辺三角形**といいます。

3つの辺の長さが等しい三角形を、**正三角形**といいます。

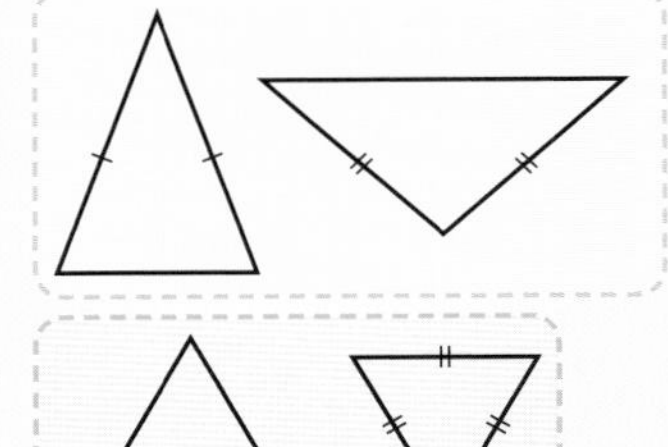

長さが等しい辺には、のように、しるしをつけるとわかりやすいね。

1 下の三角形の中から、二等辺三角形や正三角形をえらびましょう。

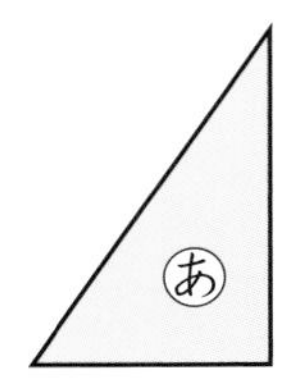

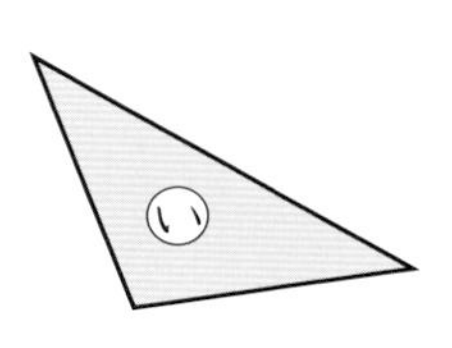

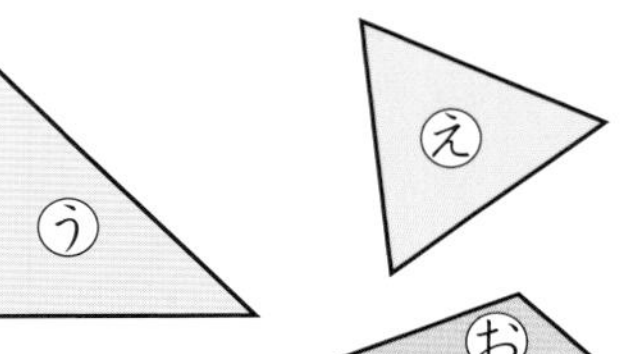

長さをくらべるときは、コンパスを使うと、べんりだよ。

とき方 二等辺三角形は、□つの辺の長さが等しい三角形だから、□と□です。

正三角形は、□つの辺の長さが等しい三角形だから、□です。

ねらい 二等辺三角形と正三角形のかき方を考えよう。 練習 2→

二等辺三角形のかき方　コンパスで長さをうつし取ってかきます。

辺の長さが3cm、5cm、5cmの二等辺三角形

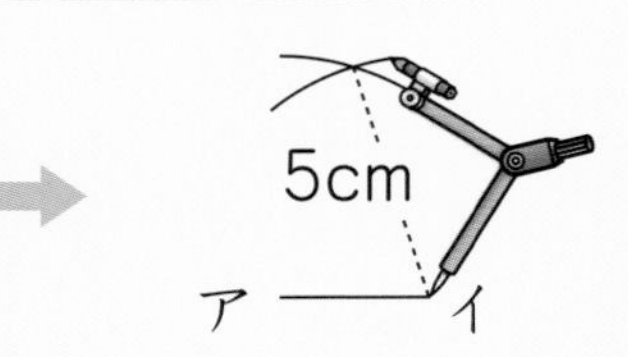

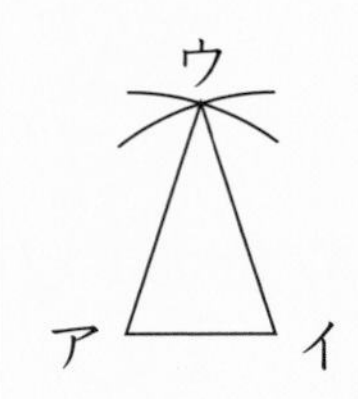

❶ 3cmのアイの辺をかく。
❷ 点アを中心にして、半径5cmの円をかく。
❸ 点イを中心にして、半径5cmの円をかく。
❹ 2つの円が交わったところを点ウとする。

2 1辺の長さが3cmの正三角形をかきましょう。

ねらい 円と半径を使ってかくことのできる三角形について調べよう。 練習 3→

円の半径はみんな同じ長さなので、円と半径を使ってかいた三角形は、二等辺三角形や正三角形になります。

★できた問題には、「た」をかこう！★

でき 1　でき 2　でき 3

学習日　月　日

教科書 下81～87ページ　答え 37ページ

よくみて

1 下の三角形の中から、二等辺三角形や正三角形をえらびましょう。

教科書 81ページ 1、83ページ 1

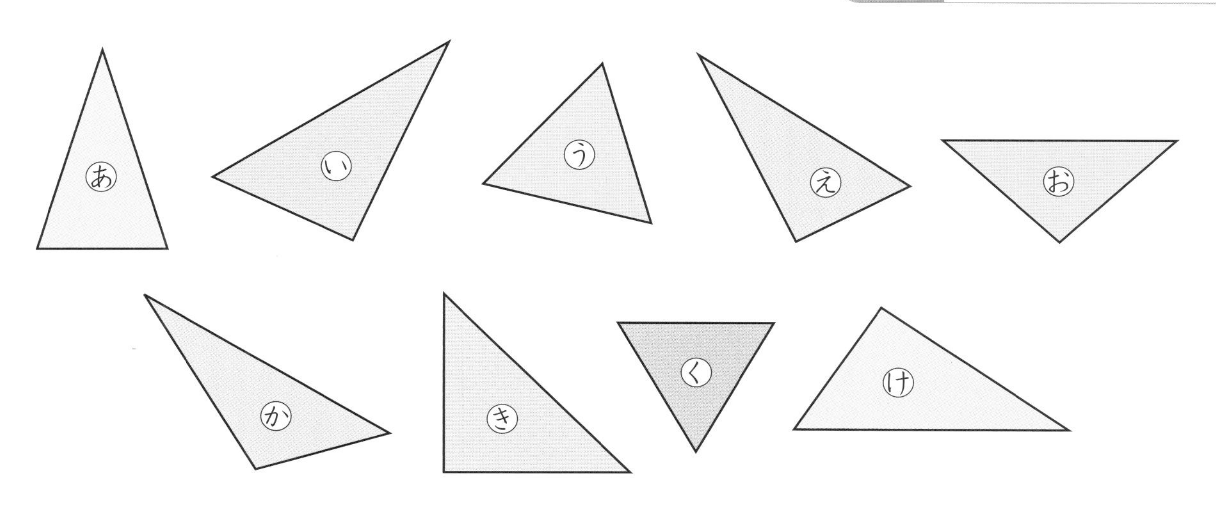

二等辺三角形（　　　）　　正三角形（　　　）

2 次の三角形をかきましょう。

教科書 84ページ 2・2

辺の長さが5cm、4cm、4cmの二等辺三角形

5cm

3 次の三角形を、点アを中心とする円と半径を使ってかきましょう。

教科書 86ページ 5・4

|辺の長さが2cmの正三角形

ア

ヒント　2 3 コンパスを何cmに開けばいいか考えてかきましょう。

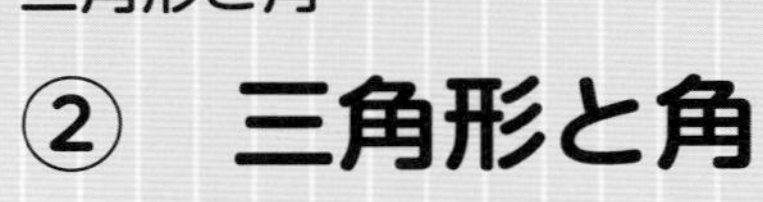

② 三角形と角

学習日 月 日

教科書 下88〜91ページ 答え 37ページ

次の□にあてはまることばや数，記号をかきましょう。

ねらい 角の大きさについて調べよう。 練習 1 2 →

角と大きさ

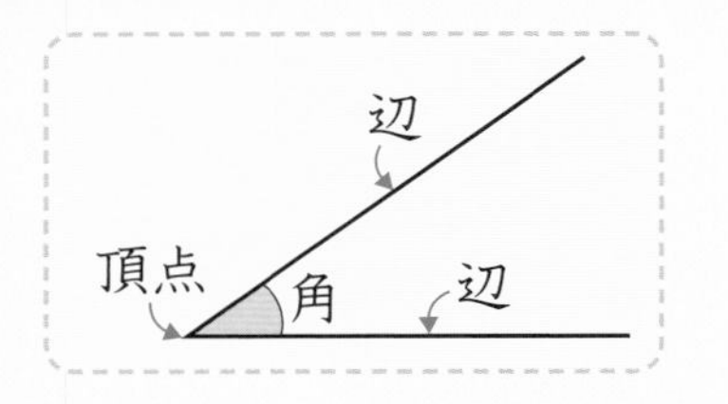

1つの頂点から出ている2つの辺がつくる形を、**角**といいます。角をつくっている辺の開きぐあいを、**角の大きさ**といいます。

角の大きさは、辺の長さに関係なく、辺の開きぐあいできまります。

1 右の三角じょうぎの角の大きさを調べましょう。

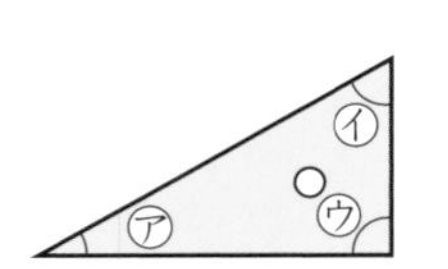

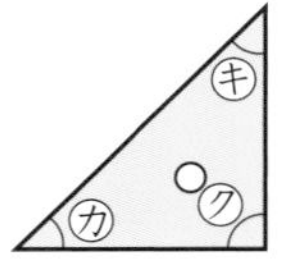

とき方 ㋐の角と㋕の角を重ねると、㋕の角は㋐の角より□ことがわかります。

㋑の角と㋖の角を重ねると、㋖の角は㋑の角より□ことがわかります。

㋒の角と㋗の角の大きさは、□になっています。

ねらい 角の大きさに注目して、二等辺三角形と正三角形のとくちょうを調べよう。 練習 3 →

二等辺三角形と正三角形の角の大きさ

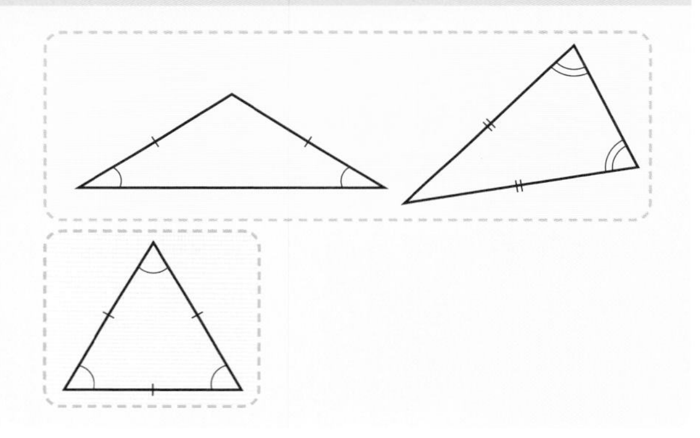

二等辺三角形では、2つの角の大きさが等しくなっています。

正三角形では、3つの角の大きさが等しくなっています。

2 右の三角形で、㋑と㋒の角の大きさは等しくなっています。この三角形は何という三角形でしょうか。

とき方 2つの角の大きさが等しい三角形だから、□です。

3 右下の三角形は正三角形です。㋕と等しい大きさの角はどれでしょうか。

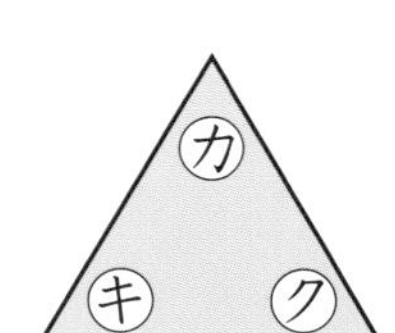

とき方 正三角形は□つの角の大きさがすべて等しくなっているので、□と□です。

教科書 下88〜91ページ 答え 37ページ

1 下の角の大きさを、三角じょうぎの角を使(つか)ってくらべて、小さいじゅんに記号をかきましょう。 教科書 89ページ 1

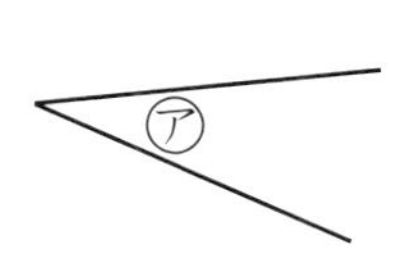

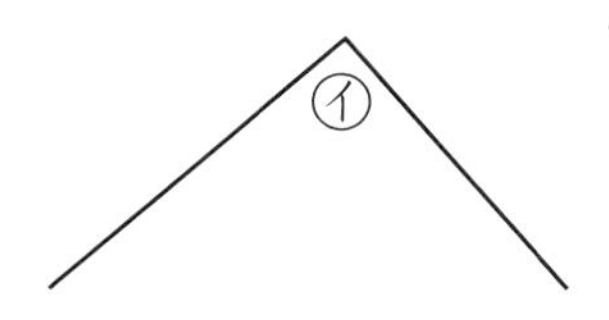

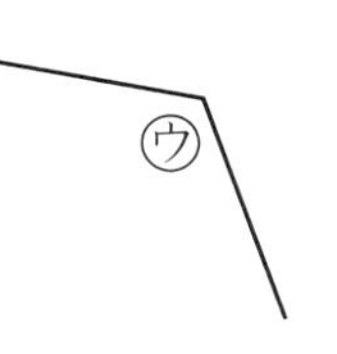

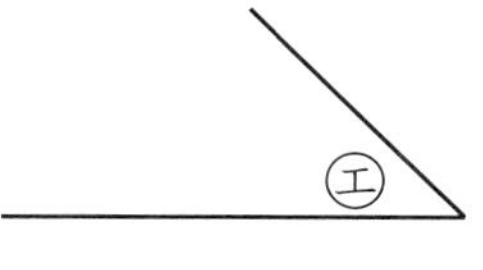

（　　　　　　）

！まちがい注意

2 三角じょうぎの角について調べました。記号で答えましょう。 教科書 88ページ 1

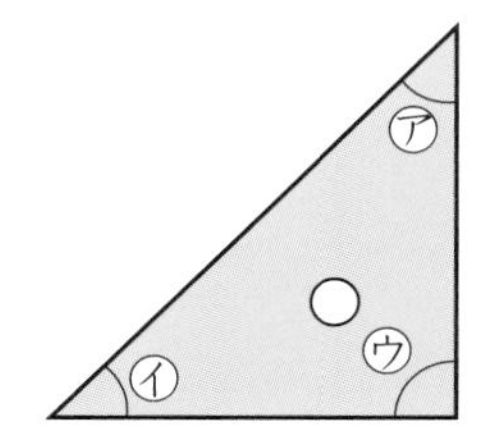

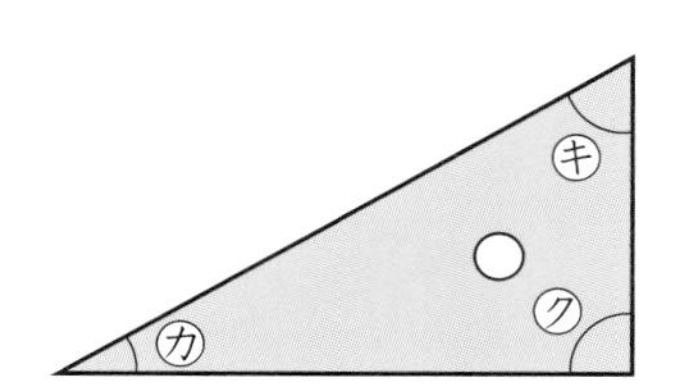

① いちばん小さい角はどれですか。

（　　　　　　）

② ㋐の角と大きさの等しい角はどれですか。

（　　　　　　）

③ ㋒の角と大きさの等しい角はどれですか。

（　　　　　　）

3 右の三角形を見て答えましょう。 教科書 90ページ 2

① 3つの角の大きさがすべて等しい三角形は、あ、いのどちらで、それは何という三角形でしょうか。

（　　　　　　）、（　　　　　　）

② 1つの角だけ大きさがちがう三角形は、あ、いのどちらで、それは何という三角形でしょうか。

（　　　　　　）、（　　　　　　）

あ
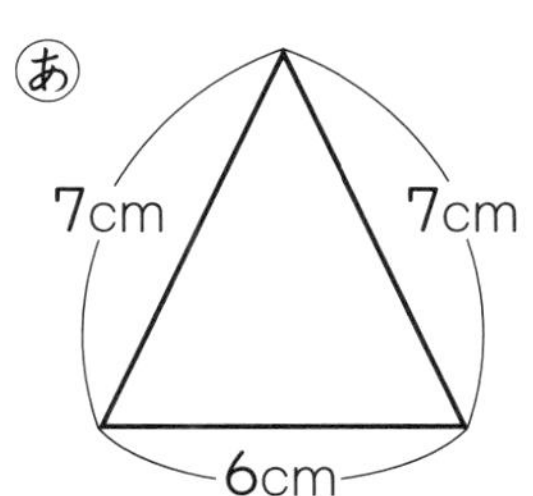

い
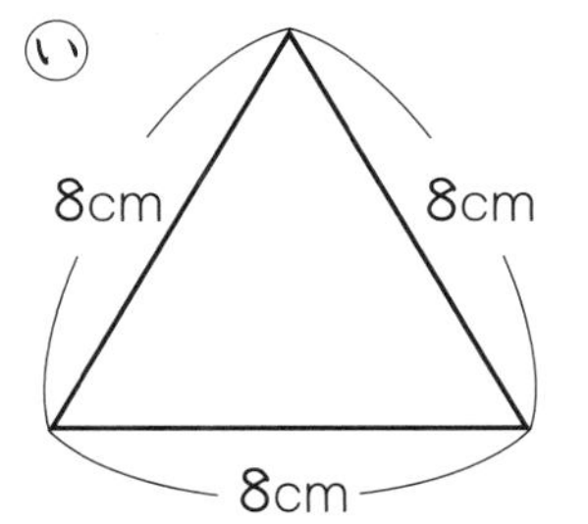

① 角の大きさは、辺の長さとは関係がないので、辺の開きぐあいだけでくらべます。

16 三角形と角

時間 30 分

／100

ごうかく 80 点

教科書 下81～93ページ　答え 38ページ

知識・技能　／90点

1 □にあてはまる数やことばをかきましょう。　1つ5点(20点)

① □つの辺の長さが等しい三角形を、二等辺三角形といいます。

② □三角形の2つの角の大きさは等しくなっています。

③ □つの辺の長さが等しい三角形を、正三角形といいます。

④ □三角形の3つの角の大きさは等しくなっています。

2 下の三角形の中から、二等辺三角形や正三角形をえらびましょう。　全部できて　1つ5点(10点)

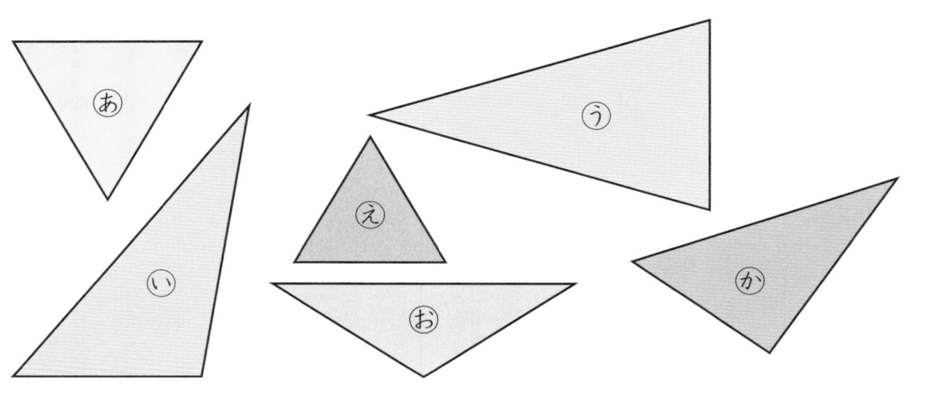

二等辺三角形（　　　）　正三角形（　　　）

3 下の角の大きさを、三角じょうぎの角を使ってくらべて、大きいじゅんに記号をかきましょう。　(10点)

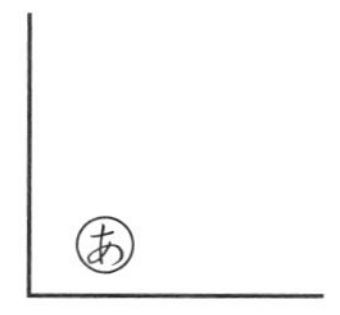

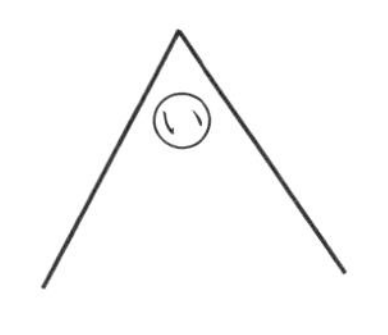

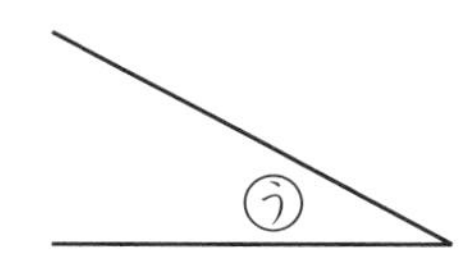

（　　　）

4 下の三角形で、それぞれ等しい大きさの角を、記号でかきましょう。　全部できて　1つ5点(10点)

① 二等辺三角形

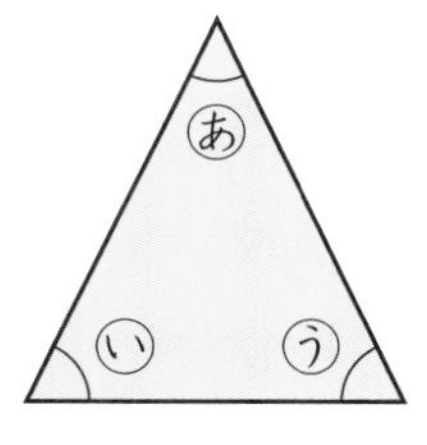

（　　　）

② 正三角形

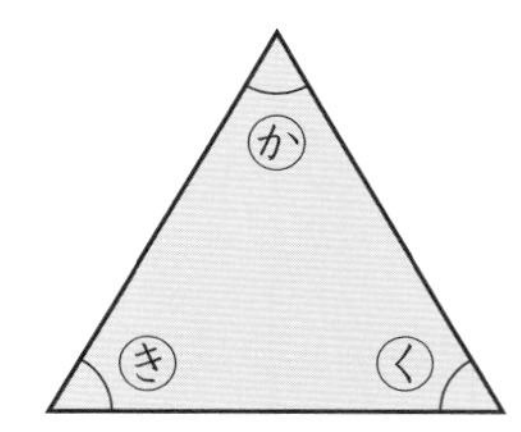

（　　　）

5 よく出る 次(つぎ)の三角形をかきましょう。
また、それぞれの三角形の名前をかきましょう。 全部できて　1つ10点(20点)

① どの辺の長さも6cm の三角形

② 辺の長さが2cm、5cm、5cm の三角形

(　　　　　)　　(　　　　　)

できたらスゴイ!

6 円を使って、1辺の長さが3cm の正三角形をかきます。 1つ10点(20点)

① 半径(はんけい)何 cm の円をかけばよいですか。

(　　　　　)

② 円を使って、この正三角形をかきましょう。

思考・判断・表現　／10点

よくみて

7 下のもようは、どんな三角形をならべたものですか。 1つ5点(10点)

①

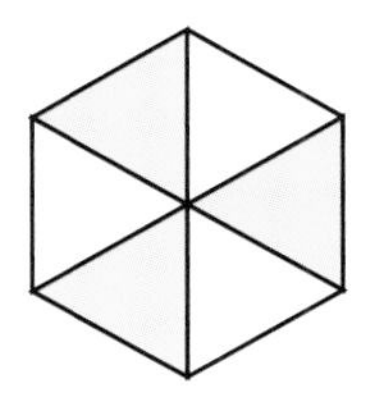

②

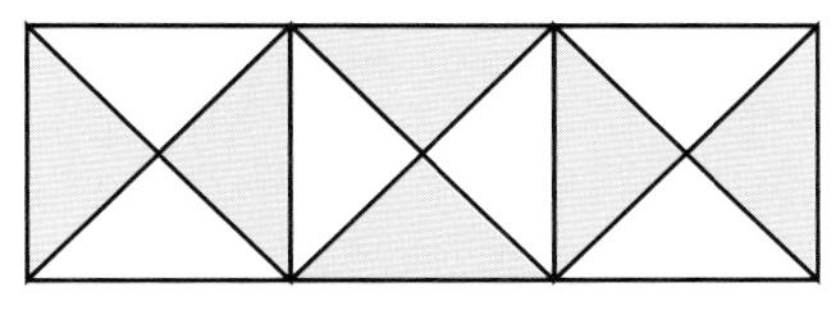

(　　　　　)　　(　　　　　)

1がわからないときは、96 ページの1にもどってかくにんしてみよう。

3分でまとめ

学習日 月 日

① 何十をかける計算

教科書 下97〜98ページ　答え 39ページ

次の□にあてはまる数をかきましょう。

ねらい 何十をかける計算ができるようにしよう。　練習 1 2 →

4×50 の計算のしかた

4×50 のような何十をかける計算は、4×5 の10倍で、その答えは 20 の右に0を1つつけた数になります。

4 × 5 ＝ 20
（10倍する ↓　↓ 10倍になる）
4 × 50 ＝200

1 かけ算をしましょう。

(1) 2×40　　(2) 8×70

とき方 (1) 2×4 の 10倍と考えます。
2×40＝2×□×10
＝□×10
＝□

(2) 8×7 の 10倍と考えます。
8×70＝8×□×10
＝□×10
＝□

ねらい 何十何×何十、何百×何十の計算ができるようにしよう。　練習 1 3 →

32×20 の計算のしかた

32×20 の計算は、32×2 の 10倍で、その答えは 64 の右に0を1つつけた数になります。

32 × 2 ＝ 64
（10倍する ↓　↓ 10倍になる）
32 × 20 ＝640

2 かけ算をしましょう。

(1) 19×40　　(2) 400×30

とき方 (1) 19 × 4
（↓ 10倍）
19 × 40
19×4 の 10倍と考えます。
19×40＝19×4×10
＝□×10
＝□

(2) 4 × 3
（100倍 ↓　↓ 10倍）
400× 30
4×3の 1000倍と考えます。
400×30＝4×3×100×10
＝□×1000
＝□

練習

★できた問題には、「た」をかこう！★

教科書 下97～98ページ ＞ 答え 39ページ

1 □にあてはまる数をかきましょう。

教科書 97ページ1、98ページ2

① 3×30
＝3×□×10
＝□×10
＝□

② 5×60
＝5×□×10
＝□×10
＝□

③ 34×20
＝34×□×10
＝□×10
＝□

④ 63×40
＝63×□×10
＝□×10
＝□

⑤ 800×20
＝8×□×100×10
＝16×□
＝□

⑥ 144×20
＝144×□×10
＝288×□
＝□

2 かけ算をしましょう。

教科書 98ページ1

① 2×30　② 5×40　③ 9×60

！まちがい注意

3 かけ算をしましょう。

教科書 98ページ2

① 12×20　② 43×40　③ 56×30

④ 200×40　⑤ 600×50　⑥ 336×30

ヒント

3 ④ 何百×何十のかけ算なので、100×10＝1000で、2×4の1000倍と考えて計算します。

学習日　　月　　日

17 かけ算の筆算(2)

② 2けたの数をかける計算
③ 3けたの数にかける計算

教科書 下99～104ページ　答え 39ページ

次の□にあてはまる数をかきましょう。

ねらい 2けた×2けたの筆算ができるようにしよう。　練習 ❶❸→

24×12の筆算のしかた　かける数を位ごとに分けて考えます。

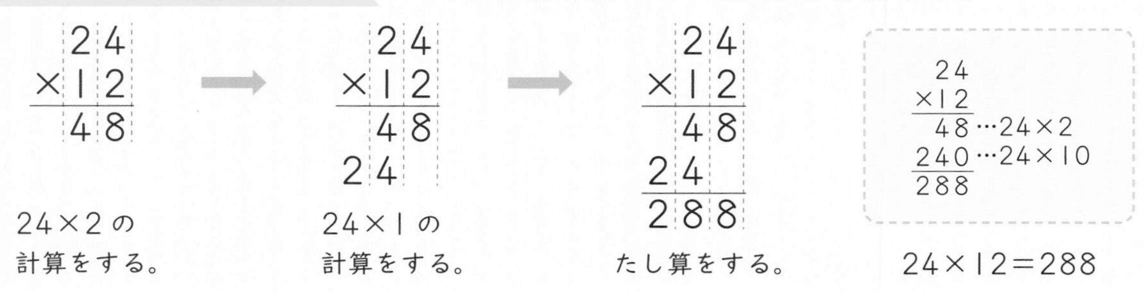

24×2の計算をする。　24×1の計算をする。　たし算をする。　24×12＝288

1 筆算でしましょう。

(1) 73×45　　(2) 82×20

とき方 (1) 一の位からじゅんに計算します。　(2) 筆算のしかたをくふうします。

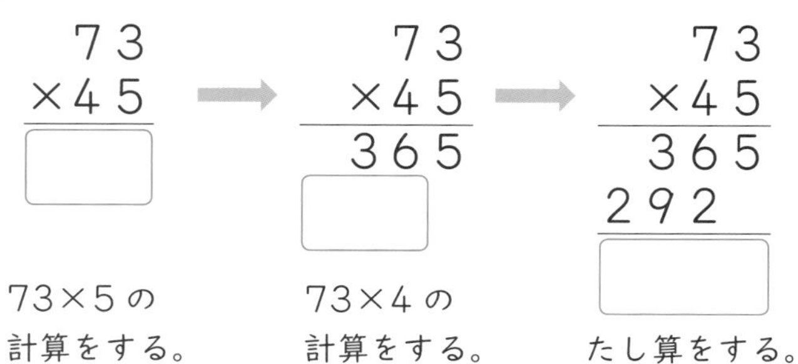

73×5の計算をする。　73×4の計算をする。　たし算をする。

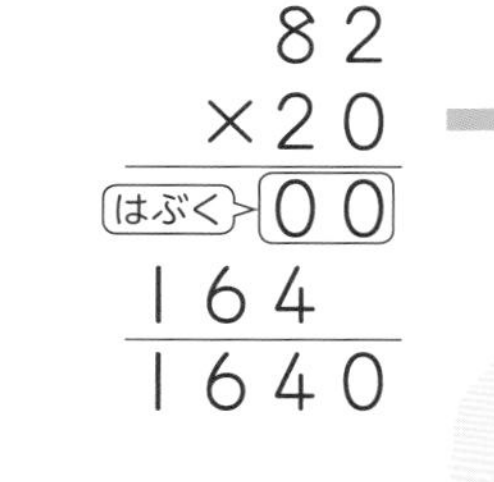

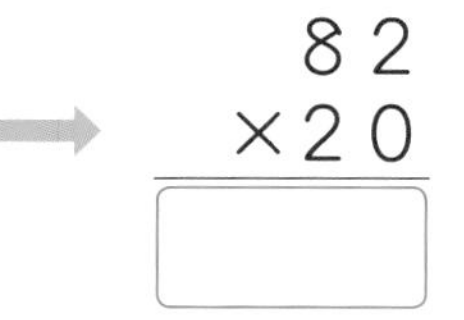

ねらい 3けた×2けたの筆算ができるようにしよう。　練習 ❷❹→

276×32の筆算のしかた

276×2の計算をする。　276×3の計算をする。　たし算をする。

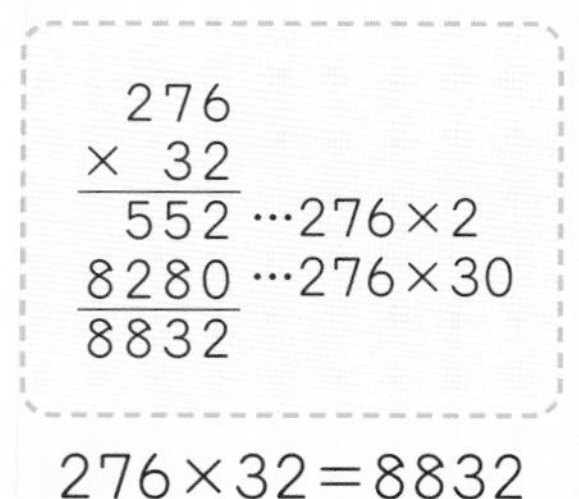

276×32＝8832

2 203×27を筆算でしましょう。

とき方 203×27の答えは、203×7の答えと、203×①□の答えをあわせた数です。

$$\begin{array}{r} 203 \\ \times\ 27 \\ \hline 1421 \\ 406\ \\ \hline ②\square \end{array}$$

練習

★できた問題には、「た」をかこう！★

学習日　　月　　日

教科書 下99～104ページ　答え 39ページ

1 筆算でしましょう。

教科書 99ページ 1、101ページ 2・3、102ページ 4・5

① 42×21　② 54×26　③ 38×91

④ 6×35　⑤ 80×78　⑥ 63×40

2 筆算でしましょう。

教科書 103ページ 1・2

① 139×36　② 154×56　③ 538×25

④ 964×23　⑤ 802×74　⑥ 640×57

3 1こ68円のガムを12こ買います。
代金(だいきん)は何円ですか。

教科書 100ページ 2

（　　　　）

4 子ども会の24人が電車で動物園(どうぶつえん)に行きます。1人分の電車代は230円です。
電車代は全部(ぜんぶ)で何円ですか。

教科書 103ページ 1

（　　　　）

ヒント

1 ④　6×35のまま筆算で計算するよりも、かけ算のきまりを使(つか)って、6×35＝35×6として筆算で計算すると、かんたんになります。

⑰ かけ算の筆算(2)

時間 30 分

／100

ごうかく 80 点

教科書 下 97〜106 ページ　答え 40 ページ

知識・技能　／80点

1 □にあてはまる数をかきましょう。

1つ2点(6点)

① 6×40 の答えは、6×4 の答えを □ 倍(ばい)した数です。

② 45×20 の答えは、45×2 の答えを □ 倍した数です。

③ 123× □ の答えは、123×30 の答えと 123×2 の答えをたした数です。

よくみて

2 計算のまちがいを見つけて、正しい答えをかきましょう。

1つ4点(8点)

①
```
  36
×23
 108
  72
 180
```

②
```
  70
×58
 560
 35
 910
```

3 かけ算をしましょう。

1つ3点(18点)

① 4×80　② 34×20

③ 12×50　④ 60×72

⑤ 900×20　⑥ 500×40

4 よく出る 筆算でしましょう。 1つ4点(24点)

① 31×26　② 68×43　③ 78×56

④ 82×50　⑤ 6×39　⑥ 70×24

5 よく出る 筆算でしましょう。 1つ4点(24点)

① 142×16　② 394×69　③ 196×75

④ 756×43　⑤ 209×32　⑥ 820×51

思考・判断・表現 ／20点

6 よく出る もえさんの学級でノートを34さつ買いました。ノートは1さつ90円です。

代金は何円ですか。 式・答え　1つ5点(10点)

式

答え (　　　　)

7 1たば150まいの色紙が23たばあります。

色紙は全部で何まいありますか。 式・答え　1つ5点(10点)

式

答え (　　　　)

1①がわからないときは、102ページの1にもどってかくにんしてみよう。

ふろくの「計算せんもんドリル」34～40もやってみよう！

学習日　月　日

18 そろばん

① 数の表し方
② たし算とひき算

教科書 下108～111ページ　答え 40ページ

次の□にあてはまる数をかきましょう。

◎ねらい そろばんの数の表し方がわかるようにしよう。 練習 1→

そろばんの数の表し方

そろばんでは、定位点のあるけたを一の位とし、じゅんに、十、百、千、万の位とします。一の位の右がわは $\frac{1}{10}$ の位です。

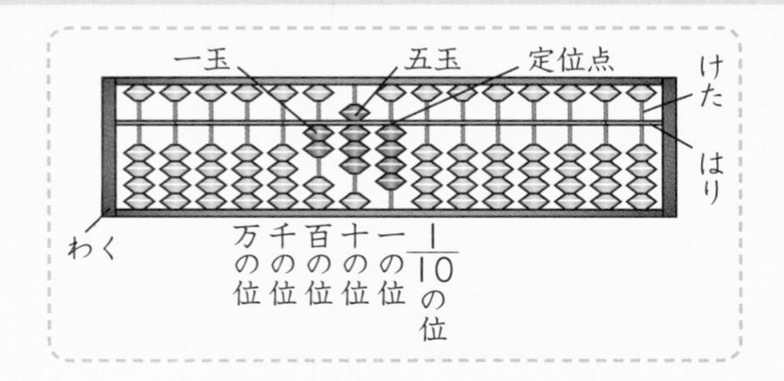

1 右のそろばんの数をよみましょう。

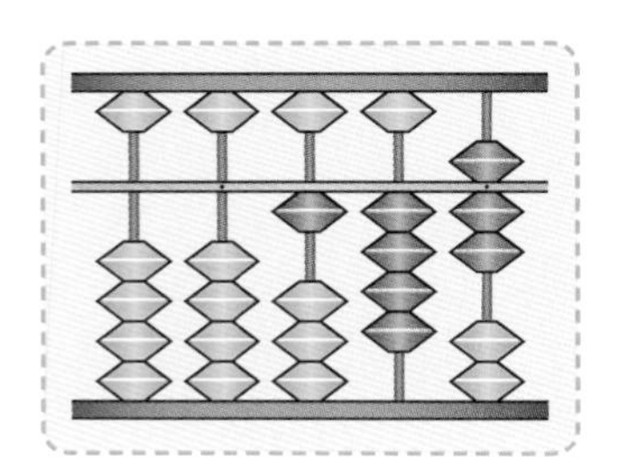

とき方 一の位が□、十の位が□、百の位が1を表しているので、□です。

◎ねらい そろばんでたし算とひき算ができるようにしよう。 練習 2→

五玉へのくり上がりや五玉からのくり下がり

たし算…まず五玉を入れてから、入れすぎた分をとる。

ひき算…まず5からひく数をひいた数の分だけ一玉を入れてから、五玉をとる。

3＋4の計算

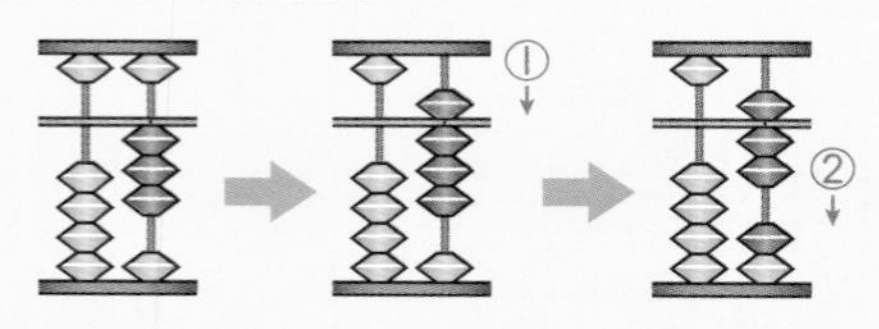

一玉で4がおけない。　五玉を入れる。　入れすぎた1をとる。

10のくり上がり、くり下がり

たし算…たす数とあわせて10になる分の数をとって、10を入れる。

ひき算…10をとって、ひきすぎた数を入れる。

16－8の計算

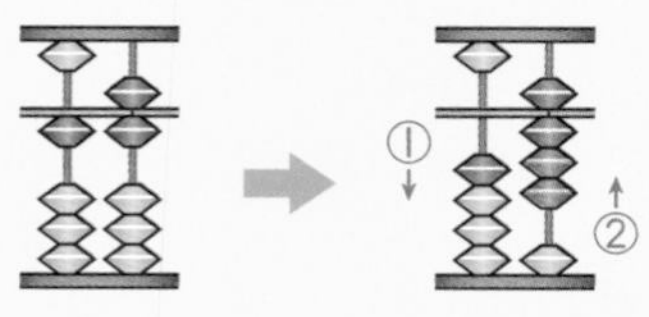

10をとって
2を入れる。

そろばんでは、大きい位の数から計算していきます。

練習

★できた問題には、「た」をかこう！★

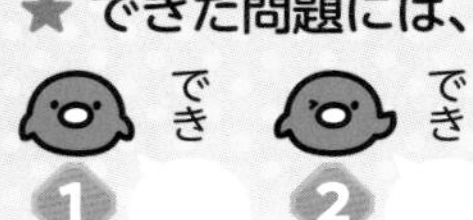

学習日　　月　　日

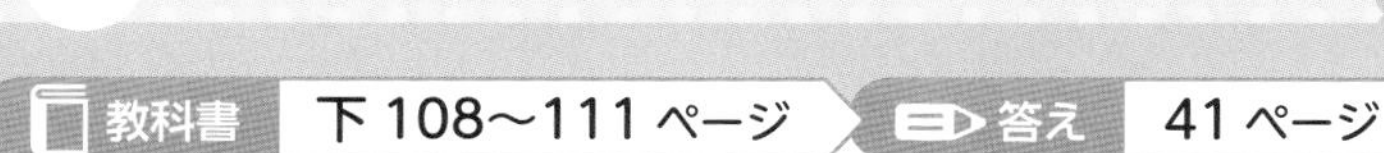

この本の終わりにある「春のチャレンジテスト」をやってみよう！

よくみて

1 次の数をよみましょう。

教科書 109ページ 1

①
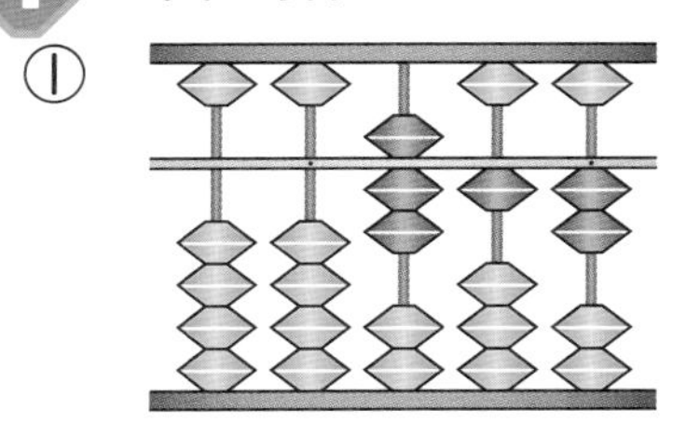
②
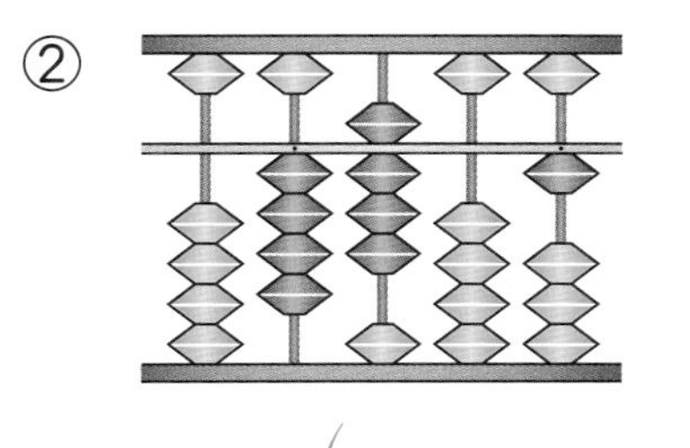
③
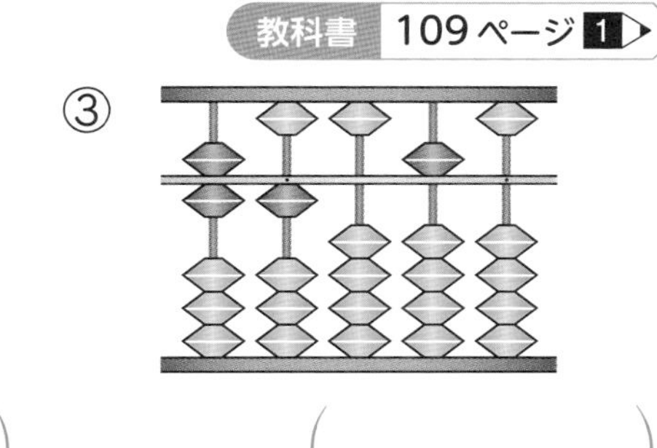

(　　)　(　　)　(　　)

④
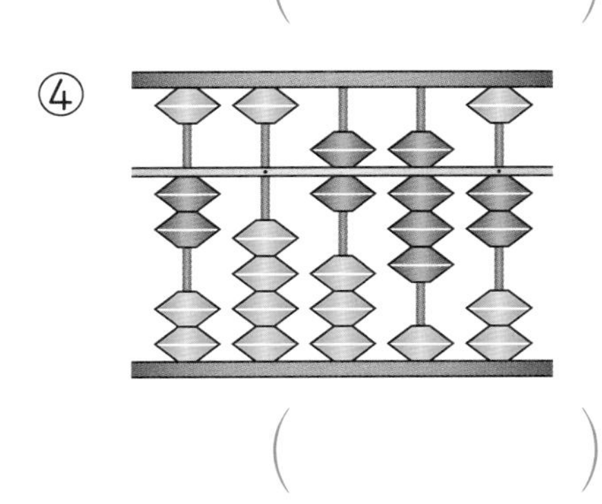
⑤
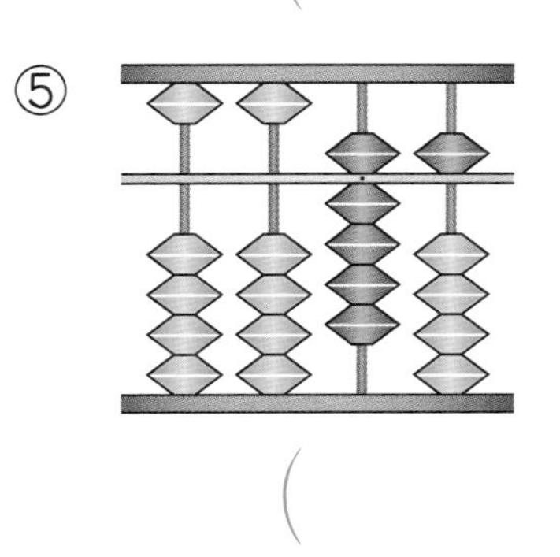
⑥
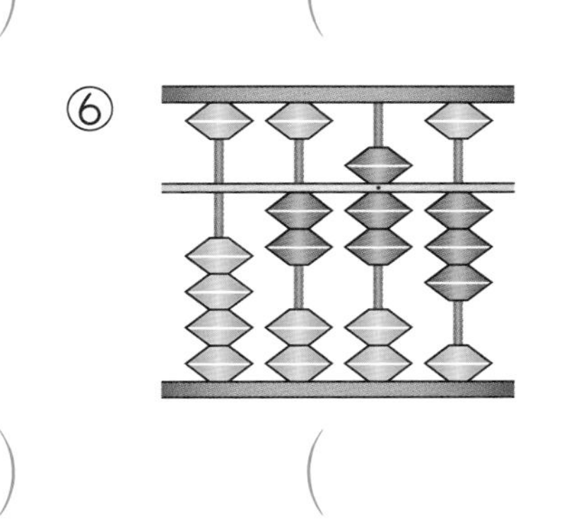

(　　)　(　　)　(　　)

2 そろばんで計算します。

□にあてはまる数をかきましょう。

教科書 110ページ 1・2、111ページ 3

① 27＋34

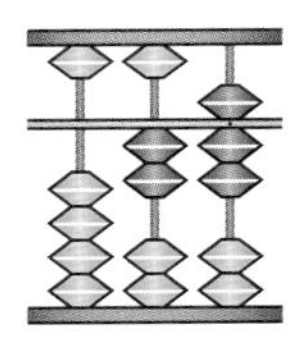
→
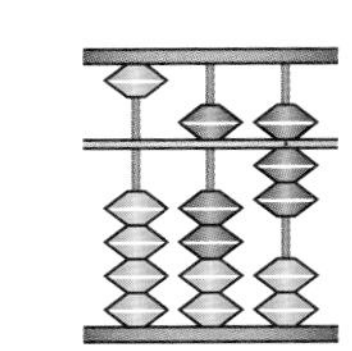
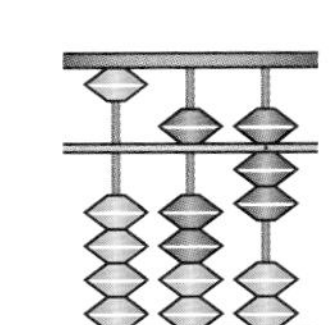
→
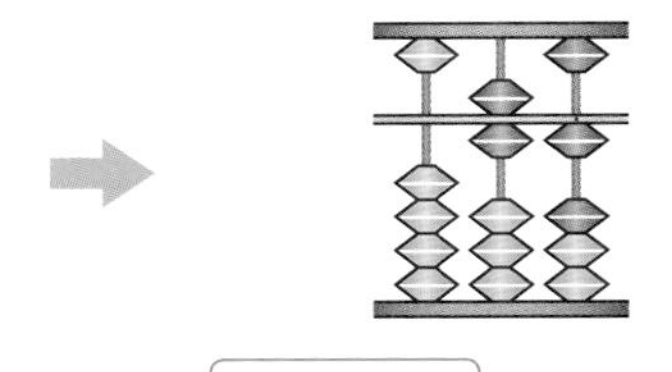

50を入れて、入れすぎた□をとる。

□をとって、10を入れる。

② 76−47

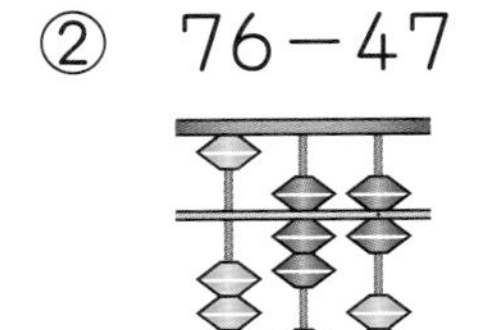
→
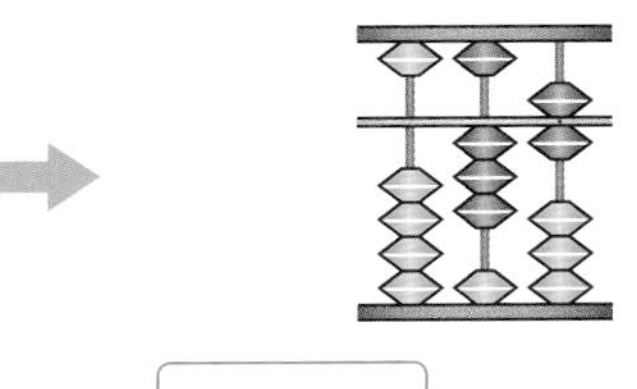
→
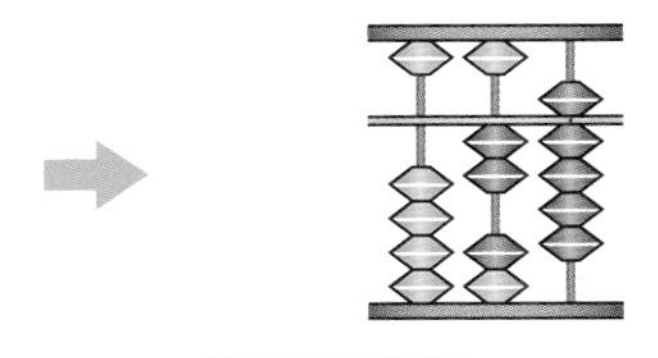

□を入れて、50をとる。

□をとって、3を入れる。

ヒント
1 定位点のあるけたが一の位です。

レッツプログラミング

教科書　下114〜115ページ　答え　41ページ

〈ゲームの手順を整理しよう〉

1 右の手順を整理して、フローチャートに表しました。□にあてはまることばをアからオの中からえらんで、フローチャートをかんせいさせましょう。ただし、ことばは１回ずつしか使えません。

❶ くじをひく。くじの色によって、シールおき場にあるシールがもらえる。
・白色のくじ…０まい　・赤色のくじ…１まい
・青色のくじ…２まい　・黄色のくじ…３まい
❷ シールおき場のシールがなくなったら終わり。

ア くじのけっかは
イ １まいもらう。
ウ ３まいもらう。
エ ２まいもらう。
オ シールおき場のシールはすべてなくなりましたか。

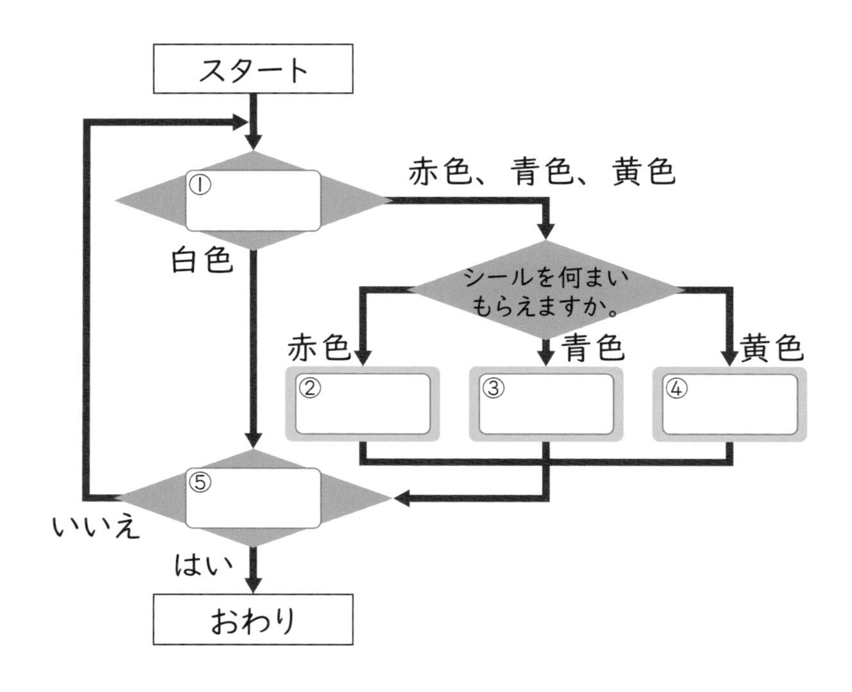

2 □にあてはまることばをアからカの中からえらんで、形の名前あてゲームのフローチャートをかんせいさせましょう。ただし、ことばは１回ずつしか使えません。

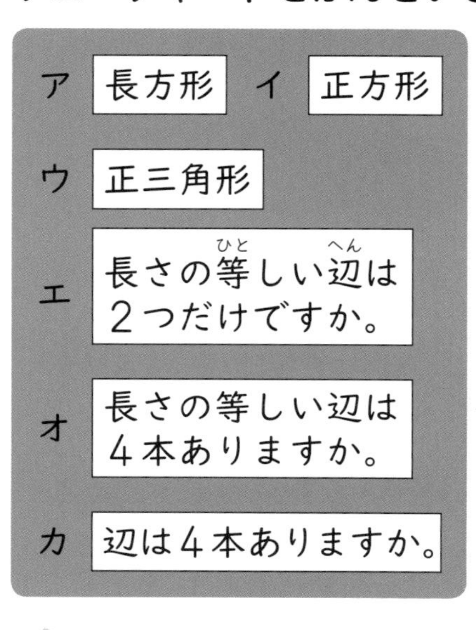

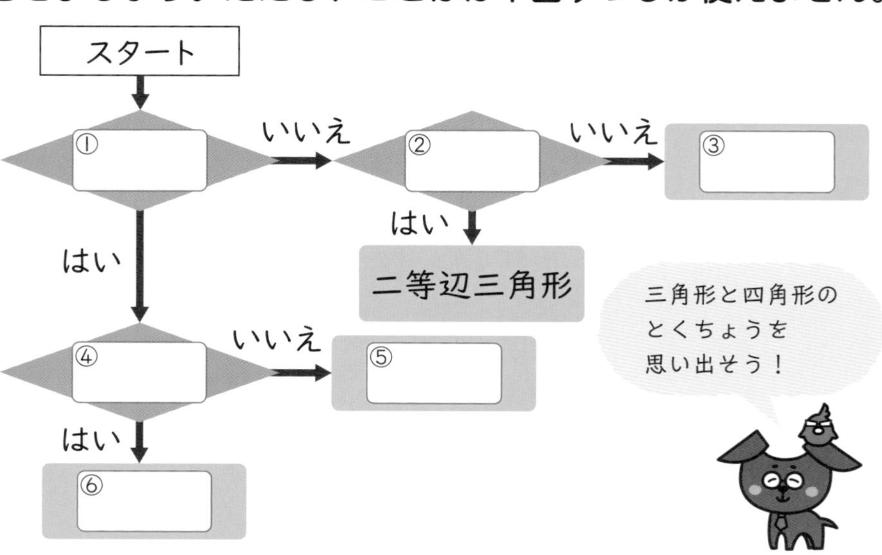

3年のふくしゅう

(数と計算)

教科書 下116～120ページ 答え 41ページ

1 □にあてはまる数をかきましょう。 1つ2点(8点)

① 10000を6こと、1000を4こと、10を2こあわせた数は、□です。

② 1000万を3こと、100万を7こと、10万を1こあわせた数は、□です。

③ 59120を100倍(ばい)した数は□です。

④ 990000を10でわった数は□です。

2 次(つぎ)の計算をしましょう。 1つ2点(12点)

① 425＋297

② 639＋782

③ 3872＋1528

④ 584－278

⑤ 803－426

⑥ 9291－8194

3 かけ算をしましょう。 1つ3点(18点)

① 63×9　② 48×7

③ 407×5　④ 96×28

⑤ 24×70　⑥ 139×35

4 わり算をしましょう。 1つ2点(12点)

① 24÷4　② 72÷8

③ 25÷3　④ 44÷6

⑤ 34÷5　⑥ 84÷4

5 下の数直線で、アからエの数をかきましょう。 1つ2点(8点)

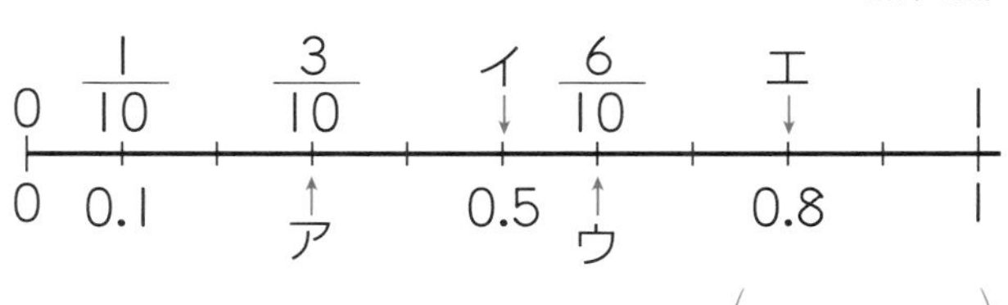

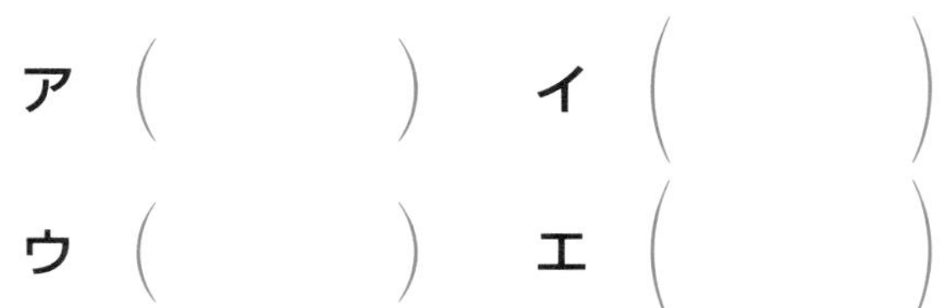

6 次の計算をしましょう。 1つ3点(30点)

① 0.7＋0.5　② 4.3＋2.9

③ 6＋1.8　④ 1.1－0.9

⑤ 5.6－2.7　⑥ 7－5.3

⑦ $\frac{3}{7}+\frac{1}{7}$　⑧ $\frac{2}{5}+\frac{3}{5}$

⑨ $\frac{4}{6}-\frac{1}{6}$　⑩ $1-\frac{5}{9}$

7 □にあてはまる数をもとめましょう。 1つ4点(12点)

① □＋210＝530

② □－26＝81

③ 7×□＝63

3年のふくしゅう

(いろいろな単位、図形)(数の大きさの表し方)

学習日　月　日

時間20分　／100　ごうかく80点

教科書　下116〜120ページ　答え　42ページ

1 □にあてはまる数をかきましょう。

1問8点(32点)

① 2160 m＝□km□m

② 4200 kg＝□t

③ 6分＝□秒

④ 190秒＝□分□秒

2 右の図は、直径がそれぞれ同じ3つの円でできています。

1つの円の半径をもとめましょう。

(10点)

30cm

(　　　)

3 下の二等辺三角形について答えましょう。

1つ9点(18点)

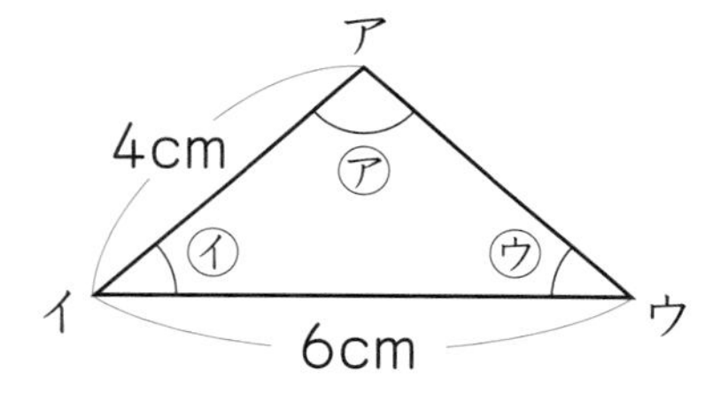

① 辺アウの長さは何cmですか。

(　　　)

② 角㋒と同じ大きさの角はどれですか。

(　　　)

4 下の表は、ともやさんが3年1組ですきなおかしを調べたものです。

1問10点(40点)

すきなおかし調べ(3年1組)

おかし	チョコレート	キャラメル	グミ	クッキー	その他
人数(人)	8	5	3	6	4

① これをぼうグラフに表しましょう。

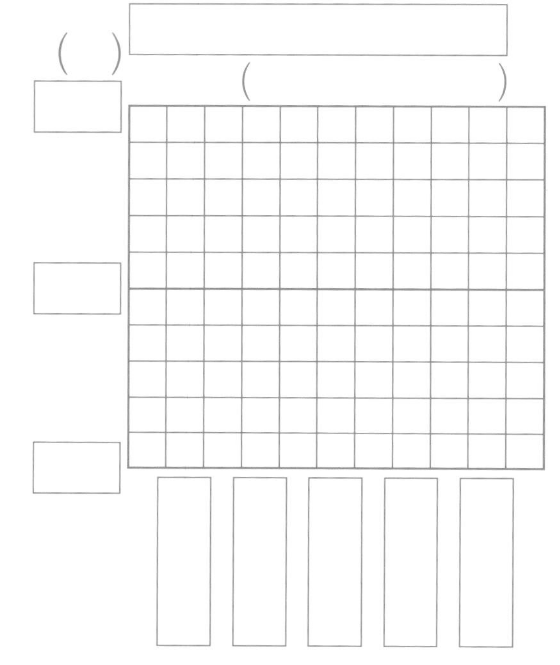

② ぼうグラフの1めもりは、何人を表していますか。

(　　　)

③ すきな人がいちばん多いおかしは何ですか。

(　　　)

④ 3年1組は全部で何人ですか。

(　　　)

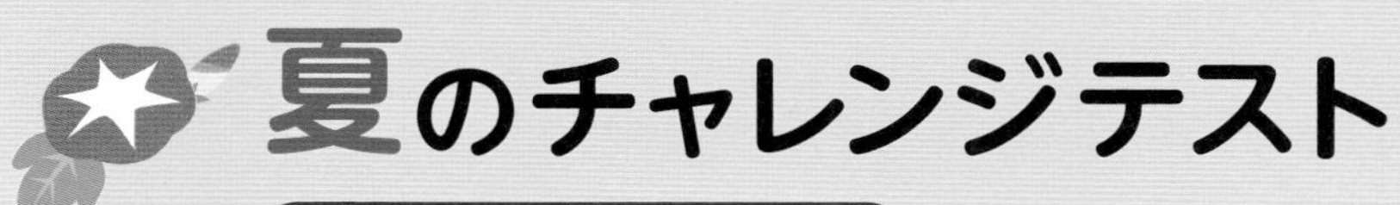

夏のチャレンジテスト

教科書　上12～98ページ

月　日

名前

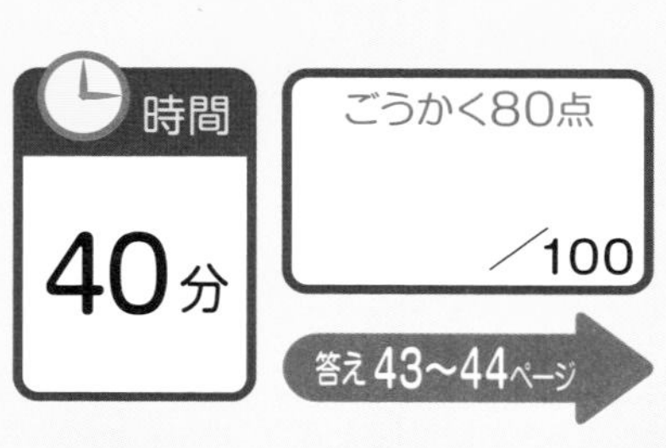

答え43～44ページ

知識・技能　／74点

1 □にあてはまる数をかきましょう。　1つ2点(8点)

① 7×4＝7×3＋□

② 9×8＝9×9－□

③ 5×6＝6×□

④ (2×4)×5＝2×(□×5)

2 □にあてはまる数をかきましょう。　1問2点(6点)

① 3分＝□秒

② 150秒＝□分□秒

③ 2分40秒＝□秒

3 次の計算をしましょう。　1つ2点(12点)

① 7×0　② 0×9

③ 0×3　④ 4×10

⑤ 6×10　⑥ 10×10

4 次の計算をしましょう。　1つ2点(16点)

① 6÷1　② 8÷8

③ 72÷9　④ 49÷7

⑤ 9÷4　⑥ 30÷9

⑦ 52÷8　⑧ 62÷7

5 次の計算をしましょう。　1つ2点(16点)

① 526＋197　② 857＋86

③ 1367＋1534　④ 3873＋579

⑤ 734－256　⑥ 556－78

⑦ 3256－1962　⑧ 1007－498

6 暗算でしましょう。　1つ2点(8点)

① 32＋45　② 78＋56

③ 65－43　④ 134－68

うらにも問題があります。

7 次の時こくをもとめましょう。 1つ2点(4点)

① 午前8時10分から50分後の時こく

( )

② 午後5時20分から30分前の時こく

( )

8 下の表(ひょう)は、先週、図書室の本を読んだ3年生の人数を調(しら)べて、組ごとにまとめたものです。

これをぼうグラフに表(あらわ)しましょう。 (全部(ぜんぶ)できて4点)

図書室の本を読んだ人数調べ（3年生）

組	人数(人)
1組	14
2組	10
3組	20
4組	8

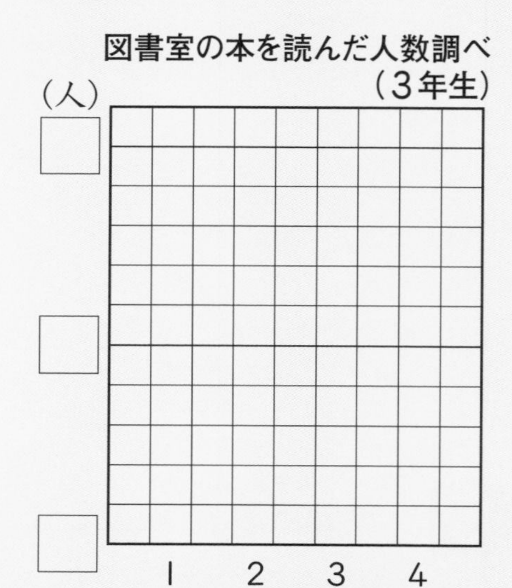

思考・判断・表現 ／26点

9 色紙が36まいあります。 式・答え 1つ2点(8点)

① 4人で同じ数ずつ分けます。

1人分は何まいになりますか。

式(しき)

答え ( )

② 1たば6まいずつに分けます。

何たばできますか。

式

答え ( )

10 かずやさんは、学校を出て、40分間歩いて市役所(しやくしょ)に午前10時10分に着(つ)きました。

学校を出た時こくは何時何分ですか。 (2点)

( )

11 50mのリボンを、1本9mずつ切り取(と)ります。

9mのリボンは何本できて、何mあまりますか。 式・答え 1つ3点(6点)

式

答え ( )

12 52このりんごをふくろに6こずつ入れます。

全部のりんごをふくろに入れるには、ふくろは何まいいりますか。 式・答え 1つ3点(6点)

式

答え ( )

13 ひろしさんは、1000円を持(も)って買い物(もの)に行き、125円のボールペンと798円の筆箱(ふでばこ)を買います。

代金(だいきん)をはらったあとののこりは何円になりますか。 式・答え 1つ2点(4点)

式

答え ( )

冬のチャレンジテスト

教科書 上100～下63ページ

月　日
名前

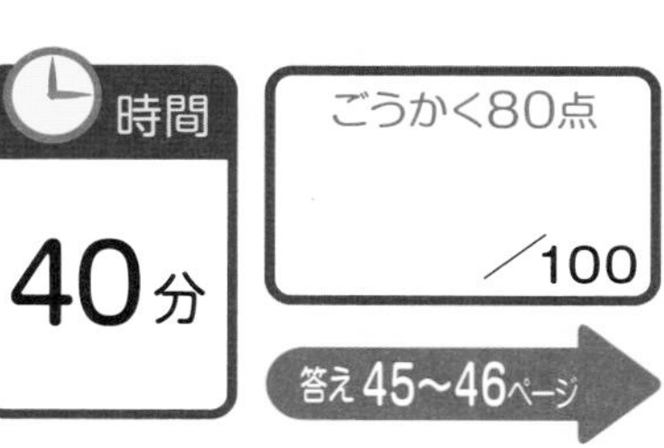

答え45～46ページ

知識・技能　／82点

1 次の数を数字でかきましょう。　1つ2点(8点)

① 三千二十五万六百七十八
（　　　）

② 1000万を8こと、100万を3こと、10万を2こあわせた数
（　　　）

③ 10万より1小さい数
（　　　）

④ 10000を240こ集めた数
（　　　）

2 下の数直線で、アからウが表す小数をかきましょう。　1つ2点(6点)

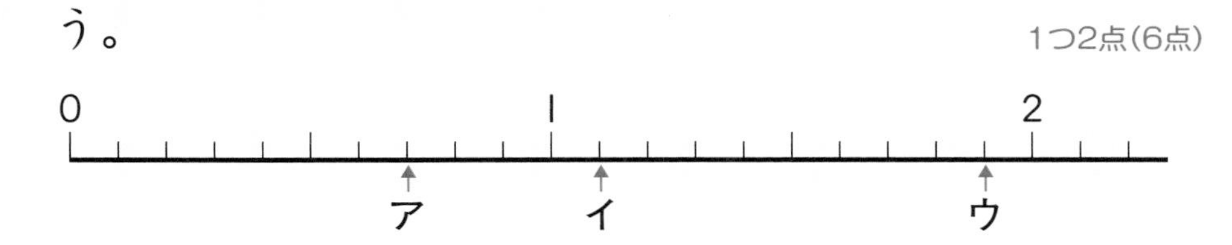

ア（　　　）　イ（　　　）　ウ（　　　）

3 □にあてはまる単位をかきましょう。　1つ2点(8点)

① つくえの高さ　70□
② 1時間に自転車で進むきょり　9□
③ 木のまわりの長さ　2□
④ 米の長さ　6□

4 □にあてはまる数をかきましょう。　1つ2点(8点)

① 7000 g＝□kg
② 6kg 200 g＝□g
③ 4600 g＝□kg
④ 8400 kg＝□t

5 □にあてはまる分数をかきましょう。　1つ2点(8点)

① 1mを6等分した1つ分の長さは□m
② 1Lを4等分した3つ分のかさは□L
③ $\frac{1}{7}$を4こ集めた数は□です。
④ □を5こ集めた数は$\frac{5}{8}$です。

6 かけ算をしましょう。　1つ2点(16点)

① 30×5　② 600×8

③ 49×7　④ 34×6

⑤ 162×3　⑥ 209×4

⑦ 356×5　⑧ 126×9

うらにも問題があります。

7 半径2cmの円をかきましょう。 (3点)

8 次の計算をしましょう。 1つ2点(16点)

① 4.2+2.5　② 8.5+7.6

③ 6.8−4.3　④ 12.3−8.7

⑤ $\frac{1}{4}+\frac{2}{4}$　⑥ $\frac{4}{9}+\frac{5}{9}$

⑦ $\frac{5}{7}-\frac{2}{7}$　⑧ $1-\frac{5}{8}$

9 下の地図を見て答えましょう。 1つ3点(9点)

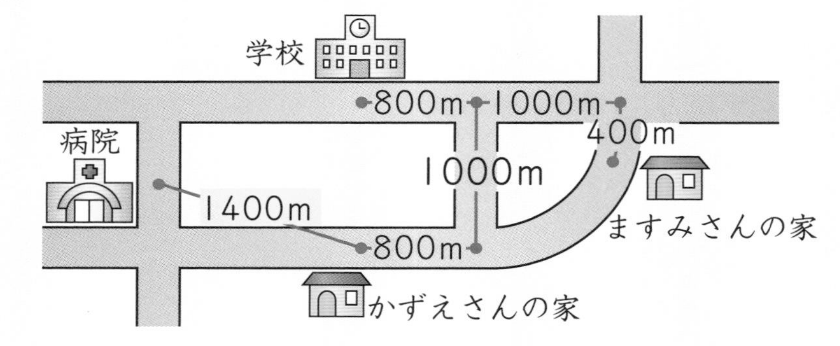

① かずえさんの家から病院までのきょりは、何km何mですか。

(　　　　　)

② かずえさんの家から学校までの道のりは、何km何mですか。

(　　　　　)

③ かずえさんの家とますみさんの家では、学校までの道のりは、どちらが何m近いですか。

(　　　　　)

思考・判断・表現　／18点

10 下の図のように、箱の中に、同じ大きさのボールがきちんとはいっています。

ボールの半径が7cmとすると、箱の㋐、㋑の長さは何cmですか。 1つ3点(6点)

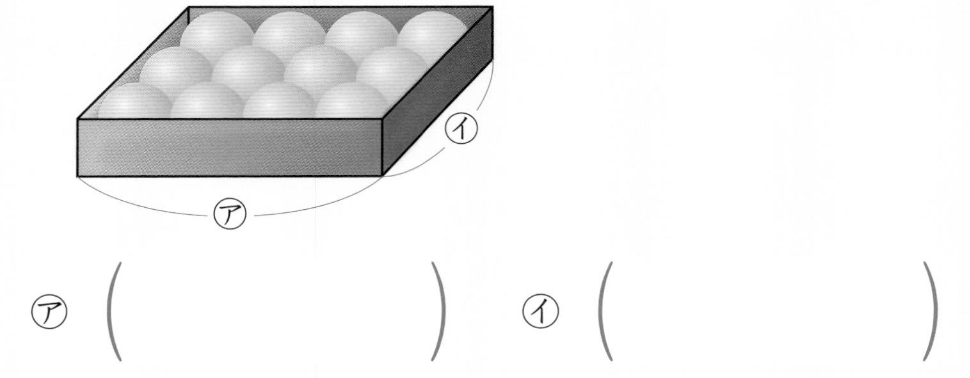

㋐ (　　　　　)　㋑ (　　　　　)

11 1こ128円のドーナツを3こ買って、500円はらいました。

おつりは何円ですか。 式・答え 1つ2点(4点)

式

答え (　　　　　)

12 チョコレートのはいった箱が8箱あります。1箱に14こはいっています。

チョコレートは全部で何こありますか。 式・答え 1つ2点(4点)

式

答え (　　　　　)

13 水が2.1Lありました。0.3L飲みました。

のこりは何Lですか。 式・答え 1つ2点(4点)

式

答え (　　　　　)

春のチャレンジテスト

教科書 下68〜111ページ

月　日

名前

時間 40分

ごうかく80点

／100

答え46〜47ページ

知識・技能 ／66点

1 下の三角形の中から、二等辺三角形や正三角形を見つけましょう。 1つ2点(4点)

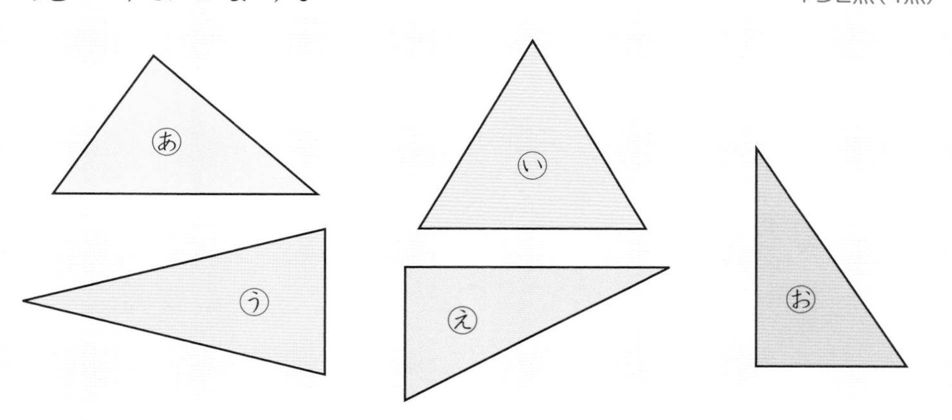

二等辺三角形（　　）　正三角形（　　）

2 □にあてはまる数をかきましょう。 1つ2点(8点)

① 6×20 の答えは、6×2 の答えを □ 倍した数です。

② 18×40 の答えは、18×□ の答えを 10 倍した数です。

③ 31×60 の答えは、31×6 の答えを □ 倍した数です。

④ 42×□ の答えは、42×10 の答えと 42×3 の答えをたした数です。

3 計算のまちがいを見つけて、正しい答えをかきましょう。 1つ3点(6点)

①
```
   26
  ×45
  130
  104
  234
```

②
```
   58
  ×32
  116
 174
17516
```

4 次のそろばんの玉が表している数をかきましょう。 1つ3点(6点)

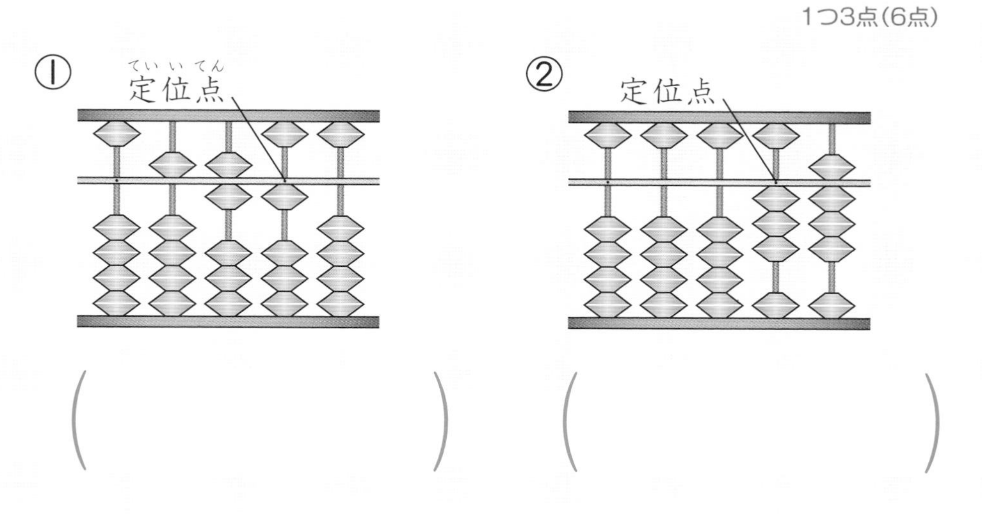

①（　　）　②（　　）

5 次の三角形をかきましょう。 1つ4点(12点)

① 1辺の長さが 4cm の正三角形

② 辺の長さが7cm、5cm、5cm の二等辺三角形

③ 辺の長さが4cm、3cm、3cm の二等辺三角形
(下の半径3cm の円を使いましょう。)

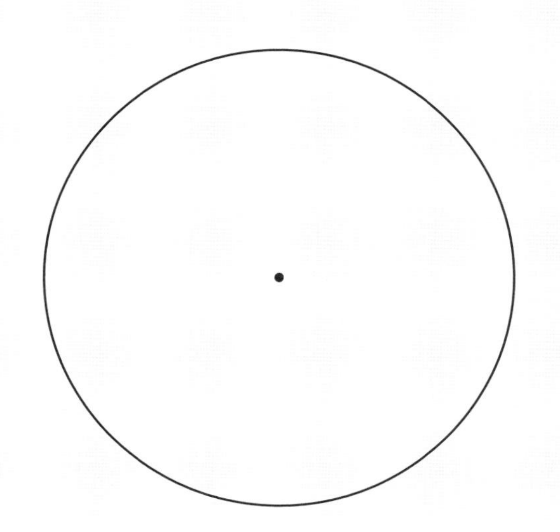

うらにも問題があります。

6 筆算(ひっさん)でしましょう。 1つ2点(12点)

① 5×72　② 36×40

③ 312×21　④ 356×42

⑤ 703×57　⑥ 840×63

7 □にあてはまる数をかきましょう。 1つ3点(18点)

① 18+□=31

② □+230=570

③ □−45=38

④ □−390=610

⑤ □×9=27

⑥ 7×□=49

思考・判断・表現　／34点

8 36まいで1たばになった色紙が、18たばあります。

色紙は全部(ぜんぶ)で何まいありますか。 式・答え 1つ4点(8点)

式(しき)

答え（　　　　）

9 子ども会でジュースを42本買いました。ジュースは1本153円です。

代金(だいきん)は何円ですか。 式・答え 1つ4点(8点)

式

答え（　　　　）

10 ひろみさんは、さくらんぼを何こか持(も)っていました。25こ食べたので、のこりは13こになりました。

ひろみさんは、はじめにさくらんぼを何こ持っていましたか。 式・答え 1つ3点(9点)

① はじめのさくらんぼの数を□ことして、ひき算の式に表(あらわ)しましょう。

（　　　　）

② □にあてはまる数をもとめましょう。

式

答え（　　　　）

11 1こ9円のあめを何こか買ったら、代金は72円でした。

買ったあめの数は、全部で何こですか。 式・答え 1つ3点(9点)

① 買ったあめの数を□ことして、かけ算の式に表しましょう。

（　　　　）

② □にあてはまる数をもとめましょう。

式

答え（　　　　）

(切り取り線)

◎用意(ようい)するもの…じょうぎ、コンパス

3年 算数のまとめ 学力しんだんテスト

月　日

名前

答え48ページ

1 次(つぎ)の数を数字で書きましょう。　1つ2点(4点)

① 千万を9こ、百万を9こ、一万を6こ、千を4こあわせた数

(　　　　　　)

② 100000を352こ集(あつ)めた数

(　　　　　　)

2 計算をしましょう。　1つ2点(16点)

① 8×0　② 20×3

③ $18\div6$　④ $84\div2$

⑤ $563+339$　⑥ $805-217$

⑦ 25×43　⑧ 375×13

3 次のかさやテープの長さを、小数を使(つか)って[　]のたんいで表(あらわ)しましょう。　1つ2点(4点)

① [dL]

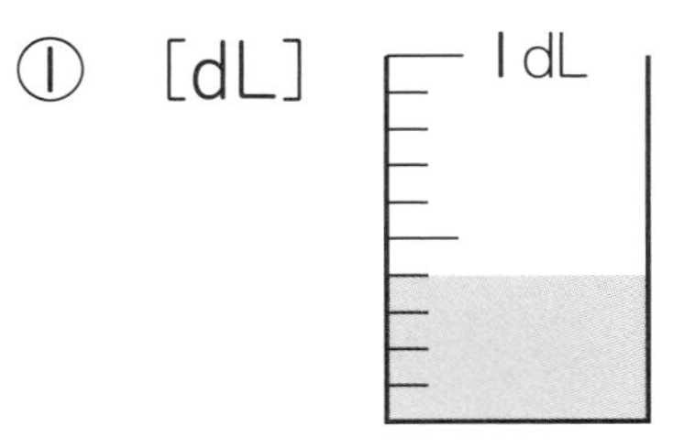

② [cm]

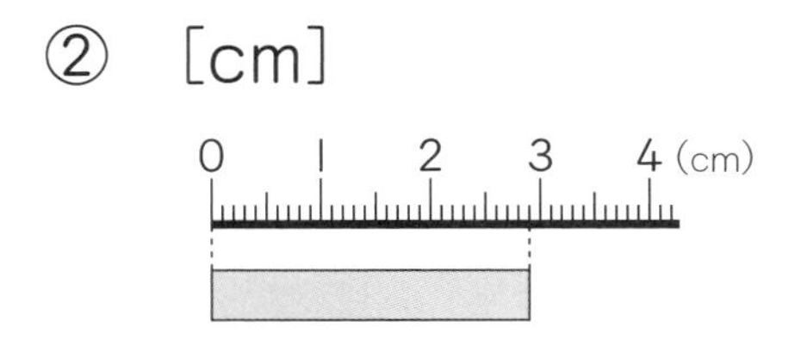

(　　　　)　(　　　　)

4 □にあてはまる数を書きましょう。　1つ2点(4点)

① 1mを5等分(とうぶん)した2こ分の長さは、□mです。

② $\frac{1}{7}$の4こ分は、□です。

5 □にあてはまる、等号(とうごう)(=)、不(ふ)等号(>、<)を書きましょう。　1つ2点(8点)

① 1 □ $\frac{2}{3}$　② $\frac{2}{9}+\frac{5}{9}$ □ $1-\frac{1}{9}$

③ 0.3 □ $\frac{3}{10}$　④ $2.6+1.4$ □ $5-0.9$

6 □にあてはまる数を書きましょう。　1問2点(8点)

① 7km 10m＝□m

② 1分＝□秒(びょう)

③ 87秒＝□分□秒

④ 5000g＝□kg

7 はりがさしている重(おも)さを書きましょう。　1問2点(4点)

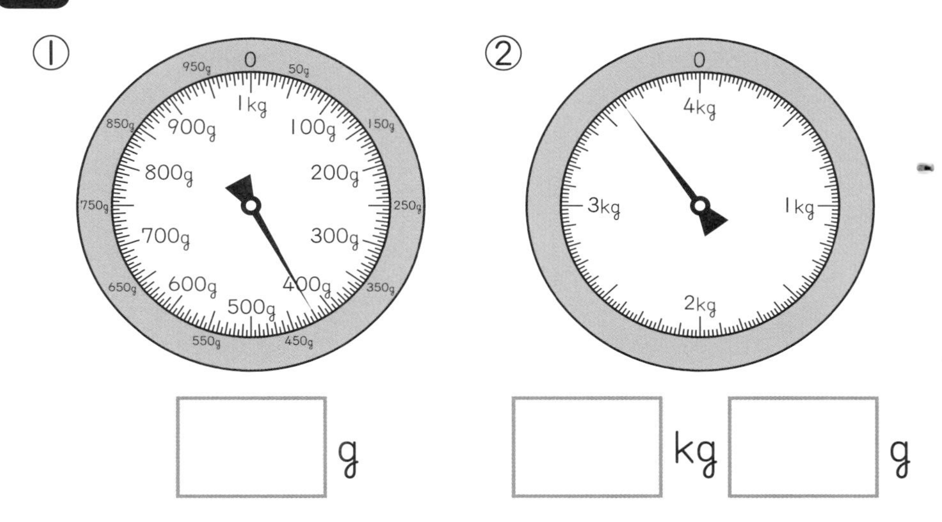

① □g　② □kg□g

8 じょうぎとコンパスを使って、次の三角形をかきましょう。　1つ2点(4点)

① 辺(へん)の長さが4cm、3cm、3cmの二等辺(にとうへん)三角形(さんかくけい)

② 辺の長さが4cmの正三角形

うらにも問題があります。

(切り取り線)

9 アの点を中心として、直径が 6cm の円をかきましょう。

(2点)

・
ア

10 右の図のように、同じ大きさのボールが 6こ、箱にすきまなく入っています。箱の横の長さは 12 cm です。

1つ2点(4点)

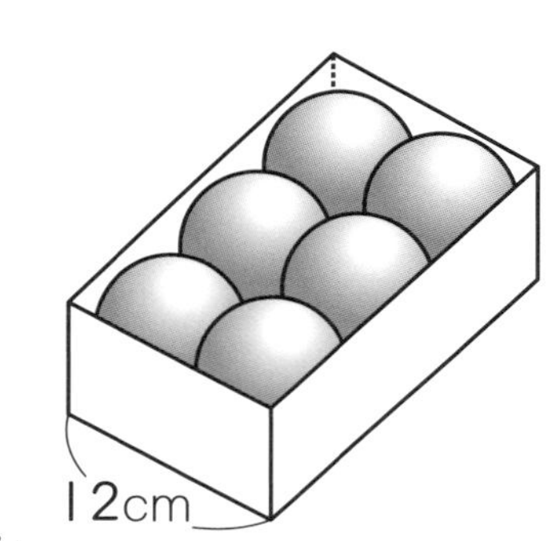

① ボールの直径は何 cm ですか。

(　　　　)

② 箱のたての長さは何 cm ですか。

(　　　　)

11 たまごが 40 こあります。

式・答え　1つ3点(12点)

① このたまごを8人に同じ数ずつ分けると、1人分は何こになりますか。

式

答え (　　　　)

② 全部のたまごを箱に入れます。1箱に6こずつ入れると、箱は何こいりますか。

式

答え (　　　　)

12 いちごが 38 こありました。何こか食べると、25 このこりました。

1つ3点(6点)

① 食べたいちごの数を□こととして、式に表しましょう。

(　　　　　　　　)

② □にあてはまる数をみつけましょう。

 こ

活用力をみる

13 下の表は、おかしのねだんを調べたものです。

1つ2点(12点)

おかしのねだん

しゅるい	ねだん(円)
ガム	30
あめ	80
グミ	120
クッキー	140

(円) おかしのねだん
150
100
50
0
ガム　あめ　グミ　クッキー

① あめとグミのねだんを、上のぼうグラフに表しましょう。

② 300 円でおつりがいちばん少なくなるように、3しゅるいのおかしを1こずつ買うと、どのおかしが買えますか。また、合計は何円になりますか。

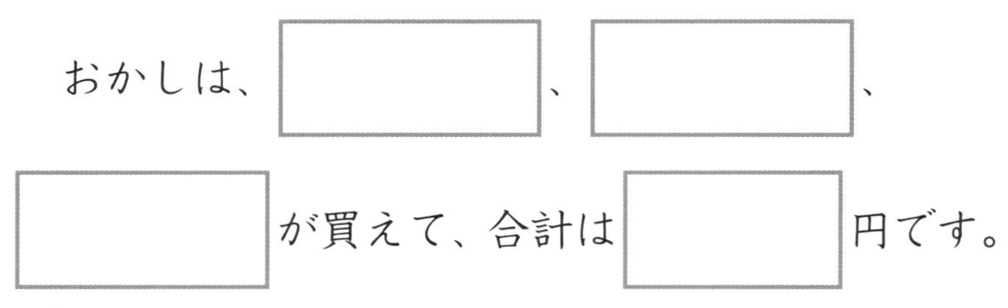

おかしは、□、□、□が買えて、合計は□円です。

14 次の図は、ひなさんの家から学校までの道のりを表したものです。

①式・答え　1つ3点、②1つ3点(12点)

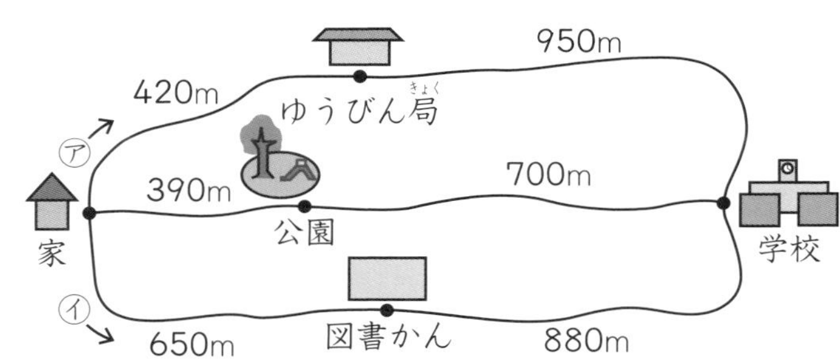

① 家から公園の前を通って学校へ行くときの道のりは、何 km 何 m ですか。

式

答え (　　　　)

② 家からゆうびん局の前を通って学校へ行く㋐の道と、家から図書かんの前を通って学校へ行く㋑の道とでは、どちらが学校まで近いですか。また、そのわけを、次のことばを使って書きましょう。

㋐の道のり　　㋑の道のり　　短い

近いのは、□の道

わけ (　　　　　　　　)

この「答えとてびき」はとりはずしてお使いください。

教科書ぴったりトレーニング

答えとてびき

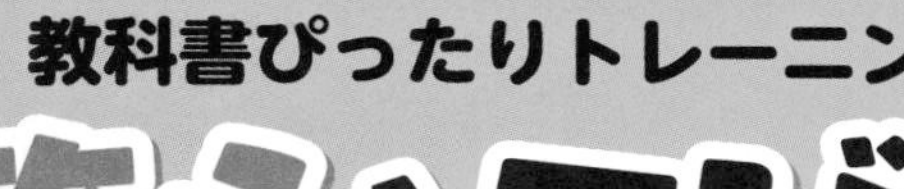

日本文教版　算数３年

問題がとけたら…
①まずは答え合わせをしましょう。
②次にてびきを読んでかくにんしましょう。

右段のてびきでは、次のようなものを示しています。
- 学習のねらいやポイント
- 他の学年や他の単元の学習内容とのつながり
- まちがいやすいことやつまずきやすいところ

お子様への説明や、学習内容の把握などにご活用ください。

答え合わせの時間短縮に 丸つけラクラク解答 デジタルもご活用ください！

右の QR コードをスマートフォンなどで読み取ると、
赤字解答の入った本文紙面を見ながら簡単に答え合わせができます。

丸つけラクラク解答デジタルは以下の URL からも確認できます。
https://www.shinko-keirinwebshop.com/shinko/2024pt/rakurakudegi/MNB3da/index.html

※丸つけラクラク解答デジタルは無料でご利用いただけますが、通信料金はお客様のご負担となります。
※QR コードは株式会社デンソーウェーブの登録商標です。

1 かけ算

ぴったり1 じゅんび　2ページ

1 (1)①9　②9　③4　④4　(2)0、0、0　(3)3、0、0　(4)4、13、13

ぴったり2 練習　3ページ

1 ①0　②0
③0　④0

2 ①0　②0
③0　④0

3 ①5点のところ…5×2
3点のところ…3×0
1点のところ…1×7
0点のところ…0×1
②5点のところ…10
3点のところ…0
1点のところ…7
0点のところ…0
③17点

てびき

1 どんな数に0をかけても、答えは0になります。

2 0にどんな数をかけても、答えは0になります。

3 ①得点をもとめる式は、
はいったところの点×はいった数
になります。
③得点の合計は、②でもとめた得点をすべてたします。
10+0+7+0=17　　17点

ぴったり1 じゅんび　4ページ

1 (1)6　(2)5

2 2

3 (1)8、16　(2)4、16

ぴったり2 練習　5ページ

❶ ①2　②6
③4　④8
⑤6　⑥5

❷ ①㋐4　㋑54
②㋕2　㋖16　㋗40　㋘56

❸ または、

❹ ①前からかける…(2×3)×3＝18
あとの2つを先にかける…2×(3×3)＝18
②前からかける…(4×2)×3＝24
あとの2つを先にかける…4×(2×3)＝24

てびき

❶ ①かける数が1ふえると、答えはかけられる数だけ大きくなります。2のだんでは、かける数が1ふえると、答えは2大きくなります。

②③かける数が1へると、答えはかけられる数だけ小さくなります。6のだんでは、かける数が1へると、答えは6小さくなります。4のだんでは、かける数が1へると、答えは4小さくなります。

④⑤⑥かけられる数とかける数を入れかえて計算しても、答えは同じになります。

❷ かけ算では、かけられる数やかける数を分けて計算しても、答えは同じになります。
①6を2と4に分けて計算します。
②7を2と5に分けて計算します。

❸ かけ算では、かけられる数やかける数を分けて計算しても、答えは同じになります。
図を使(つか)うと、このきまりが正しいことがわかります。

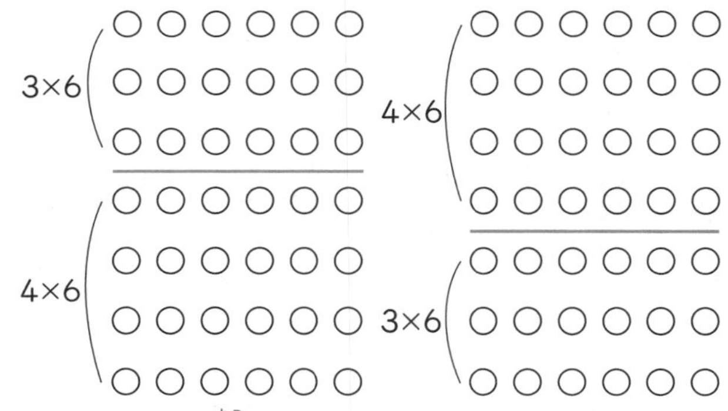

たてに7、横(よこ)に6ならんでいるので、たての7を3と4、または4と3に分けます。

❹ (　)の中を先に計算します。
3つの数をかけるときは、計算するじゅんじょをかえてかけても、答えは同じになります。
①(2×3)×3＝6×3＝18
2×(3×3)＝2×9＝18
②(4×2)×3＝8×3＝24
4×(2×3)＝4×6＝24

ぴったり1 じゅんび 6ページ

1 (1)72、80、80 (2)10、80

2 (1)1、2、3 (2)6、6

ぴったり2 練習 7ページ

1 ①50 ②20 ③90
④60 ⑤40 ⑥70
⑦10 ⑧30 ⑨100

2 ①4 ②9
③6 ④4
⑤9 ⑥8
⑦7 ⑧5

3 式(しき) 3×10=30
式 10×3=30　　答え 30こ

てびき

1 ①5×10=5×9+5
5×9=45だから、5×10=45+5で50
⑤10×4=4×10　4×10=4×9+4
だから、4×10=36+4で40
⑨10×10=10×9+10
10×9=9×10で
9×10=9×9+9で90だから
10×10=90+10で100

2 ①3のだんの九九にあてはめます。
②5のだんの九九にあてはめます。
③8のだんの九九にあてはめます。
④□×4=4×□なので、4のだんの九九にあてはめます。
⑤□×2=2×□なので、2のだんの九九にあてはめます。
⑥□×7=7×□なので、7のだんの九九にあてはめます。
⑦□×9=9×□なので、9のだんの九九にあてはめます。
⑧□×6=6×□なので、6のだんの九九にあてはめます。

3 かける数が10のときとかけられる数が10のときについて、それぞれ式を考えます。
10×3=3×10
3×10=3×9+3だから、
3×10=27+3で30

ぴったり3 たしかめのテスト 8～9ページ

1 ①0 ②0
③0 ④0

2 ①2 ②8
③5 ④7
⑤4 ⑥16

てびき

1 どんな数に0をかけても、また0にどんな数をかけても、答えは0になります。

2 どんなかけ算のきまりが使えるか考えます。
①②かけられる数とかける数を入れかえて計算しても、答えは同じになります。
③④かける数が1ふえると、答えはかけられる数だけ大きくなり、かける数が1へると、答えはかけられる数だけ小さくなります。
⑤⑥3つの数をかけるときは、計算するじゅんじょをかえてかけても、答えは同じになります。

❸ ①8　②9
③3　④7
⑤4　⑥5

❸ ④□×5＝5×□なので、5のだんの九九をあてはめます。
⑤□×7＝7×□なので、7のだんの九九をあてはめます。
⑥□×8＝8×□なので、8のだんの九九をあてはめます。

❹ ①㋐3　㋑40
②㋕15　㋖5　㋗40

❹ かける数やかけられる数を分けて計算しても、答えは同じになります。

❺ ①40　②60

❺ ①4×10＝4×9＋4＝36＋4＝40
②10×6＝6×10
6×10＝6×9＋6＝54＋6＝60

❻ ①式（しき）　(2×2)×3＝12　　答え　12こ
②式　2×(2×3)＝12　　答え　12こ

❻ ①(2×2)×3＝4×3＝12
②2×(2×3)＝2×6＝12

❼ ①（れい）5、4
②（①の（れい）のとき）

❼ 答えは、9を5と4に分けたれいです。

7×5　7×4

ほかにも、1と8、2と7、3と6、…などに分けることができます。

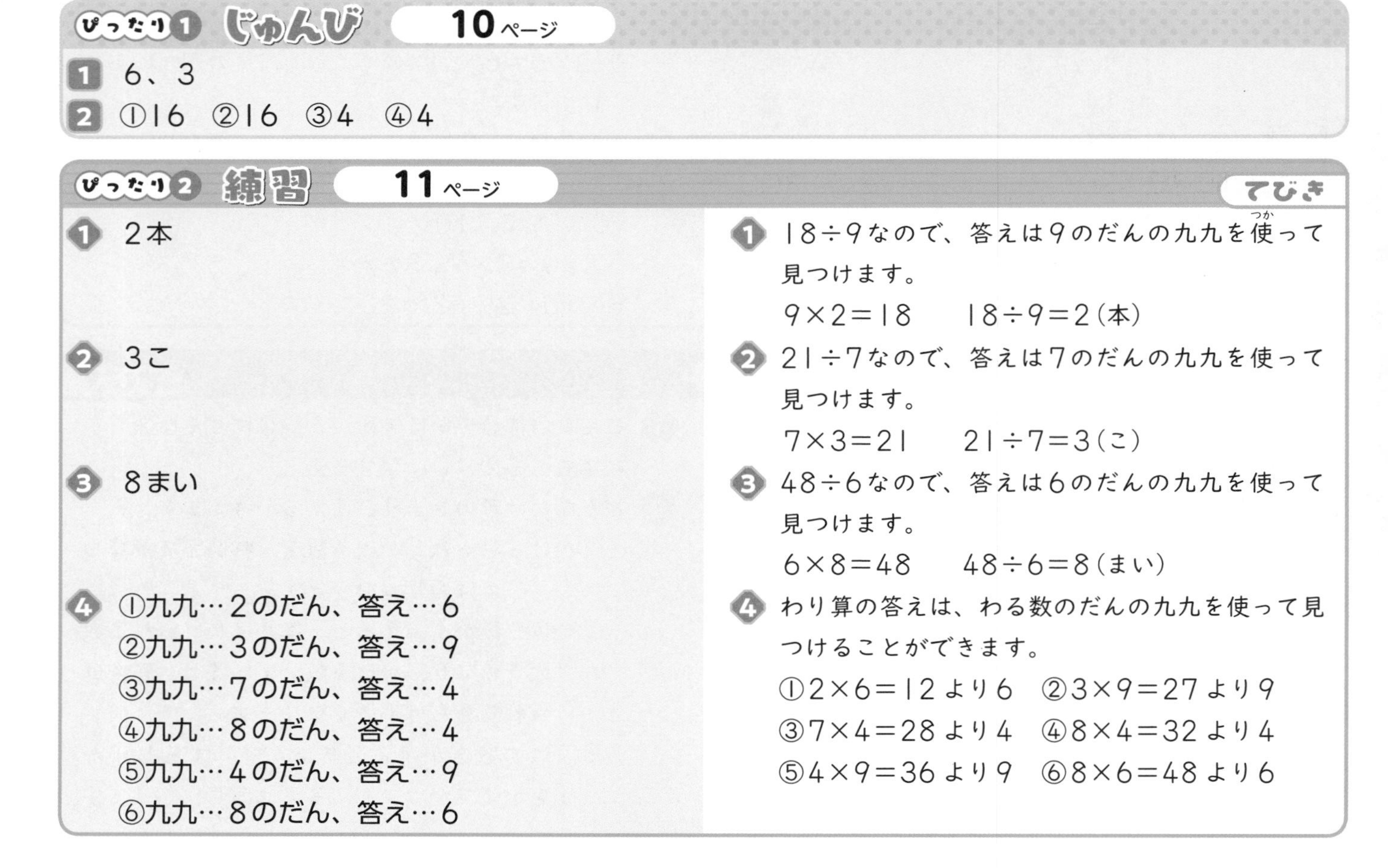

2 わり算

ぴったり1 じゅんび　10ページ

1 6、3
2 ①16　②16　③4　④4

ぴったり2 練習　11ページ

てびき

❶ 2本

❶ 18÷9なので、答えは9のだんの九九を使（つか）って見つけます。
9×2＝18　18÷9＝2（本）

❷ 3こ

❷ 21÷7なので、答えは7のだんの九九を使って見つけます。
7×3＝21　21÷7＝3（こ）

❸ 8まい

❸ 48÷6なので、答えは6のだんの九九を使って見つけます。
6×8＝48　48÷6＝8（まい）

❹ ①九九…2のだん、答え…6
②九九…3のだん、答え…9
③九九…7のだん、答え…4
④九九…8のだん、答え…4
⑤九九…4のだん、答え…9
⑥九九…8のだん、答え…6

❹ わり算の答えは、わる数のだんの九九を使って見つけることができます。
①2×6＝12より6　②3×9＝27より9
③7×4＝28より4　④8×4＝32より4
⑤4×9＝36より9　⑥8×6＝48より6

ぴったり1 じゅんび 12ページ

1 9、3
2 ①18 ②18 ③3 ④3

ぴったり2 練習 13ページ

1 8人
2 8本
3 8つ
4 ①2 ②2 ③7
④9 ⑤4 ⑥6
⑦9 ⑧9 ⑨3

てびき

1 24÷3なので、答えは3のだんの九九を使って見つけます。
3×8=24　24÷3=8　8人
2 64÷8なので、答えは8のだんの九九を使って見つけます。
8×8=64　64÷8=8　8本
3 56÷7なので、答えは7のだんの九九を使って見つけます。
7×8=56　56÷7=8　8つ
4 わる数のだんの九九を使って答えをもとめます。
①6のだんの九九より、6×2=12で2
②2のだんの九九より、2×2=4で2
③5のだんの九九より、5×7=35で7

ぴったり1 じゅんび 14ページ

1 (1)8 (2)1 (3)0
2 (1)20、20 (2)10、1、11

ぴったり2 練習 15ページ

1 ①0 ②3 ③1
④1 ⑤0 ⑥2
⑦1 ⑧9 ⑨0
2 ①30 ②30
③33 ④11
⑤11 ⑥32
3 10こ
4 12こ

てびき

1 ①⑤⑨わられる数が0のとき、答えは0になります。
②⑥⑧わる数が1のとき、答えはわられる数と同じになります。
③④⑦わられる数とわる数が同じとき、答えはいつも1になります。
2 答えが九九にないわり算は十の位(くらい)と一の位に分けて計算します。
④44は40と4
40÷4=10
4÷4=1
あわせて 11
3 50÷5=10　10こ
4 36÷3=12　12こ

ぴったり3 たしかめのテスト 16〜17ページ

1 ㋑
2 ①九九…4のだん、答え…4
②九九…9のだん、答え…3

てびき

1 ㋐は、8×2の式になります。
㋒は、8−2の式になります。
2 わり算の答えは、わる数のだんの九九を使ってもとめます。
①4×4=16で4 ②9×3=27で3

3 ①5　②8　③9
④4　⑤3　⑥6
⑦7　⑧20　⑨13

3 ①～⑦は、わる数のだんの九九を使って答えを見つけます。
⑧10が何こか考えて計算します。
80は10が8こ。
8÷4＝2　　10が2こで20
⑨十の位と一の位に分けて計算します。
26は20と6
20÷2＝10
6÷2＝ 3
〉あわせて13

4 ①1　②0　③6

4 ①わられる数とわる数が同じなので、答えは1になります。
②わられる数が0なので、答えは0になります。
③わる数が1なので、答えはわられる数と同じ6になります。

5 ①式　54÷6＝9　　答え　9こ
②式　54÷6＝9　　答え　9人

5 ①と②では式が同じでも、もとめているものがちがうので、単位に気をつけましょう。

6 式　32÷8＝4　　答え　4人

6 全員の人数÷はんの数＝1つのはんの人数

7 式　30÷3＝10　　答え　10たば

7 10が何こか考えて計算します。30は10が3こ。
3÷3＝1　10が1こで10

8 式　64÷2＝32　　答え　32本

8 全部の数÷箱の数＝1箱分の数

3 時間の計算と短い時間

ぴったり1 じゅんび　18ページ

1 (1)9、10　(2)30

2 180

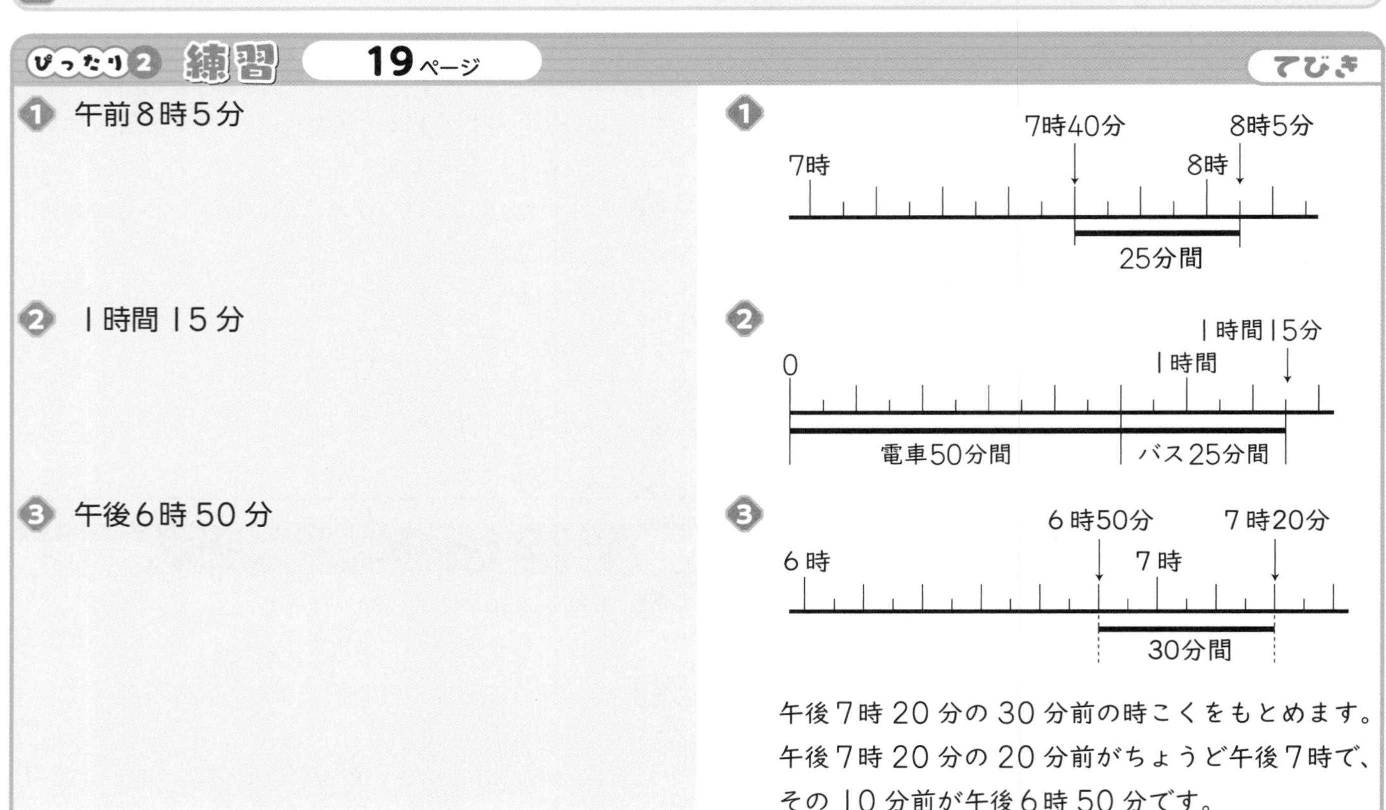

ぴったり2 練習　19ページ　てびき

1 午前8時5分

2 1時間15分

3 午後6時50分

午後7時20分の30分前の時こくをもとめます。
午後7時20分の20分前がちょうど午後7時で、その10分前が午後6時50分です。

❹ ①240　②2
③1、50

❹ 1分＝60秒をもとに考えます。
①60＋60＋60＋60＝240(秒)
②120秒は60秒の2つ分なので2分です。
③110－60＝50(秒)より、110秒は、1分と50秒です。

ぴったり3 たしかめのテスト 20〜21ページ

てびき

❶ ㋒

❷ ①300　②3
③1、10　④80

❷ 1分＝60秒をもとに考えます。
①60＋60＋60＋60＋60＝300(秒)
②180秒は60秒の3つ分なので3分です。
③70－60＝10(秒)より、70秒は、1分と10秒です。
④60＋20＝80(秒)

❸ ①午前8時50分
②午後3時20分
③午後5時30分
④午前8時40分
⑤1時間(60分間)
⑥1時間15分(75分間)

❸ ①
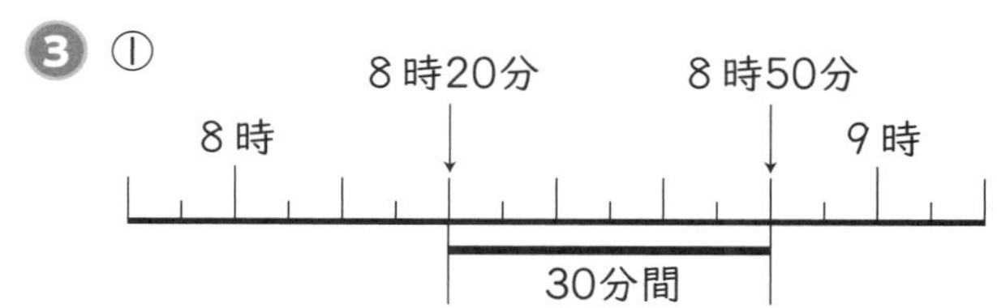

②
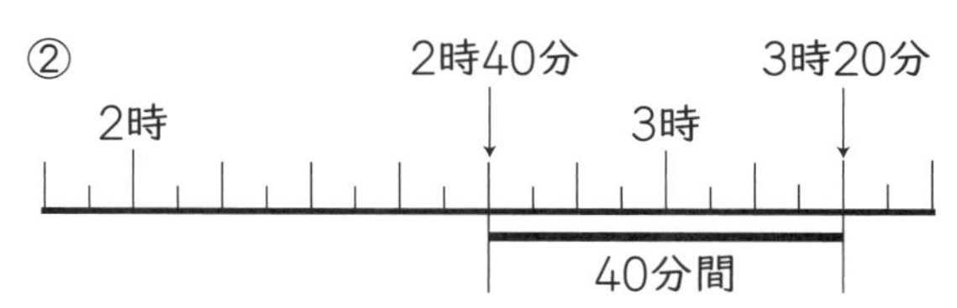

③
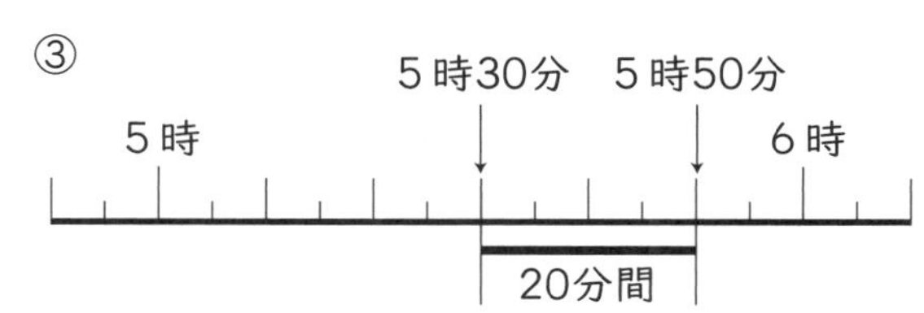

④
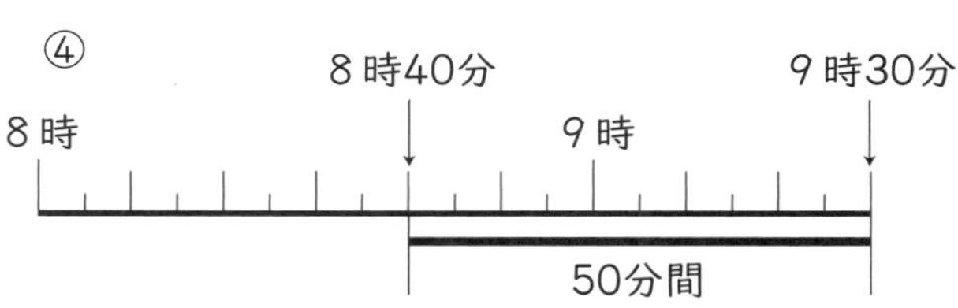

午前9時30分の30分前がちょうど午前9時で、その20分前が午前8時40分です。

⑤
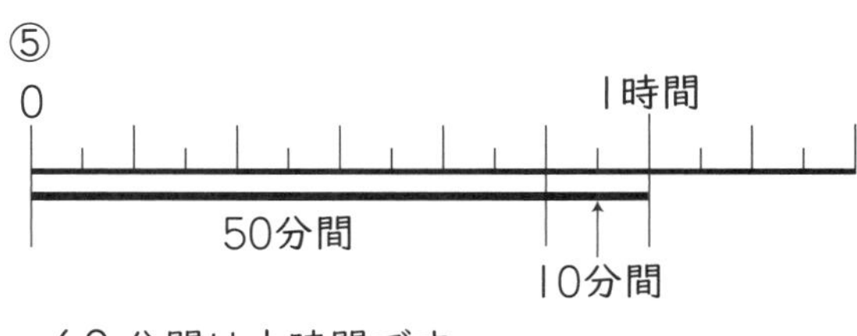

60分間は1時間です。

❹ 30分間

❺ 50分間

❻ ①午前7時55分
②午後4時25分

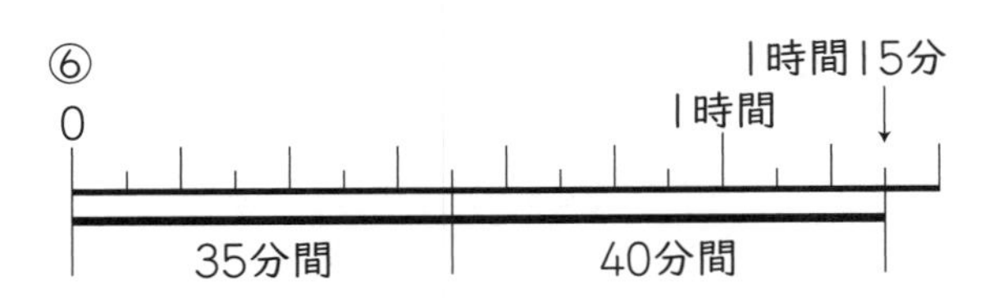

75分間は1時間15分です。

❹
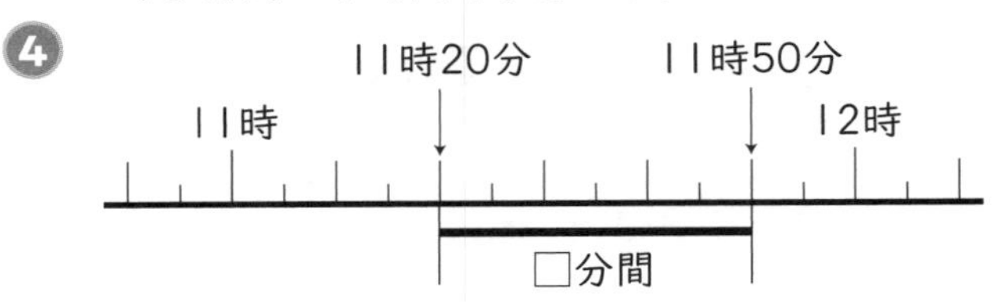

❺
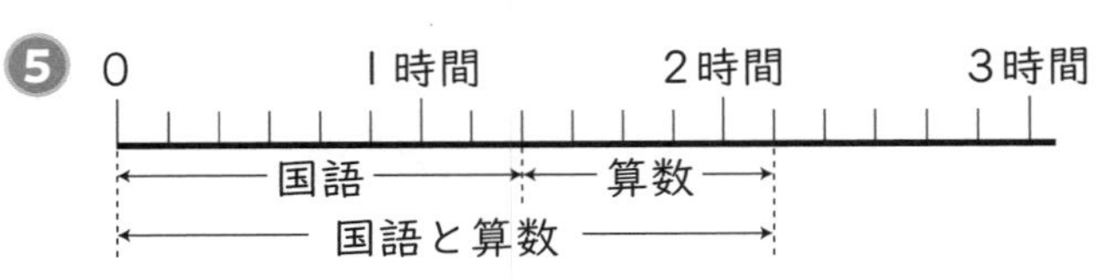

1めもりが10分間なので、算数は50分間です。

❻
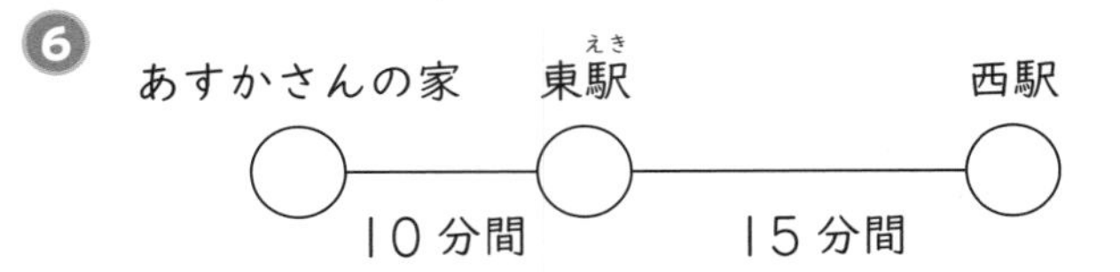

①まず、西駅に午前8時20分に着くには、東駅で何時何分の電車に乗ればよいか考えます。東駅と西駅の間は15分間かかるので、午前8時20分の15分前の時こくをもとめると、午前8時5分になります。時こく表に8時5分の電車があるので、この電車に乗ればよいことがわかります。
次に、東駅に午前8時5分に着くには、家を何時何分に出ればよいか考えます。家から東駅まで10分間かかるので、この電車に乗るためには、家を午前7時55分に出て、東駅に行けばよいです。

②あすかさんが東駅に着くのは午後4時20分の15分後なので、午後4時35分です。
お母さんが、午後4時35分に東駅に着くには、家を何時何分に出ればよいかを考えます。
家から東駅までは10分間かかるので、午後4時35分の10分前である午後4時25分に家を出ればよいです。

④ たし算とひき算

ぴったり1 じゅんび 22ページ

1 (1)①1　②0　③6　④601
(2)①8　②7　③14　④1478

ぴったり2 練習 23ページ

1
① 125 + 523 = 648
② 359 + 328 = 687
③ 472 + 481 = 953

2
① 267 + 185 = 452
② 166 + 67 = 233
③ 704 + 798 = 1502
④ 953 + 587 = 1540

3 1202、1202
(れい)たされる数とたす数を入れかえても、答えは同じになる。

4 732人

てびき

1 位(くらい)をたてにそろえてかき、くり上がりに気をつけて計算しましょう。

2 ①②十の位と百の位に1くり上げるたし算です。
③④十の位と百の位だけでなく、千の位にも1くり上げるたし算です。

3 たし算では、たされる数とたす数を入れかえても、答えは同じになります。

4 378＋354＝732　　732人
筆算(ひっさん)で計算しましょう。
378 + 354 = 732

ぴったり1 じゅんび 24ページ

1 (1)①8　②6　③2　④268
(2)①9　②6　③1　④169

ぴったり2 練習 25ページ　てびき

❶ ① $387-123=264$　② $837-254=583$
③ $461-125=336$　④ $417-138=279$
⑤ $942-76=866$　⑥ $734-686=48$

❷ ① $802-268=534$　② $504-28=476$
③ $308-9=299$　④ $701-306=395$

❸ ① $256-171=85$　② $502-379=123$

❹ 98まい

てびき

❶ たし算と同じように位(くらい)をたてにそろえてかき、くり下がりに気をつけて計算しましょう。

❷ ひかれる数の十の位が0で、百の位から十の位へ、十の位から一の位へくり下げるひき算なので、十の位の計算に気をつけましょう。

❸ ①十の位の計算をするときに、百の位からくり下げたから、百の位の計算は2−1−1=0です。
②百の位と十の位の計算をまちがえています。

❹ 206−108=98　98まい
筆算(ひっさん)で計算しましょう。
$206-108=98$

ぴったり1 じゅんび 26ページ

1 (1)①8　②2　③6　④6285
(2)①8　②2　③3　④3281

2 100、225

ぴったり2 練習 27ページ　てびき

❶ ① $1253+1382=2635$　② $4246+3198=7444$
③ $3513+2696=6209$　④ $6439+2649=9088$
⑤ $1254+1748=3002$　⑥ $2916+375=3291$

❷ ① $6537-3709=2828$　② $5721-1453=4268$
③ $1356-566=790$　④ $1007-489=518$
⑤ $1000-371=629$　⑥ $1003-64=939$

てびき

❶ 3けたの数のたし算と同じように、位をたてにそろえて計算します。
けた数がふえるので、とくにくり上がりに気をつけて計算しましょう。

❷ 3けたの数のひき算と同じように、位をたてにそろえて計算します。
けた数がふえるので、とくにくり下がりに気をつけて計算しましょう。

3 ①457 ②396
③628 ④884

3 100や何百になる計算を先にすると、計算がかんたんになります。
①357＋(42＋58)＝357＋100＝457
②296＋(81＋19)＝296＋100＝396
③428＋(37＋163)＝428＋200＝628
④となりあった計算が何百にならなくても、じゅんばんをかえると何百になることもあります。
545＋184＋155＝(545＋155)＋184
＝700＋184＝884

ぴったり1 じゅんび 28ページ

1 しかた1…90、13、103
しかた2…103、103

2 しかた1…72、66、66
しかた2…66、66

ぴったり2 練習 29ページ

てびき

1 ①しかた1…60、17、77
しかた2…77、77
②しかた1…73、66、66
しかた2…66、66

2 ①75 ②77 ③92
④60 ⑤82 ⑥84
⑦112 ⑧142 ⑨100

3 ①34 ②46 ③11 ④44
⑤7 ⑥77 ⑦62 ⑧48 ⑨79

2 3 たし算やひき算の暗算(あんざん)は、かけ算やわり算の勉強(べんきょう)をしていくときに使(つか)うので、自分のしやすい方法(ほうほう)で正しく計算できるようにしておきましょう。

ぴったり3 たしかめのテスト 30～31ページ

てびき

1 ❶①1 ②9 ③10
❷①1 ②7 ③4 ④12
❸①6 ②1 ③8

2 ①579 ②637 ③708
④823 ⑤643 ⑥1445
⑦6877 ⑧9143 ⑨7063

3 ①452 ②533 ③175
④505 ⑤166 ⑥395
⑦1825 ⑧5776 ⑨932

4 式(しき) 366＋257＝623 答え 623円

5 式 804－115＝689 答え 689円

6 ①式 1275＋1434＝2709
答え 2709人
②式 1434－1275＝159
答え 子どもが159人多く来た。

1 十の位、百の位の計算では、くり上がりの1に気をつけます。
671＋149＝820

2 3 くり上がりやくり下がりに気をつけて計算しましょう。答えも、位がたてにそろうようにかきます。

4 クッキーとチョコレートのねだんをあわせるので、たし算です。

5 のこりをもとめるので、ひき算です。

6 ②人数の多いほうから少ないほうをひきます。

7 ①㋐6　㋑7　㋒6
②㋕2　㋖7　㋗2

7 一の位からじゅんに考えます。
①一の位…2＋㋑＝9ですから、㋑にあてはまる数は、9−2＝7です。
十の位…㋐＋7＝3のようですが、この3は13の3だと考えられます。よって、㋐＋7＝13ですから、㋐にあてはまる数は、13−7＝6です。
百の位…十の位から1くり上がるから、㋒＝1＋3＋2＝6です。
②一の位…㋕−5＝7ですが、㋕が1けたの数では、この計算はできません。したがって、十の位から1くり下げて、㋕を2けたの数にします。すると、㋕にあてはまる数は、12の2だとわかります。
十の位…一の位へ1くり下げたので、3−㋖＝6になります。この計算はできないので、3は13の3であることがわかります。したがって、13−㋖＝6となるので㋖にあてはまる数は7です。
百の位…十の位へ1くり下げたので、㋗＝6−4＝2

8 ①246　②736

8 100や何百になる計算を先にします。
①146＋53＋47＝146＋(53＋47)
＝146＋100＝246
②228＋236＋272＝(228＋272)＋236
＝500＋236＝736

5 ぼうグラフ

ぴったり1 じゅんび　32ページ

1 ㋐ドッジボール　㋑7　㋒サッカー　㋓9　㋔テニス　㋕4　㋖野球　㋗6
㋘バレーボール　㋙2　㋚水泳　㋛3　㋜2　㋝33

ぴったり2 練習　33ページ

1 ①㋐10　㋑8　㋒4　㋓3　㋔5　㋕30
②青色　③4人

2 ①㋐(れい)かっているペット調べ　㋑犬
㋒12　㋓ねこ　㋔6　㋕小鳥　㋖4
㋗ハムスター　㋘3　㋙その他　㋚2
㋛27
②犬　③6人

てびき

1 「正」の字は、次の数を表しています。
一…1　T…2　下…3　正(4画)…4　正…5
正一…6　正T…7　正下…8　正正(4画)…9
正正…10

2 ①「その他」は、表のいちばん最後にかきます。

ぴったり1 じゅんび 34ページ

1 ①4　②9　③3　④6

2

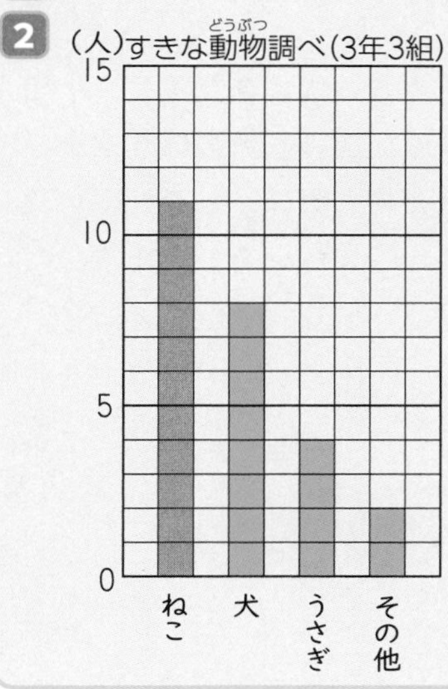

ぴったり2 練習 35ページ

1 ①2m　②かおり　③4m
④㋐20　㋑30　㋒14

2 ①5月…5、6月…10
②正しくない

てびき

1 ①めもり5つ分で10mを表しています。
めもり1つ分は、10÷5でもとめられます。
10÷5=2なので、1めもりは2mを表しています。
②ぼうの長さがいちばん長い人です。
③記録のちがいは2めもり分の大きさです。1めもりは2mを表しているので、2めもりは4mを表します。
④㋒1めもりは2mを表しています。もえさんは、7めもり分だから、14mです。

2 ②ぼうの長さが同じでも、1めもりの大きさがちがうから、人数は同じではありません。

ぴったり1 じゅんび 36ページ

1 ①10　②8　③6　④3　⑤27
⑥30　⑦28　⑧13　⑨9　⑩80

2 あ、い

ぴったり2 練習 37ページ　てびき

❶ ①

すきなスポーツ調べ(3年生)　(人)

スポーツ ＼ 組	1組	2組	合計
サッカー	9	8	17
野球	7	7	14
ドッジボール	10	8	18
水泳	2	6	8
その他	4	2	6
合計	32	31	63

②63人

③

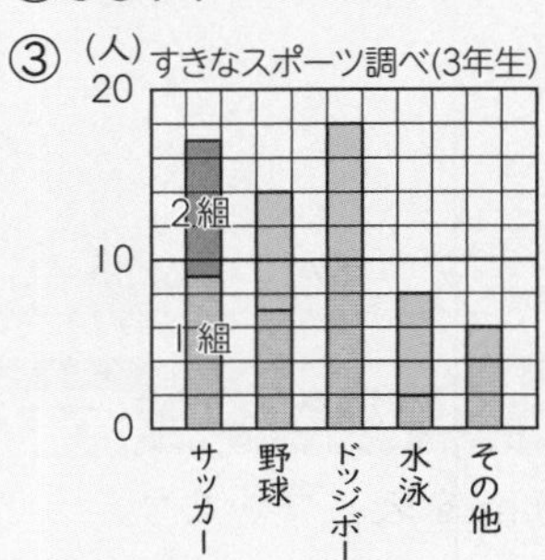

❶ ②表の右下の合計を見ると、3年生全体の人数がわかります。

③ぼうグラフは、サッカーのぼうを見ると、1組の人数のぼうの上に、2組の人数のぼうをかいていることがわかります。野球、ドッジボール、水泳、その他も同じようにかいていきます。

ぴったり3 たしかめのテスト 38～39ページ　てびき

❶ ㋐8　㋑9　㋒6　㋓4　㋔2

❷ ①1めもり…20まい
ぼうの長さ…100まい

②1めもり…50 mL
ぼうの長さ…150 mL

❶ 「正」の字の使い方をおぼえておきましょう。

❷ ①めもり2つ分で40まいを表しているので、めもり1つ分は、40まいの半分で20まいを表しています。また、ぼうの長さは、80まいとめもり1つ分です。1めもりは20まいを表しているので、80まいと20まいで100まいになります。

②めもり2つ分で100 mLを表しているので、めもり1つ分は、100 mLの半分で50 mLを表しています。また、ぼうの長さは、100 mLとめもり1つ分です。1めもりは50 mLを表しているので、100 mLと50 mLで150 mLになります。

❸ ㋐35

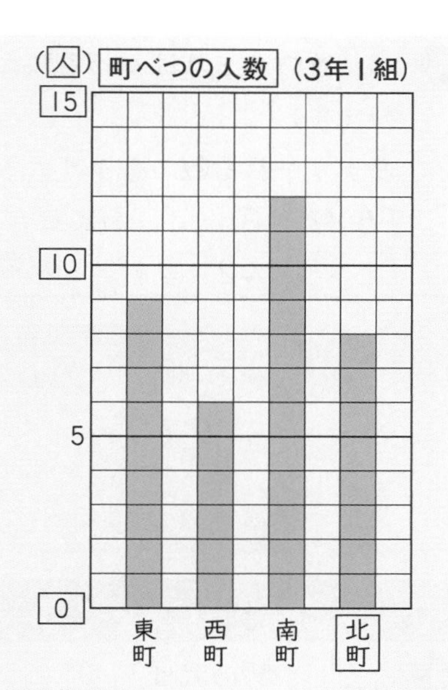

❸ ㋐は、9＋6＋12＋8でもとめます。
9＋6＋12＋8＝35 で、35 人です。

❹ ①1本
②青空チーム
③9本

❹ ①めもり5つ分で5本を表しているので、めもり1つ分は1本を表しています。
②ぼうがいちばん長いチームです。
③5本とあと4めもりなので、9本です。

❺ ①10円
②80円
③キャベツ

❺ ①めもり5つ分で50円を表しているので、めもり1つ分は10円を表しています。
②50円とあと3めもりなので、80円です。
③150円のめもりよりぼうが長いやさいを答えます。

❻ ①3年生の男子の人数
②㋑17　㋒36　㋓107

❻ ②㋑36－19＝17、または、
53－18－18＝17
でもとめられます。
㋒18＋18＝36 でもとめられます。
㋓36＋36＋35＝107、または、
54＋53＝107 でもとめられます。

6 あまりのあるわり算

ぴったり1 じゅんび　40ページ

1 ㋿ない　ⓘある　ⓤない　ⓔある
㋿、ⓤ

2 ①2　②3　③2　④3

ぴったり2 練習　41ページ

❶ ①1あまり1　②2あまり2　③2あまり2
④4あまり1　⑤7あまり3　⑥8あまり2
⑦5あまり6　⑧8あまり6　⑨9あまり2

❷ 7本できて、7cm あまる。

❸ 1人分は6本になって、2本あまる。

てびき

❶ あまりがわる数より小さくなっているかたしかめましょう。

❷ 70÷9＝7あまり7

❸ 50÷8＝6あまり2

❹ 7あまり4

❹ わり算のあまりは、わる数よりかならず小さくなります。
あまりがわる数の6より大きいので、
「6×6=36　10あまる」の次の、
「6×7=42　4あまる」から答えをもとめます。

ぴったり1 じゅんび　42ページ

1 (1)①4　②3
(2)①2　②44　③6　④1

2 ①4　②1　③7　④7

ぴったり2 練習　43ページ

❶ ①式　40÷9=4あまり4
答え　4人に配れて、4こあまる。
②9×4+4=40

❷ ①答え…7あまり4
たしかめ…5×7+4=39
②答え…7あまり6
たしかめ…7×7+6=55

❸ 7きゃく

❹ 4こ

てびき

❶ ②たしかめの式は、
1人分の数×人数+あまり=全部の数

❷ あまりがわる数より小さくなっているかたしかめましょう。

❸ 34÷5=6あまり4　6+1=7
長いすが6きゃくでは、5×6=30で、30人しかすわれません。あと4人すわるには、長いすがもう1きゃくいります。34人全員がすわるには、6+1=7で、長いすは7きゃくいります。

❹ 18÷4=4あまり2
けん4まいで、おかしが1こもらえるので、あまりの2まいではおかしはもらえません。だから、もらえるおかしは4こです。

□□□□　□□□□　□□□□　□□□□　□□
おかし1こ分　おかし1こ分　おかし1こ分　おかし1こ分

1 あ、う

2 ①7あまり1　②3あまり2

3 ①答え…6あまり1
たしかめ…$3 \times 6 + 1 = 19$
②答え…8あまり2
たしかめ…$7 \times 8 + 2 = 58$
③答え…7あまり2
たしかめ…$4 \times 7 + 2 = 30$
④答え…3あまり3
たしかめ…$8 \times 3 + 3 = 27$
⑤答え…7あまり6
たしかめ…$9 \times 7 + 6 = 69$
⑥答え…6あまり1
たしかめ…$6 \times 6 + 1 = 37$
⑦答え…5あまり4
たしかめ…$5 \times 5 + 4 = 29$
⑧答え…8あまり2
たしかめ…$8 \times 8 + 2 = 66$
⑨答え…5あまり5
たしかめ…$7 \times 5 + 5 = 40$
⑩答え…5あまり2
たしかめ…$9 \times 5 + 2 = 47$

4 式　$36 \div 8 = 4$あまり4
答え　4人に配れて、4本あまる。

5 式　$50 \div 6 = 8$あまり2　$8 + 1 = 9$
答え　9回

6 式　$27 \div 5 = 5$あまり2　答え　5こ

はってん

1 ①7　②63　③2
④7　⑤2

てびき

1 九九で、わりきれるかわりきれないかたしかめましょう。

2 ①あまりがわる数より大きくなっています。
あまり6ということは、わる数の5がもう1つとれるということです。
②$9 \times 3 + 1 = 28$　29より1小さいので、あまりを1大きくします。

3 あまりがわる数より小さくなっているかたしかめましょう。
たしかめの式でもとめた答えが、わられる数と同じになればあっています。

4 全部の数÷1人分の数　で答えをもとめます。

5 8回では、$6 \times 8 = 48$で、48さつしか運(はこ)べません。のこりの2さつを運ぶのに、もう1回かかります。
50さつの本を運ぶには、$8 + 1 = 9$で、9回かかります。

6 スタンプ5こでメダルが1こもらえるので、あまりの2こではメダルはもらえません。だから、もらえるメダルの数は5こになります。

1 ①の数が答え、③の数があまりになります。

7 大きい数

ぴったり1 じゅんび 46ページ

1 ①2 ②4 ③8 ④1

2 ①100 ②99998200 ③100000000

ぴったり2 練習 47ページ

❶ ①三万二千五百八十六
②千三十九万六千五百八

❷ ①58165 ②80063002

❸ ①836040 ②50900000

❹ ①280000 ②63 ③490

❺ ①ア…350000 イ…590000
②
300000 400000 500000 600000
↑
540000

てびき

❶ 一の位（くらい）からじゅんにかぞえて、いちばん大きい位が何の位なのかたしかめましょう。

❷ ②百万の位と十万の位、百の位、十の位は数がないので0をかきます。

❸ ①100000を8こで800000、10000を3こで30000、1000を6こで6000、10を4こで40です。百の位と一の位は数がないので0をかきます。
②1000万を5こで50000000、10万を9こで900000です。千万の位が5、十万の位が9になり、それいがいの位は数がないので0になります。

❹ ①10000を10こ集（あつ）めた数が100000なので、10000を20こ集めると200000、10000を8こ集めると80000だから280000になります。

②

6	3	0	0	0	0
	1	0	0	0	0

10000を1と見ると、630000は63こ分です。

③

4	9	0	0	0	0
		1	0	0	0

1000を1と見ると、490000は490こ分です。

❺ 数直線の1めもりは、100000を10等分（とうぶん）しているので10000を表（あらわ）しています。

ぴったり1 じゅんび 48ページ

1 99万、17万

2 (1)> (2)40万、＝

3 (1)80000 (2)3000 (3)83

ぴったり2 練習 49ページ

❶ ①390万 ②8000万
③130万 ④3200万

てびき

❶ ①1万のまとまりで考えると、
230＋160＝390
②1000万のまとまりで考えると、7＋1＝8
③1万のまとまりで考えると、
790−660＝130
④100万のまとまりで考えると、40−8＝32

❷ ①まとまり…1000
答え…53000
②まとまり…10万
答え…530万

❷ 77−24＝53です。
①1000のまとまりが53こです。
②10万のまとまりが53こです。

❸ ①＞　②＜
③＞　④＜
⑤＝

❸ ④1万のまとまりで考えると、
56＋21＝77です。
⑤100万のまとまりで考えると、
30−2＝28です。

❹ ①3、9　②1000　③390

❹ ③39としないように注意しましょう。

ぴったり1 じゅんび　50ページ

1 140
2 1400、14000
3 2

ぴったり2 練習　51ページ

てびき

❶ ①700　②1450　③4060
④5200　⑤48260　⑥30500

❶ もとの数の右に0を1つつけると、10倍した数になります。

❷ ①100倍…67300
1000倍…673000
②100倍…70100
1000倍…701000
③100倍…69000
1000倍…690000
④100倍…118300
1000倍…1183000

❷ もとの数の右に0を2つつけると、100倍した数になります。
もとの数の右に0を3つつけると、1000倍した数になります。

❸ ①9　②78　③40
④549　⑤250　⑥1900

❸ もとの数の一の位の0をとると、10でわった数になります。

ぴったり3 たしかめのテスト　52〜53ページ

てびき

❶ ①2、9
②350000
③27
④10

❶ ①290000は、200000と90000をあわせた数です。
②10000が10こで100000なので、
10000が30こで300000
10000が　5こで　50000
300000と50000で350000になります。
③

2	7	0	0	0	0
	1	0	0	0	0

10000を1と見ると、270000は27こ分になります。

2 ①ア…570000　イ…720000

②

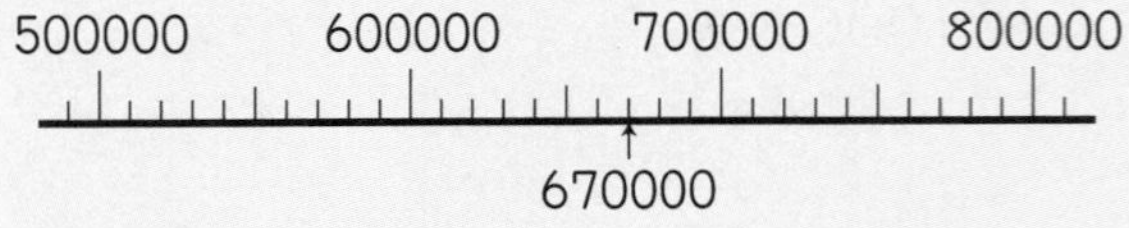

2 ①数直線の１めもりは、100000 を 10 等分しているので、10000 です。
アは、500000 とめもり７つ分です。めもり７つ分は 70000 なので、500000 と 70000 で 570000 になります。
イは、700000 とめもり２つ分です。めもり２つ分は 20000 なので、700000 と 20000 で 720000 になります。
②670000 は、600000 と 70000 をあわせた数なので、600000 からめもり７つ分のところに↑をかきます。

3 ①86000　②7650000
③320000　④590 万(5900000)

3 ①もとの数の右に０を１つつけます。
②もとの数の右に０を２つつけます。
③もとの数の右に０を３つつけます。
④もとの数の一の位の０をとります。

4 ①3296547
②99030050
③70800000
④99999

4 ②十万の位、千の位、百の位、一の位が０になることに気をつけましょう。
③百万の位、一万の位、千の位、百の位、十の位、一の位が０になることに気をつけましょう。

5 ①84 万　②1600 万
③45 万　④700 万

5 １万のまとまりで考えて計算します。
①26 万＋58 万を１万のまとまりで考えると、26＋58＝84　１万が 84 こで 84 万。
②900＋700＝1600　１万が 1600 こで 1600 万。
③64－19＝45　１万が 45 こで 45 万。
④1500－800＝700　１万が 700 こで 700 万。

6 ①＞　②＞
③＝　④＜

6 大きい位からじゅんにくらべます。
③56 万＋14 万＝70 万
等しいので、等号の＝です。
④1300 万＋5 万＝1305 万
1305 万と 1350 万では、1350 万のほうが大きいです。

7 ①6000
②80000
③76
④100

7 ③

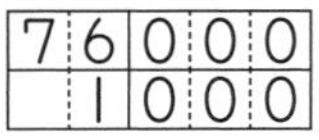

1000 を１と見ると、76000 は 76 こ分になります。

④

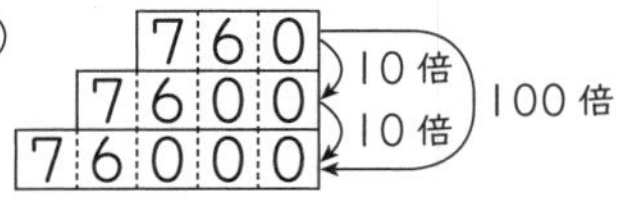

10 倍の 10 倍なので、100 倍になります。

8 ①1000
②100 万

8 58－24＝34
①1000 のまとまりが 34 こで 34000 なので、58000－24000＝34000 になります。
②100 万のまとまりが 34 こで 3400 万なので、5800 万－2400 万＝3400 万になります。

はってん

1
①9876543
②1023456
③4601235

1 ①大きい数字からじゅんに7けたならべていきます。
②小さい数字からじゅんにならべていけばいいのですが、いちばん大きい百万の位に0は使(つか)えません。百万の位は次(つぎ)に小さい1にして、十万の位を0にします。
③・45とならべたとき
百万の位を4、十万の位を5にして、あとはのこりの数字から大きいじゅんにならべていくと、
4598763
4600000−4598763＝1237
・46とならべたとき
百万の位を4、十万の位を6にして、あとはのこりの数字から小さいじゅんにならべていくと、
4601235
4601235−4600000＝1235
1237 > 1235 だから、4601235 がいちばん近い数になります。

8 長さ

ぴったり1 じゅんび 54ページ

1 ㋑、㋓
2 1150、1、150

ぴったり2 練習 55ページ

1 ①1cm
②ア…2m 20cm　イ…2m 42cm
ウ…3m 4cm　エ…3m 39cm

てびき

1 ①10cm から 20cm の間が 10 等分されています。つまり、10cm が 10 等分されているので、1めもりは 1cm です。
②まきじゃくをよく見ると、とちゅうに 2m と 3m のめもりがあります。だから、ア、イは、それぞれ 2m 20cm、2m 42cm となります。アを 20cm、イを 42cm としないように気をつけましょう。

❷ ①m　②mm　③km　④cm
❸ ①1km 80m
②700m
③220m

❸ ①道のりは、道にそってはかった長さなので、次(つぎ)のように長さをたしてもとめます。
280＋240＋560＝1080(m)
1080m＝1km 80m
「何km何mですか」と聞いているので、
1080mと答えないように気をつけましょう。
②きょりは、まっすぐにはかった長さです。
③こうきさんの家から学校までの道のりは①でもとめているのでそれを使(つか)い、ゆうきさんの家から学校までの道のりをもとめてくらべます。
ゆうきさんの家から学校までの道のりは、
420＋440＝860(m)
ちがいをもとめるので、長いほうから短(みじか)いほうをひきます。1080－860＝220(m)

ぴったり3 たしかめのテスト 56～57ページ

てびき

❶ ①km　②cm　③m　④m

❶ それぞれの長さを思いうかべて、あてはまる長さの単位(たんい)をかきましょう。

❷ ㋑、㋒、㋕

❷ まきじゃくは、㋑のようにまるいものや、㋒、㋕のように長いところの長さをはかるときに使うとべんりです。

❸ ①5　②4、30
③20000　④3100

❸ 1km＝1000mをもとに考えます。
① 5倍(ばい)　1000m＝1km　5倍
5000m＝5km
②4030mは4000mと30m
4000m＝4kmなので、4km 30m
③ 2倍　1km＝　1000m　2倍
10倍　2km＝　2000m　10倍
20km＝20000m
④3km＝3000mなので、3000mと100mで3100m

❹ ア…4m 20cm　イ…4m 55cm
ウ…4m 79cm　エ…5m 3cm

❹ まきじゃくの1めもりは、1cmです。

❺ 道のり…1km 850m
きょり…1km 300m
ちがい…550m

❺ 道のりは、600mと1km 250mをたした長さです。単位が同じ600mと250mをたして850m、1kmと850mで1km 850mになります。
きょりは、まっすぐにはかった長さなので、
1km 300mです。
ちがいは、長いほうから短いほうをひけばいいので、1km 850m－1km 300mを計算します。
同じ単位どうしで計算するので、1km－1kmは0、850m－300mは550m
よって、ちがいは550mになります。

❻ ①900 m
②950 m
③1100 m、1 km 100 m
④交番の前を通るほうが 150 m 近い。

❻ ①きょりはまっすぐにはかった長さです。
②道のりは、家から交番までと、交番から公園までの2つの長さをたしてもとめます。
550 m＋400 m＝950 m
③道のりは、家から学校までと、学校から公園までの2つの長さをたしてもとめます。
480 m＋620 m＝1100 m
1100 m は 1000 m と 100 m なので、
1 km 100 m です。
④②と③でもとめた道のりのちがいをもとめます。
交番の前を通る…950 m
学校の前を通る…1100 m
1100－950＝150(m)

❾ 円と球

ぴったり1 じゅんび 58ページ

1 (1)10 (2)5 (3)5
2 (1)㋒ (2)㋑ (3)㋐

ぴったり2 練習 59ページ

てびき

❶ ①直線イオ
②直径（ちょっけい）
③4 cm
④2 cm

❷ ①

②

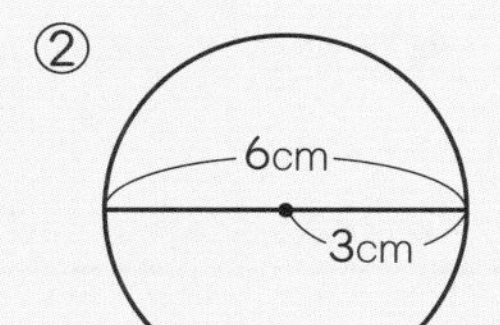

❸ ①20 cm
②20cm
③60 cm

❶ 円のまわりからまわりまでひいた直線のうち、円の中心を通るものを直径といい、いちばん長い直線です。直径は半径（はんけい）の2倍（ばい）の長さです。

❷ それぞれの半径の長さにコンパスを開（ひら）いて、円をかきます。
②直径6cm の円の半径は3cm です。

❸ ①直径は半径の長さの2倍です。
②ボールが箱（はこ）にぴったりとはいっているので、㋐の長さとボールの直径の長さは同じになります。
③㋑の長さは、ボールの直径の3つ分の長さなので、20＋20＋20＝60 で、60 cm です。

ぴったり3 たしかめのテスト 60〜61ページ

てびき

❶ ①中心、半径、直径
②3
③2
④円

❶ ②半径は直径の半分の長さです。
③直径は半径の2倍の長さ、半径は直径の半分の長さをわすれないようにしましょう。
④球（きゅう）の切り口はどこも円になります。

❷ ① ②

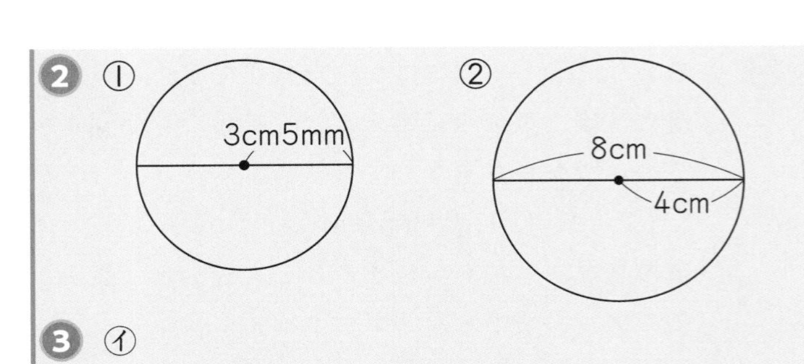

❷ 円をかくときは、コンパスを使い、コンパスを半径の長さに開いてかきます。
①コンパスを3cm5mmに開きます。
②コンパスを8cmの半分の長さ、4cmに開きます。

❸ ㋑

❸ ㋐ ㋑
コンパスで左からじゅんに長さをうつし取っていきます。コンパスは円をかくときだけでなく、長さをうつし取ったり、区切ったりするときにも使います。

❹ ①イ
②2cm
③8cm

❹ ②小さい円の半径6つ分が12cmなので、12÷6=2で、小さい円の半径は2cmです。
③直線アウの長さは、小さい円の半径4つ分なので、2×4=8で8cmです。

❺ ①8cm
②32cm

❺ ①円の直径2つ分が、四角形の横の長さと同じになっています。だから、直径1つ分の長さは、16cmの半分で8cmになります。
②小さい四角形のまわりの長さは、円の半径の8つ分の長さです。円の半径は、①でもとめた直径の長さ8cmの半分で4cmです。4cmの8つ分なので、4×8=32(cm)となります。

❻ ①8cm
②4cm
③24cm

❻ ①ボールの直径3つ分が24cmなので、24÷3=8で、ボールの直径は8cmです。
②半径は、直径の長さの半分なので、8÷2=4で4cmです。
③㋕はボール3つ分の長さなので、24cmです。

⑩ かけ算の筆算(1)

ぴったり1 じゅんび 62ページ

1 (1)210 (2)1200
2 6、8、86

ぴったり2 練習 63ページ

❶ ①60 ②90 ③80
④540 ⑤200 ⑥560
⑦600 ⑧800 ⑨900
⑩1200 ⑪4000 ⑫6300

てびき

❶ 何十のかけ算は、10がいくつあるかを考えて計算します。何百のかけ算は、100がいくつあるかを考えて計算します。

❷ ① 21 × 4 = 84　② 32 × 2 = 64　③ 13 × 3 = 39

❸ 96こ

❹ 3000円

❷ 位(くらい)をそろえてかいて、一の位からじゅんに計算します。

❸ 1箱(はこ)分の数×箱の数＝全部(ぜんぶ)の数
32×3＝96　96こ

❹ 500円×まい数＝金がく
500×6＝3000　3000円

ぴったり1 じゅんび　64ページ

1 5、12、125

2 ①5　②9　③12　④1295

3 84

ぴったり2 練習　65ページ

❶ ① 81 × 6 = 486　② 54 × 3 = 162　③ 89 × 6 = 534

❷ ① 321 × 2 = 642　② 427 × 2 = 854　③ 155 × 6 = 930
④ 524 × 2 = 1048　⑤ 732 × 3 = 2196　⑥ 602 × 4 = 2408
⑦ 387 × 6 = 2322　⑧ 197 × 8 = 1576　⑨ 436 × 5 = 2180

❸ 120こ

❹ ①86　②48
③60　④350

てびき

❶ 百の位にくり上がりがあるかけ算です。

❷ かけられる数が2けたのときと同じように、位をそろえてかき、一の位からじゅんに計算します。

④～⑨千の位にくり上がるかけ算です。

❸ 15×8＝120　120こ

❹ ①43を40と3に分けて計算します。
43×2〈40×2＝80, 3×2＝ 6〉あわせて86
④70×5は、7×5の10倍(ばい)と考えます。
7×5＝35　35の10倍は350

ぴったり3 たしかめのテスト　66～67ページ

❶ ①350　②480
③2700　④2800

てびき

❶ ①50は10が5こだから、50×7は10が5×7＝35(こ)　50×7＝350
③300は100が3こだから、300×9は100が3×9＝27(こ)　300×9＝2700

❷ ①15　②0　③1　④2　⑤3

❸ ①9、20
②6、50、100

❹
① $\begin{array}{r} 33 \\ \times\ 2 \\ \hline 66 \end{array}$　② $\begin{array}{r} 47 \\ \times\ 2 \\ \hline 94 \end{array}$　③ $\begin{array}{r} 53 \\ \times\ 3 \\ \hline 159 \end{array}$

④ $\begin{array}{r} 63 \\ \times\ 5 \\ \hline 315 \end{array}$　⑤ $\begin{array}{r} 76 \\ \times\ 8 \\ \hline 608 \end{array}$　⑥ $\begin{array}{r} 39 \\ \times\ 6 \\ \hline 234 \end{array}$

❺
① $\begin{array}{r} 402 \\ \times\ \ 2 \\ \hline 804 \end{array}$　② $\begin{array}{r} 163 \\ \times\ \ 3 \\ \hline 489 \end{array}$　③ $\begin{array}{r} 225 \\ \times\ \ 4 \\ \hline 900 \end{array}$

④ $\begin{array}{r} 319 \\ \times\ \ 7 \\ \hline 2233 \end{array}$　⑤ $\begin{array}{r} 542 \\ \times\ \ 6 \\ \hline 3252 \end{array}$　⑥ $\begin{array}{r} 928 \\ \times\ \ 8 \\ \hline 7424 \end{array}$

❻ ①56　②119

❼ ①㋐4　㋑2
②㋕6　㋖6

❽ 式（しき）　87×6＝522
1000－522＝478　　答え　478円

❷ 1人分が15この3人分を表（あらわ）した図です。

❸ かけられる数の一の位（くらい）の数からじゅんに計算していることを表しています。

❹❺ 位をそろえてかき、くり上がりに気をつけて計算しましょう。

❻ ①28を20と8に分けて計算します。
②17を10と7に分けて計算します。

❼ ①はじめに㋐をもとめます。7×㋐＝何十8と見て、7のだんの九九の中から一の位が8になる数を見つけます。7×4＝28で、㋐に4を入れます。
次（つぎ）に34×7を計算して、㋑をもとめます。

$\begin{array}{r} 3\boxed{4} \\ \times\ \ 7 \\ \hline \boxed{2}38 \end{array}$

②はじめに㋕をもとめます。
㋕×7＝何十2、㋕×7＝7×㋕と考えて、7のだんの九九の中から一の位が2になる数を見つけます。7×6＝42で、㋕に6を入れます。
次に、27×6を計算して、㋖をもとめます。

$\begin{array}{r} 27 \\ \times\ \boxed{6} \\ \hline 1\boxed{6}2 \end{array}$

❽ はじめに、えんぴつ6本を買った代金（だいきん）をもとめて、次に、お金1000円から代金をひきます。

⑪ 小数

ぴったり1 じゅんび　68ページ

❶ 0.1、0.5、2.5
❷ 0.1、0.2、3.2
❸ 7、1.7、17

ぴったり2 練習　69ページ

❶ ①　②(れい)

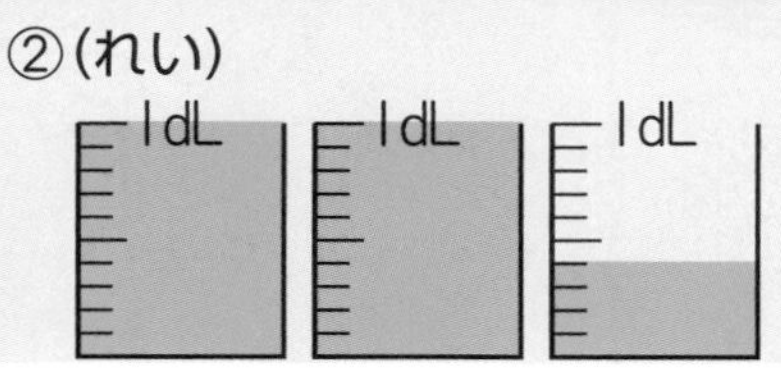

てびき

❶ ますの小さい1めもりは0.1 dLです。
①めもり7つ分に色をぬります。
②1 dLます2つ分と、もう1つのますはめもり4つ分に色をぬります。

❷ ア…0.5 cm　イ…2.1 cm
ウ…5.9 cm　エ…10.5 cm

❷ ものさしのいちばん小さい１めもりは１mm です。これを cm を使って表すと 0.1 cm になります。
ア…5mm は 0.5 cm
イ…2cm 1mm は 2.1 cm
ウ…5cm 9mm は 5.9 cm
エ…10 cm 5mm は 10.5 cm

❸ カ…0.4　キ…1.9
ク…2.5　ケ…3.1

❸ 数直線の小さい１めもりは、１を 10 等分しているので 0.1 です。
カ…0.1 の４こ分で 0.4
キ…１と 0.1 の９こ分で 1.9
ク…２と 0.1 の５こ分で 2.5
ケ…３と 0.1 の１こ分で 3.1

❹ ①6.7
②0.8
③3.6

❹ ①0.1 が７こで 0.7 なので、６と 0.7 で 6.7 になります。
③36 を 30 と６に分けて考えます。
0.1 が 10 こで１なので、0.1 が 30 こで３です。あと 0.1 が６こで 0.6 なので、３と 0.6 で 3.6 になります。

❺ ①3こ　②27 こ　③30 こ

❺ ②2.7 を２と 0.7 に分けて考えます。
0.1 が 10 こで１なので、２は 0.1 が 20 こです。0.7 は、0.1 が７こです。20 こと７こで 27 こになります。
③0.1 が 10 こで１なので、３は 0.1 が 30 こです。

❻ ①<　②>

❻ ①0.4 は 0.1 を４こ、0.6 は 0.1 を６こ集めた数なので、0.6 のほうが大きいです。
②整数の部分が大きいほうが大きい数です。

ぴったり１ じゅんび　70 ページ

1 ①4　②9　③13　④1.3
2 ①16　②7　③9　④0.9

ぴったり２ 練習　71 ページ

てびき

❶ ①0.4　②0.6
③0.7　④1.4
⑤1.1　⑥1

❶ 0.1 のいくつ分で考えます。
①0.1 の２こ分と２こ分で４こ分。
0.1 の４こ分は 0.4
④0.1 の８こ分と６こ分で 14 こ分。
0.1 の 14 こ分は、0.1 が 10 こで１なので 1.4
⑥0.1 の７こ分と３こ分で 10 こ分。
0.1 の 10 こ分は１

2 ①0.6 ②0.3
③0.4 ④0.5
⑤0.8 ⑥0.7

3 0.4 L

2 0.1 のいくつ分で考えます。
①0.1 の8こ分から2こ分をひいて6こ分。
0.1 の6こ分は 0.6
④0.1 の 12 こ分から7こ分をひいて5こ分。
0.1 の5こ分は 0.5
⑥0.1 の 10 こ分から3こ分をひいて7こ分。
0.1 の7こ分は 0.7

3 0.3+0.1=0.4　　0.4 L

ぴったり1 じゅんび　72ページ

1 (1)8.3 (2)$4.\cancel{0}$ (3)3.5

2 (1)1.3 (2)$4.\cancel{0}$ (3)4.5

ぴったり2 練習　73ページ

1
① $\begin{array}{r} 3.5 \\ +2.2 \\ \hline 5.7 \end{array}$ ② $\begin{array}{r} 0.4 \\ +6.3 \\ \hline 6.7 \end{array}$ ③ $\begin{array}{r} 1.9 \\ +3.7 \\ \hline 5.6 \end{array}$

④ $\begin{array}{r} 6.4 \\ +2.8 \\ \hline 9.2 \end{array}$ ⑤ $\begin{array}{r} 8.5 \\ +3.7 \\ \hline 12.2 \end{array}$ ⑥ $\begin{array}{r} 5.6 \\ +4.9 \\ \hline 10.5 \end{array}$

⑦ $\begin{array}{r} 7.3 \\ +1.7 \\ \hline 9.\cancel{0} \end{array}$ ⑧ $\begin{array}{r} 2.5 \\ +7 \\ \hline 9.5 \end{array}$ ⑨ $\begin{array}{r} 4 \\ +2.6 \\ \hline 6.6 \end{array}$

2
① $\begin{array}{r} 4.8 \\ -2.4 \\ \hline 2.4 \end{array}$ ② $\begin{array}{r} 7.5 \\ -1.9 \\ \hline 5.6 \end{array}$ ③ $\begin{array}{r} 8.1 \\ -4.6 \\ \hline 3.5 \end{array}$

④ $\begin{array}{r} 14.4 \\ -\ \ 6.1 \\ \hline 8.3 \end{array}$ ⑤ $\begin{array}{r} 12.4 \\ -\ \ 8.7 \\ \hline 3.7 \end{array}$ ⑥ $\begin{array}{r} 9.3 \\ -5.3 \\ \hline 4.\cancel{0} \end{array}$

⑦ $\begin{array}{r} 11 \\ -\ \ 7.2 \\ \hline 3.8 \end{array}$ ⑧ $\begin{array}{r} 4.8 \\ -3.9 \\ \hline 0.9 \end{array}$ ⑨ $\begin{array}{r} 6 \\ -3.1 \\ \hline 2.9 \end{array}$

3 赤いテープが 1.6 m 長い。

てびき

1 位をそろえてかき、整数と同じように計算します。最後に、上の小数点にそろえて、答えの小数点をうちます。わすれないように気をつけましょう。
⑦「9.0」と「9」の大きさは同じなので、小数第一位の0と小数点を＼で消します。
⑧7を 7.0 と考えて位をそろえます。
⑨4を 4.0 と考えて位をそろえます。

2 位をそろえてかき、整数と同じように計算します。最後に、上の小数点にそろえて、答えの小数点をうちます。わすれないように気をつけましょう。
⑥「4.0」と「4」の大きさは同じなので、小数第一位の0と小数点を＼で消します。
⑦11 を 11.0 と考えて位をそろえます。
⑧一の位に0をかいて、小数点をうちます。答えを9としないように気をつけましょう。
⑨6を 6.0 と考えて位をそろえます。

3 5.3−3.7=1.6　　1.6 m

ぴったり3 たしかめのテスト　74～75ページ

1 ①2.3
②8.6
③0.3
④3.5
⑤5
⑥45

てびき

1 ④35 を 30 と5に分けて考えます。
0.1 が 10 こで1なので、0.1 が 30 こで3
0.1が5こで0.5なので、3と0.5で3.5です。
⑤0.1 が 10 こで1なので、5になります。
⑥4.5 を4と 0.5 に分けて考えます。
0.1 が 10 こで1なので、4は0.1 が 40 こです。0.5 は 0.1 が5こなので、40 こと5こで 45 こです。

❷ ア…0.3　イ…1.5
ウ…2.6　エ…3.3

❸ ①

$$\begin{array}{r} 4.6 \\ +3.6 \\ \hline 8.2 \end{array}$$

②

$$\begin{array}{r} 5.8 \\ +4.2 \\ \hline 10.\not{0} \end{array}$$

③

$$\begin{array}{r} 1.9 \\ +8 \\ \hline 9.9 \end{array}$$

④

$$\begin{array}{r} 8.2 \\ -2.6 \\ \hline 5.6 \end{array}$$

⑤

$$\begin{array}{r} 13.2 \\ -\ \ 9.9 \\ \hline 3.3 \end{array}$$

⑥

$$\begin{array}{r} 5 \\ -4.3 \\ \hline 0.7 \end{array}$$

❹ 式（しき）　2.8＋3.2＝6　　答え　6 m
❺ 式　4.6－0.8＝3.8　　答え　3.8 L
❻ 式　5－3.4＝1.6　　答え　1.6 km

❷ 数直線の小さい1めもりは、1を10等分（とうぶん）しているので0.1です。
❸ 位をそろえてかき、整数と同じように計算してから、上の小数点にそろえて、答えの小数点をうちます。
②「10.0」と「10」の大きさは同じなので、小数第一位の0と小数点を＼で消します。
③8を8.0と考えて位をそろえます。
⑥5を5.0と考えて位をそろえます。また、答えの一の位に0をかき、小数点をうちます。
❹ 6.0ではなく、6と答えましょう。

はってん

1 3 cm…0.03 m
7 cm…0.07 m

2 0.25 L

1
100 cm＝1 m
10 cm＝0.1 m
1 cm＝0.01 m
（10倍（ばい）↑、10倍↑／10等分↓、10等分↓）

1 cmが0.01 mなので、3 cmは0.01 mの3こ分で0.03 m、7 cmは0.01 mの7こ分で0.07 mになります。

2 数直線の1めもりは、0.1 Lを10等分しているので0.01 Lです。250 mLは、0.2 Lとあとめもり5こ分なので、0.2 Lと0.05 Lをあわせて0.25 Lとなります。

⑫ 重さ

ぴったり1　じゅんび　76ページ

1 5、50、350
2 300、3、300
3 5、5

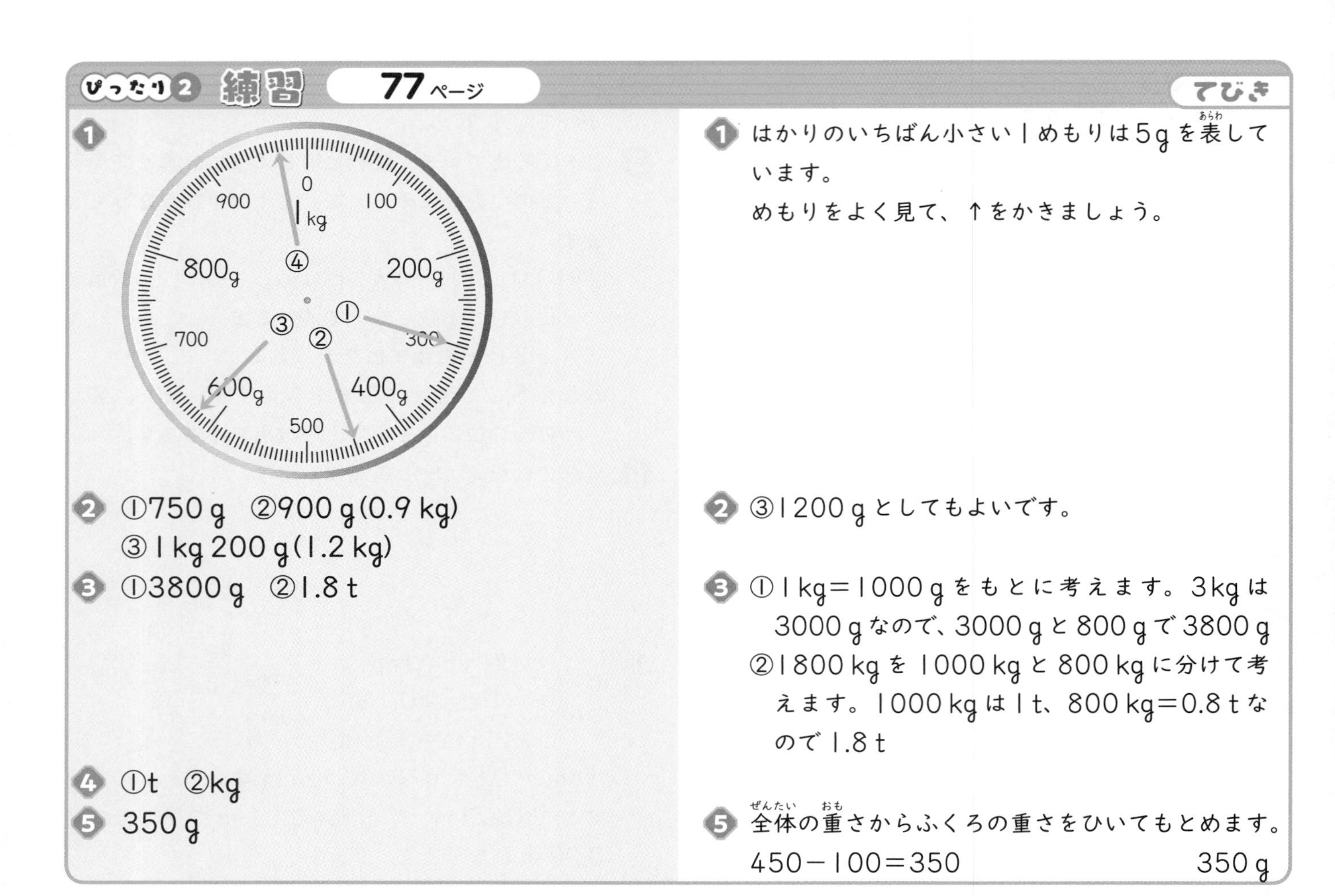

ぴったり2 練習 77ページ

てびき

❶ はかりのいちばん小さい1めもりは5gを表しています。
めもりをよく見て、↑をかきましょう。

❷ ①750g ②900g(0.9kg)
③1kg200g(1.2kg)

❷ ③1200gとしてもよいです。

❸ ①3800g ②1.8t

❸ ①1kg=1000gをもとに考えます。3kgは3000gなので、3000gと800gで3800g
②1800kgを1000kgと800kgに分けて考えます。1000kgは1t、800kg=0.8tなので1.8t

❹ ①t ②kg

❺ 350g

❺ 全体の重さからふくろの重さをひいてもとめます。
450−100=350　350g

ぴったり1 じゅんび 78ページ

1 (1)1000 (2)1000 (3)100、1000 (4)10、1000

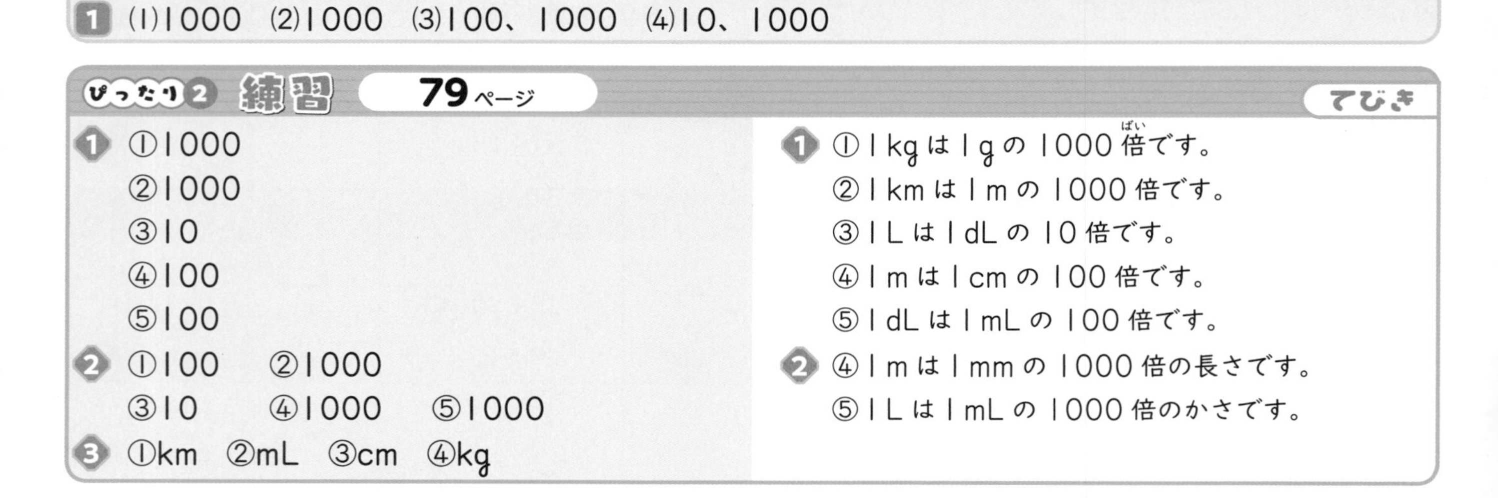

ぴったり2 練習 79ページ

てびき

❶ ①1000
②1000
③10
④100
⑤100

❶ ①1kgは1gの1000倍です。
②1kmは1mの1000倍です。
③1Lは1dLの10倍です。
④1mは1cmの100倍です。
⑤1dLは1mLの100倍です。

❷ ①100 ②1000
③10 ④1000 ⑤1000

❷ ④1mは1mmの1000倍の長さです。
⑤1Lは1mLの1000倍のかさです。

❸ ①km ②mL ③cm ④kg

てびき

1 ①4000　②1900
③3、600　④5.7

1 ①1kg＝1000gなので、4kgは4000g
②1000gと900gで1900g
③3600gを3000gと600gに分けて考えます。3000gは3kgなので3kg600gです。
④5700gを5000gと700gに分けて考えます。5000gは5kg、700gは0.7kgなので5.7kg

2 ①g　②kg　③t

3 ①6000　②2.8

3 ①1t＝1000kgなので、6tは6000kgです。
②2800kgを2000kgと800kgに分けて考えます。2000kgは2t、800kgは0.8tなので2.8t

4 ①1kg　②20　③5g　④630g

5 ①90g　②2kg900g(2.9kg、2900g)

5 ①はかりのいちばん小さい1めもりは5gを表しています。
②はかりのいちばん小さい1めもりは20gを表しています。

6 1200g

6 1kg500gをgの単位(たんい)になおして計算します。
1kg500g＝1500g
1500−300＝1200　　1200g

はってん

1 ①㋑、㋐、㋒
②6こ
③左

1 ①天びんばかりは、重いほうが下がります。天びんばかりを見ると、㋐より㋑が重い、㋒より㋐が重いことがわかります。
②㋐1こと㋒3こがつりあっているので、㋐2こと㋒6こがつりあいます。㋑1こと㋐2こがつりあっているので、㋑1ことつりあう㋒は6こであるといえます。
③㋓は㋑1こと㋒1こをあわせた重さとつりあっています。㋑1こは㋒6こと同じ重さなので、㋓1こは㋒7この重さと同じになります。これらの球(きゅう)の重さを㋒の球の何こ分かで表すと、次(つぎ)のようになります。
㋐…㋒3こ分　　㋑…㋒6こ分
㋒…㋒1こ分　　㋓…㋒7こ分
したがって、左の皿(さら)にのせた㋐1こと㋑1この重さは㋒9こ分の重さで、右の皿にのせた㋒1こと㋓1この重さは㋒8こ分の重さになるので、左のほうが重いため(左は㋒9こ分、右は㋒8こ分)、左の皿が下にかたむきます。このように、もっとも小さいものをもとにして考えましょう。

⑬ 分数

ぴったり1 じゅんび 82ページ

1 6、$\frac{4}{6}$

2 ①2　②5

3 $\frac{1}{3}$、$\frac{1}{2}$

ぴったり2 練習 83ページ

1 ①$\frac{1}{5}$m　②$\frac{6}{7}$m

③$\frac{2}{4}$m　④$\frac{3}{6}$m

2 ①

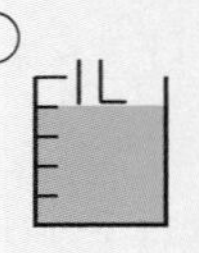

②

3 ①$\frac{4}{5}$　②$\frac{8}{9}$

③$\frac{3}{6}$　④$\frac{1}{3}$

4 ①3つ
②7つ
③8つ

てびき

1 ①1mを5等分した1つ分です。
②1mを7等分した6つ分です。
③1mを4等分した2つ分です。
④1mを6等分した3つ分です。

2 ①5等分したうちの4つ分に色をぬります。
②4等分したうちの3つ分に色をぬります。

4 ②分母と分子が同じ数のとき1になります。

ぴったり1 じゅんび 84ページ

1 (1)3、>　(2)分子、大きい、<

2 5、5、0.5

ぴったり2 練習 85ページ

1 ①>　②<　③<
④>　⑤=　⑥>

2 0　$\frac{2}{9}$　$\frac{9}{9}$　1　$\frac{11}{9}$

3 分数…$\frac{7}{10}$L
小数…0.7L

てびき

1 ①～③分母が同じ分数は、分子の数が大きいほど大きい分数です。

⑤$\frac{5}{5}$は1です。

⑥$\frac{4}{3}$は分母より分子が大きいので、1より大きい数です。

2 1めもりの大きさは$\frac{1}{9}$を表しています。

3 1めもりの大きさは$\frac{1}{10}$L、または0.1Lです。

❹

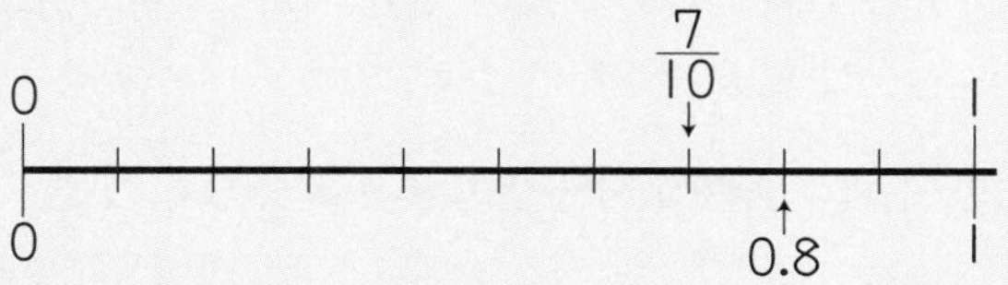

(れい)0.8 は、1を10等分したうちの8つ分、$\frac{7}{10}$は、1を10等分したうちの7つ分なので、上の図のように、0.8 は $\frac{7}{10}$ より右にあり、0.8 のほうが大きいです。

❹ 0.8 を分数で表すと $\frac{8}{10}$、$\frac{7}{10}$ を小数で表すと 0.7 です。
分数どうしでくらべると、$\frac{8}{10}$ と $\frac{7}{10}$ で $\frac{8}{10}$ のほうが大きいです。
小数どうしでくらべると、0.8 と 0.7 で 0.8 のほうが大きいです。

ぴったり1 じゅんび 86ページ

1 (1)7、$\frac{7}{8}$　(2)4、$\frac{4}{4}$、1

2 (1)2、$\frac{2}{8}$　(2)$\frac{3}{3}$、2、$\frac{2}{3}$

ぴったり2 練習 87ページ

てびき

❶ ①$\frac{3}{7}$　②$\frac{7}{9}$　③$\frac{2}{3}$
④$\frac{5}{6}$　⑤1　⑥1

❷ ①$\frac{3}{7}$　②$\frac{1}{5}$　③$\frac{1}{9}$
④$\frac{4}{8}$　⑤$\frac{3}{7}$　⑥$\frac{8}{9}$

❸ 1L

❹ $\frac{6}{9}$m

❶ 分母が同じ分数どうしのたし算は、分子のたし算で答えがもとめられます。
たし算をして、分母と分子が同じ数になったときの答えは1です。
⑤5+3=8　$\frac{5}{8}+\frac{3}{8}=\frac{8}{8}=1$
⑥1+1=2　$\frac{1}{2}+\frac{1}{2}=\frac{2}{2}=1$

❷ 分母が同じ分数どうしのひき算は、分子のひき算で答えがもとめられます。
ひかれる数が1のときは、ひく数と同じ分母の分数になおしてから、ひき算をします。
⑤$1=\frac{7}{7}$　7−4=3　$1-\frac{4}{7}=\frac{3}{7}$
⑥$1=\frac{9}{9}$　9−1=8　$1-\frac{1}{9}=\frac{8}{9}$

❸ $\frac{3}{5}+\frac{2}{5}=\frac{5}{5}=1$　1L

❹ $1-\frac{3}{9}=\frac{9}{9}-\frac{3}{9}=\frac{6}{9}$　$\frac{6}{9}$m

ぴったり3 たしかめのテスト 88〜89ページ

てびき

❶ ①$\frac{4}{7}$m　②$\frac{1}{4}$dL　③$\frac{5}{6}$L

❷ ①$\frac{4}{6}$　②$\frac{1}{9}$　③$\frac{1}{4}$、$\frac{3}{4}$

❶ ①1mを7等分した4つ分です。
②1dLを4等分した1つ分です。
③1Lを6等分した5つ分です。

3 ①> ②> ③=

3 ①分母が同じ数の分数の大きさは、分子の数が大きいほど大きくなります。

②$\frac{8}{9}$は、分子が分母より小さい分数なので、|より小さい数です。

③小数か分数にそろえてくらべます。

$\frac{9}{10}$を小数で表すと0.9

0.9を分数で表すと$\frac{9}{10}$

4 ①$\frac{5}{7}$ ②$\frac{4}{5}$ ③|

④$\frac{1}{4}$ ⑤$\frac{3}{7}$ ⑥$\frac{3}{8}$

4 分母が同じ分数どうしのたし算やひき算は、分子のたし算やひき算で答えをもとめます。

③分子のたし算をすると分母と同じ数になるので、答えは|になります。

$5+1=6$ $\frac{5}{6}+\frac{1}{6}=\frac{6}{6}=1$

⑥ひく数の分母が8なので、ひかれる数の|を分数にすると$\frac{8}{8}$になります。

$1=\frac{8}{8}$ $8-5=3$ $1-\frac{5}{8}=\frac{3}{8}$

5 ア 分数…$\frac{2}{10}$、小数…0.2

イ 分数…$\frac{6}{10}$、小数…0.6

5 数直線の|めもりは、|を10等分しているので、分数で表すと$\frac{1}{10}$、小数で表すと0.|になります。

6 式 $\frac{4}{7}+\frac{2}{7}=\frac{6}{7}$ 答え $\frac{6}{7}$m

7 式 $\frac{8}{9}-\frac{3}{9}=\frac{5}{9}$ 答え $\frac{5}{9}$L

はってん

1 ①15 cm ②30 cm ③10 cm

1 ①水の深さは、㋐のぼうのうち、水から出ている分をひくともとめることができます。
よって、20 cm－5 cm＝15 cm です。

②ぼう㋐の$\frac{3}{4}$の長さとぼう㋑の$\frac{1}{2}$の長さは等しいので、ぼう㋑の$\frac{1}{2}$の長さは15 cmとなります。ぼう㋑の長さは、2倍の30 cmとなります。

③30 cm－20 cm＝10 cm

⑭ □を使った式

ぴったり1 じゅんび 90ページ

1 ①15 ②22 ③7 ④7

2 ①6 ②18 ③24 ④24

3 ①7 ②21 ③3 ④3

ぴったり2 練習 91ページ

❶ 16まい

❷ 52まい

❸ 7こ

❹ 5人

❺ ①17 ②49
③48 ④35
⑤8 ⑥9

てびき

❶ もらったシールを□まいとして、式に表すと、
25＋□＝41
□にあてはまる数は、41－25＝16

❷ はじめの数を□まいとして、式に表すと、
□－18＝34
□にあてはまる数は、34＋18＝52

❸ 食べた数を□こととして、式に表すと、
15－□＝8
□にあてはまる数は、15－8＝7

❹ 子どもの数を□人として、式に表すと、
5×□＝25
□にあてはまる数は、25÷5＝5

❺ 図にかいて、わからない数をもとめましょう。

①
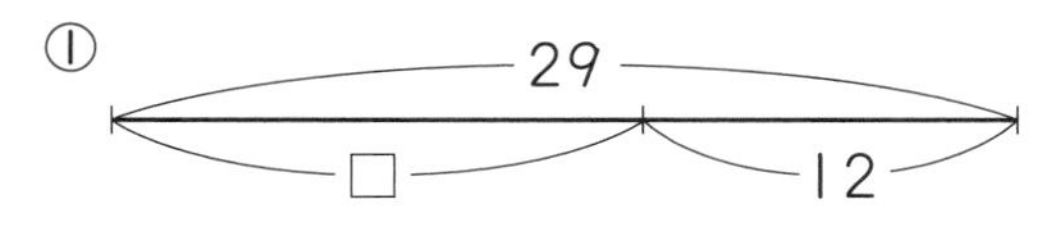

□にあてはまる数は、29－12＝17

③
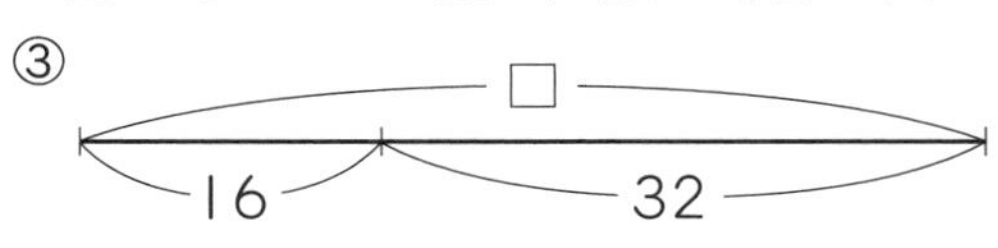

□にあてはまる数は、16＋32＝48

⑤
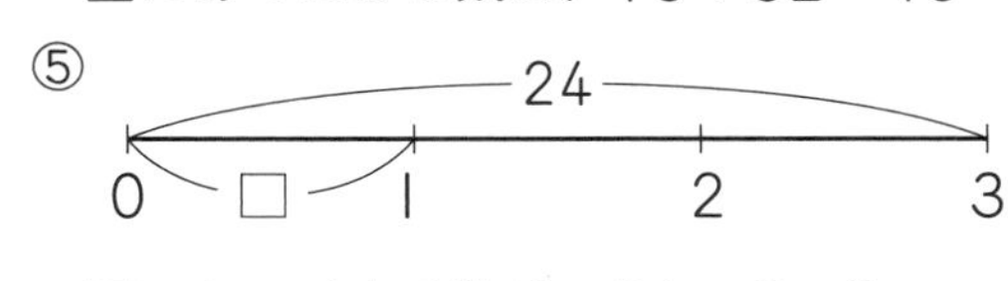

□にあてはまる数は、24÷3＝8

ぴったり3 たしかめのテスト 92～93ページ

❶ ①23＋□＝31
②8こ

てびき

❶ ②
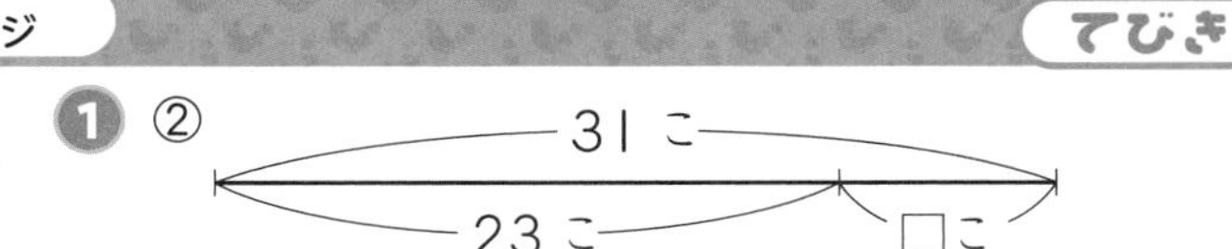

お母さんからもらったあめの数を□こととして、たし算の式に表すと
23＋□＝31
□にあてはまる数は、31－23＝8

2 ①58　②190
③48　④140
⑤88　⑥600
⑦7　⑧6　⑨7　⑩32

3 式（しき）　24＋□＝36　　答え　12本

4 式　550－□＝160　　答え　390円

5 式　□×2＝80　　答え　40円

6 式　100－□＝65　　答え　35 cm
または　100－65＝□

2 ①85－27＝58　②350－160＝190
③90－42＝48　④420－280＝140
⑤32＋56＝88　⑥290＋310＝600
⑦28÷4＝7　⑧48÷8＝6
⑨42÷6＝7　⑩96÷3＝32

3 □にあてはまる数は、36－24＝12

4 □にあてはまる数は、550－160＝390

5 □にあてはまる数は、80÷2＝40

6 まず、1mをcmの単位（たんい）になおして考えます。
1m＝100cm

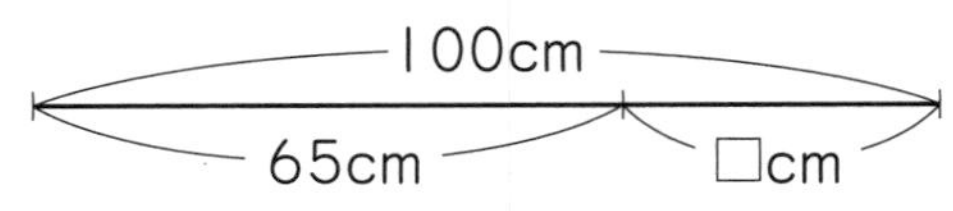

使（つか）った長さを□cmとしてひき算の式に表（あらわ）すと
100－□＝65
□にあてはまる数は、100－65＝35

15 倍の見方

ぴったり1 じゅんび　94ページ

1 ①20　②4　③5　④5

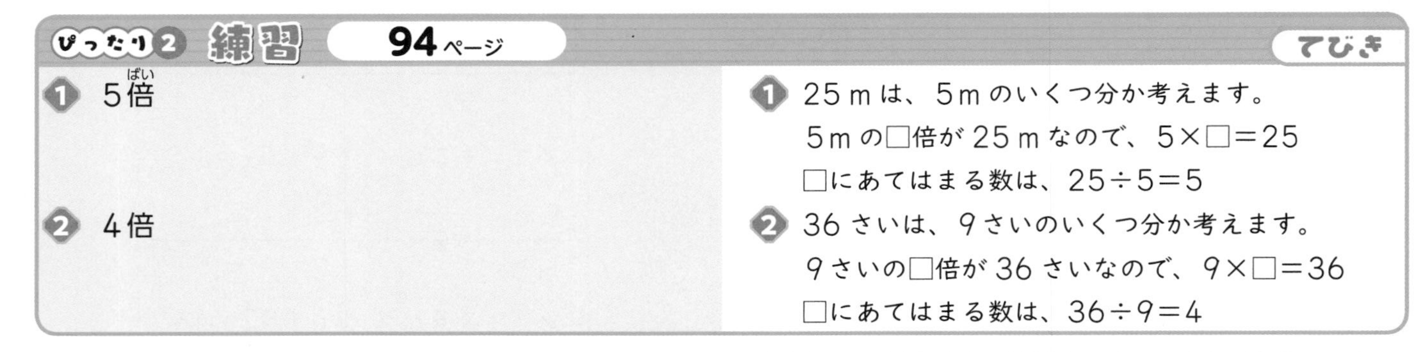

ぴったり2 練習　94ページ

1 5倍（ばい）

2 4倍

てびき

1 25mは、5mのいくつ分か考えます。
5mの□倍が25mなので、5×□＝25
□にあてはまる数は、25÷5＝5

2 36さいは、9さいのいくつ分か考えます。
9さいの□倍が36さいなので、9×□＝36
□にあてはまる数は、36÷9＝4

ぴったり3 たしかめのテスト　95ページ

1 340円

2 6倍

3 8倍

4 図…④　答え…6m

てびき

1 何倍かした大きさをもとめる計算です。
85×4＝340(円)

2 5cmの□倍が30cmなので、5×□＝30
□にあてはまる数は、30÷5＝6

3 5Lの□倍が40Lなので、5×□＝40
□にあてはまる数は、40÷5＝8

4 □mの4倍が24mなので、□×4＝24
□にあてはまる数は、24÷4＝6

16 三角形と角

ぴったり1 じゅんび 96ページ

1 2、い、う、3、え

2

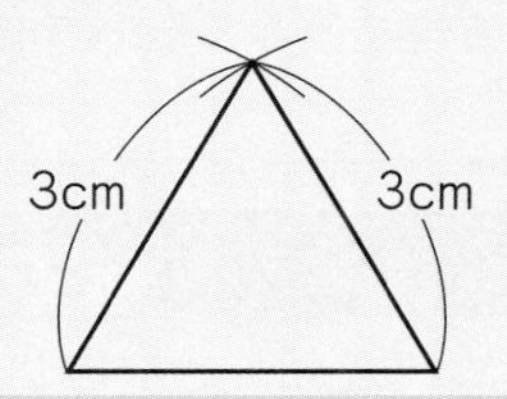

ぴったり2 練習 97ページ

❶ 二等辺三角形…あ、お、き
正三角形…う、く

❷

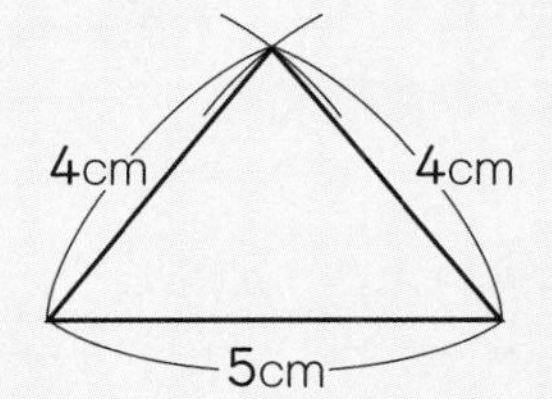

❸ (れい)

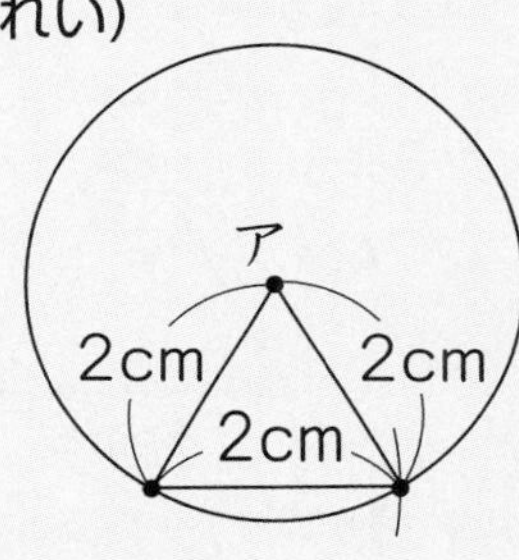

てびき

❶ コンパスで辺の長さが等しいかを調べます。二等辺三角形は2つの辺の長さが等しく、正三角形はすべての辺の長さが等しい三角形です。

❷ コンパスを4cmに開いて、5cmの辺のはしの2点を中心にして円をそれぞれかく。交わった点と辺のはしをむすぶ。

❸ 次のようにかきます。
・まず、半径2cmの円をかく。
・右の図のように、円の中心アと点イを直線でむすぶ。
・点イから2cmで円と交わるところを点ウとする。
・点アと点ウ、点イと点ウをむすぶ。

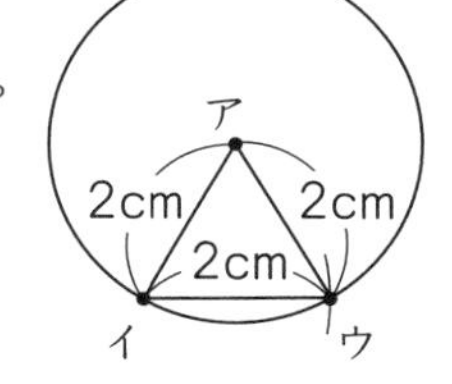

ぴったり1 じゅんび 98ページ

1 大きい、小さい、同じ(直角)

2 二等辺三角形

3 3、キ、ク

ぴったり2 練習 99ページ

❶ ア、エ、イ、ウ

❷ ①カ
②イ
③ク

てびき

❶ 角の大きさは、辺の開きぐあいのことです。辺の開き方が小さいじゅんに答えましょう。

❷ ②左がわの三角じょうぎは二等辺三角形で、アとイの角は同じ大きさです。
③2つの三角じょうぎには、それぞれ直角になっている角が1つずつあります。

❸ ①い、正三角形
②あ、二等辺三角形

❸ あは2つの辺の長さが等しい三角形なので、二等辺三角形です。二等辺三角形は2つの角の大きさが等しくなっています。また、いは3つの辺の長さが等しい三角形なので、正三角形です。正三角形は3つの角の大きさがすべて等しくなっています。

ぴったり3 たしかめのテスト 100～101ページ

てびき

❶ ①2　②二等辺　③3　④正

❶ ①②二等辺三角形は、2つの辺の長さが等しく、2つの角の大きさは等しくなっています。
③④正三角形は、3つの辺の長さが等しく、3つの角の大きさは等しくなっています。

❷ 二等辺三角形…う、お
正三角形…あ、え

❷ コンパスを使って、辺の長さをくらべましょう。2つの辺の長さが等しければ二等辺三角形、3つの辺の長さが等しければ正三角形です。

❸ あ、い、う

❹ ①い、う
②か、き、く

❹ 二等辺三角形は、2つの角の大きさが等しく、正三角形は、3つの角の大きさが等しくなります。

❺ ①

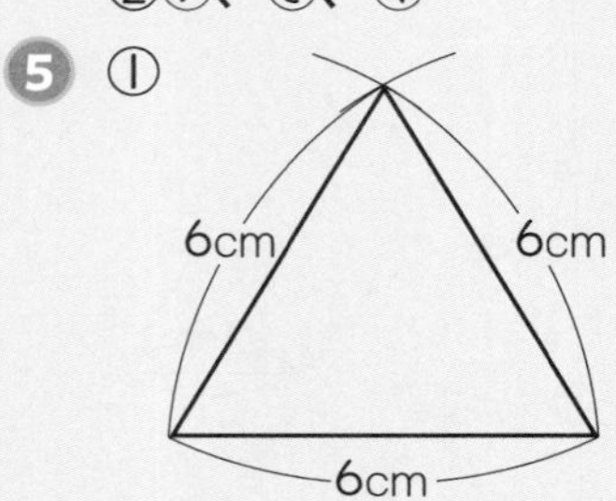

正三角形

②

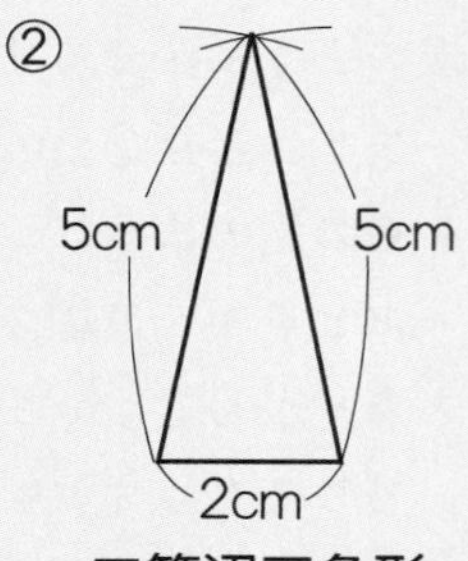

二等辺三角形

❺ ①正三角形は、次のようにしてかきます。
右の図で、6cmの長さの辺アイをかきます。点ア、点イを中心にして、半径6cmの円をそれぞれかきます。コンパスの線が交わった点ウと点ア、点イをそれぞれ直線でむすびます。

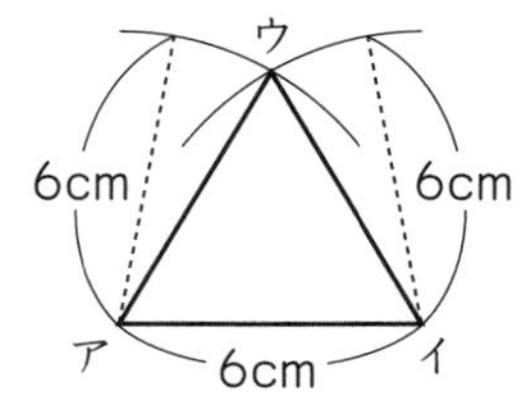

②二等辺三角形のかき方も、正三角形と同じです。

❻ ①3cm
②(れい)

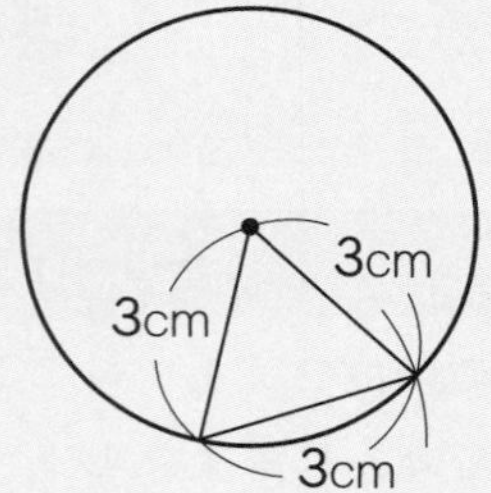

❻ ②次のようにかきます。
・まず、半径3cmの円をかく。
・円の中心アと円のまわりの点イを直線でむすぶ。
・点イから3cmで円と交わるところを点ウとする。
・点アと点ウ、点イと点ウをむすぶ。

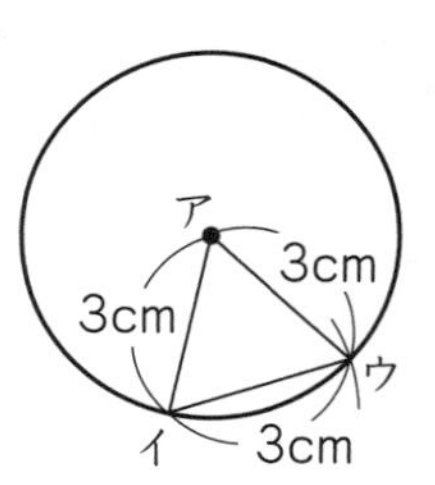

❼ ①正三角形　②二等辺三角形

❼ ①どの辺もみんな同じ長さになっています。
②2つの辺の長さが等しくなっています。

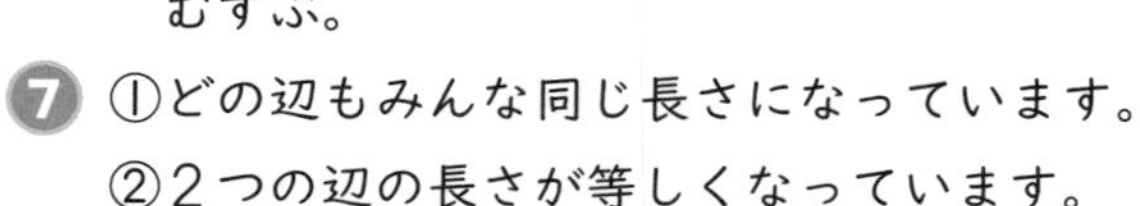

⑰ かけ算の筆算(2)

ぴったり1 じゅんび 102ページ

1 (1)4、8、80 (2)7、56、560

2 (1)76、760 (2)12、12000

ぴったり2 練習 103ページ

1 ①3、9、90
②6、30、300
③2、68、680
④4、252、2520
⑤2、1000、16000
⑥2、10、2880

2 ①60 ②200 ③540

3 ①240 ②1720 ③1680
④8000 ⑤30000 ⑥10080

てびき

1 ①3×3の10倍と考えます。
③34×2の10倍と考えます。
⑤8×2の1000倍と考えます。
⑥144×2の10倍と考えます。

2 ①2×3の10倍と考えます。
②5×4の10倍と考えます。
③9×6の10倍と考えます。

3 ③56×3の10倍と考えます。
56×3=168　168の10倍は1680
④2×4の1000倍と考えます。
2×4=8　8の1000倍は8000
⑥336×3の10倍と考えます。

ぴったり1 じゅんび 104ページ

1 (1)365、292、3285 (2)1640

2 ①20 ②5481

ぴったり2 練習 105ページ

1
① 42×21：42、84、882
② 54×26：324、108、1404
③ 38×91：38、342、3458
④ 35×6：210
⑤ 78×80：6240
⑥ 63×40：2520

2
① 139×36：834、417、5004
② 154×56：924、770、8624
③ 538×25：2690、1076、13450
④ 964×23：2892、1928、22172
⑤ 802×74：3208、5614、59348
⑥ 640×57：4480、3200、36480

てびき

1 位をそろえてかき、一の位からじゅんに計算します。
④⑤かけられる数とかける数を入れかえて筆算をすると、かんたんになります。
⑤ 78×80：00←この部分をはぶくことができます。624、6240

2 くり上がりに気をつけて計算しましょう。

❸ 816円
❹ 5520円

❸ 68×12＝816　816円
❹ 230×24＝5520　5520円

ぴったり3 たしかめのテスト　106〜107ページ

❶ ①10 ②10 ③32

❷ ① 36×23
108
72
828

② 70×58
560
350
4060

❸ ①320 ②680
③600 ④4320
⑤18000 ⑥20000

❹ ① 31×26
186
62
806

② 68×43
204
272
2924

③ 78×56
468
390
4368

④ 82×50
4100

⑤ 39×6
234

⑥ 24×70
1680

❺ ① 142×16
852
142
2272

② 394×69
3546
2364
27186

③ 196×75
980
1372
14700

④ 756×43
2268
3024
32508

⑤ 209×32
418
627
6688

⑥ 820×51
820
4100
41820

❻ 式 90×34＝3060　答え 3060円

❼ 式 150×23＝3450　答え 3450まい

てびき

❷ ①36×20の計算の位をまちがえています。
②70×50の計算の5×0の計算がぬけています。70×58は、右のように筆算をするとかんたんにできます。
58
×70
4060

❸ ④6×72の10倍と考えます。
6×72＝432　432の10倍は4320
⑥5×4の1000倍と考えます。
5×4＝20　20の1000倍は20000

❹ くり上がりに気をつけて計算しましょう。
④ 82
×50
00 ←この部分をはぶくことができます。
410
4100
⑤⑥かけられる数とかける数を入れかえて筆算するとかんたんになります。

❺ くり上がりに気をつけて計算しましょう。

❻ ノート1さつのねだん×さっ数＝代金

❼ 1たばのまい数×たばの数＝全部の数

18 そろばん

ぴったり1 じゅんび　108ページ

❶ 7、4、147

ぴったり2 練習　109ページ

てびき

1 ①712　②4801　③61050
④20682　⑤9.5　⑥27.3

1 ②の十の位、③の百の位、一の位、④の千の位は玉がはらってあるので0です。右の定位点が一の位になります。
⑤⑥一の位の右がわは $\frac{1}{10}$ の位なので、それぞれ小数になります。

2 ①20、6
②10、10

2 そろばんでは、大きい位の数から計算していきます。定位点をかくにんして、一の位をきめてから計算しましょう。

レッツプログラミング

ゲームの手順を整理しよう　110ページ

てびき

①ア　②イ　③エ
④ウ　⑤オ

1 まず、①のあとに白色と赤色、青色、黄色に分かれているので、①にはアがあてはまります。次に、「シールを何まいもらえますか」と質問があり、赤色、青色、黄色と分かれているので、それぞれの色のくじをひいたときにもらえるシールの数を答えます。最後の質問では、「はい」のあとに「おわり」、「いいえ」のあとにもう一度くじをひくところまでもどるため、⑤にはオがあてはまります。

①カ　②エ　③ウ
④オ　⑤ア　⑥イ

2 ②の質問のあとに、二等辺三角形が「はい」となっているので、⑤と⑥には正方形と長方形のどちらかが入ります。この2つの形は、「辺は4本ある」のが共通点で、「長さの等しい辺が4本ある」のが正方形です。だから、⑥は正方形、⑤が長方形となり、よって、④にはオ、①にはカが入ります。

3年のふくしゅう

まとめのテスト　111ページ

てびき

1 ①64020　②37100000
③5912000　④99000

1 ③右に0を2つつけた数になります。
④一の位の0を1つとった数になります。

2 ①722　②1421
③5400　④306
⑤377　⑥1097

2 たし算、ひき算の筆算は、位をそろえてかきます。

① $\begin{array}{r} 425 \\ +297 \\ \hline 722 \end{array}$　③ $\begin{array}{r} 3872 \\ +1528 \\ \hline 5400 \end{array}$　④ $\begin{array}{r} 584 \\ -278 \\ \hline 306 \end{array}$

3 ①567　②336
③2035　④2688
⑤1680　⑥4865

3 かけ算の筆算は、位をそろえてかきます。

① $\begin{array}{r} 63 \\ \times\ 9 \\ \hline 567 \end{array}$　④ $\begin{array}{r} 96 \\ \times 28 \\ \hline 768 \\ 192 \\ \hline 2688 \end{array}$　⑥ $\begin{array}{r} 139 \\ \times\ 35 \\ \hline 695 \\ 417 \\ \hline 4865 \end{array}$

4 ①6　②9
③8あまり1　④7あまり2
⑤6あまり4　⑥21

5 ア…0.3　イ…$\frac{5}{10}$　ウ…0.6　エ…$\frac{8}{10}$

6 ①1.2　②7.2
③7.8　④0.2
⑤2.9　⑥1.7
⑦$\frac{4}{7}$　⑧1
⑨$\frac{3}{6}$　⑩$\frac{4}{9}$

7 ①320　②107　③9

4 わる数のだんの九九を使(つか)って答えをもとめます。
③④⑤は、あまりのあるわり算です。あまりがわる数より小さくなっているかたしかめましょう。
⑥84 を 80 と 4 に分けて計算します。

$$84\left\langle\begin{array}{l}80\div4=20\\4\div4=\ \ 1\end{array}\right\rangle \text{あわせて } 21$$

6 小数のたし算、ひき算の筆算(ひっさん)は、位(くらい)をそろえてかきます。

① $\begin{array}{r}0.7\\+0.5\\\hline1.2\end{array}$　③ $\begin{array}{r}6\\+1.8\\\hline7.8\end{array}$　④ $\begin{array}{r}1.1\\-0.9\\\hline0.2\end{array}$

⑧$\frac{5}{5}$は1です。

⑩1を$\frac{9}{9}$にして計算します。

7 ①□にあてはまる数は、530−210＝320
②□にあてはまる数は、81＋26＝107
③□にあてはまる数は、63÷7＝9

まとめのテスト　112ページ

1 ①2、160
②4.2
③360
④3、10

2 5cm

3 ①4cm　②㋑

4 ①

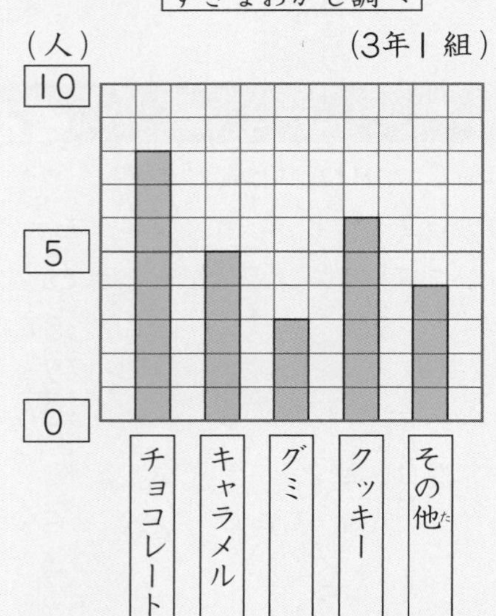

②1人　③チョコレート　④26人

てびき

1 ①2160 m は 2000 m と 160 m です。
②4200 kg は 4000 kg と 200 kg です。また、1000 kg＝1 t、100 kg＝0.1 t です。
③1分＝60 秒(びょう)です。
④190 秒は 180 秒と 10 秒です。

2 30÷6＝5(cm)

4 ④全部(ぜんぶ)の人数をたします。
8＋5＋3＋6＋4＝26　　26人

夏のチャレンジテスト

1 ①7
②9
③5
④4

2 ①180
②2、30
③160

3 ①0　②0
③0　④40
⑤60　⑥100

4 ①6　②1
③8　④7
⑤2あまり1　⑥3あまり3
⑦6あまり4　⑧8あまり6

5 ①723　②943
③2901　④4452
⑤478　⑥478
⑦1294　⑧509

6 ①77　②134
③22　④66

てびき

1 ①かける数が1ふえると、答えはかけられる数だけ大きくなります。
②かける数が1へると、答えはかけられる数だけ小さくなります。
③かけられる数とかける数を入れかえて計算しても、答えは同じになります。
④3つの数をかけるときは、計算するじゅんじょをかえても、答えは同じになります。

2 ①1分＝60秒(びょう)です。
②150秒は120秒と30秒に分けて考えます。
③2分40秒は2分と40秒に分けて考えます。

3 ①どんな数でも、0をかけると0になります。
②③0にどんな数をかけても、答えは0になります。
④4×10＝4×9＋4だから、
4×10＝36＋4＝40
⑥10×10＝10×9＋10
10×9＝9×10で
9×10＝9×9＋9だから、
10×10＝90＋10で100

4 ①わる数が1のとき、答えはいつもわられる数と同じになります。
②わられる数とわる数が同じとき、答えはいつも1になります。
③④わる数のだんの九九を使って答えを見つけます。
⑤⑥⑦⑧あまりのあるわり算は、あまりがわる数より小さくなっているかたしかめましょう。

5 たし算、ひき算の筆算は、位をそろえてかきます。

① $\begin{array}{r} 526 \\ +197 \\ \hline 723 \end{array}$　② $\begin{array}{r} 857 \\ +\ 86 \\ \hline 943 \end{array}$　④ $\begin{array}{r} 3873 \\ +\ 579 \\ \hline 4452 \end{array}$

6 ①32＋40＝72　72＋5＝77
②78＋50＝128　128＋6＝134
③65−40＝25　25−3＝22
④134−60＝74　74−8＝66

7 ①午前9時
②午後4時50分

8

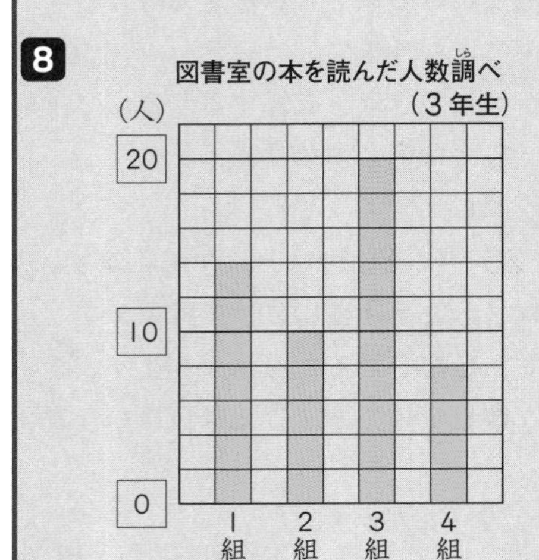

9 ①式　36÷4=9　　答え　9まい
②式　36÷6=6　　答え　6たば

10 午前9時30分

11 式　50÷9=5あまり5
答え　5本できて、5mあまる。

12 式　52÷6=8あまり4
8+1=9　　答え　9まい

13 式　125+798=923
1000−923=77　　答え　77円

7 ①

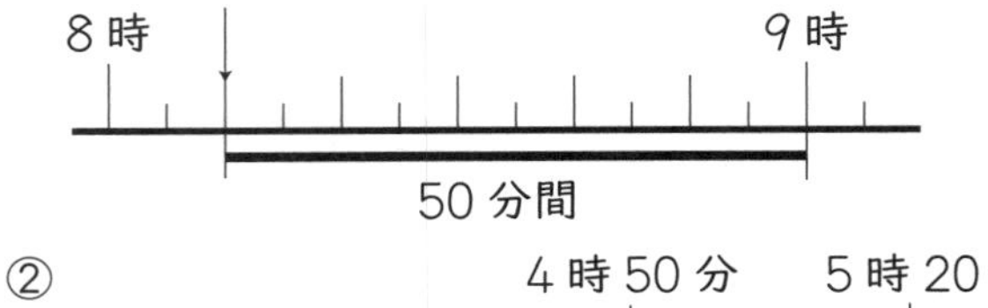

②
4時50分　5時20分
4時　5時
30分間

8 3組が20人でいちばん多いので、めもりが20人まで表すことができるようにしなければなりません。したがって、1めもりは2人にするのがよいです。1めもりの人数は、いちばん見やすい人数にすることが大切です。

9 ①と②で答えの単位がちがうので注意しましょう。

10 午前10時10分の40分前の時こくをもとめます。

11 次のように考えて答えのたしかめをしましょう。
9mのリボン5本分とあまった5mをたせば、もとの長さになるので、
9×5+5=50　もとの長さの50mになったので、答えは正しいといえます。

12 52このりんごを6こずつ入れるので、りんごを入れるふくろの数は、わり算でもとめられます。「8あまり4」は、「りんごを入れるふくろの数8まいとあまったりんごが4こ」を表しています。あまったりんご4こを入れるふくろがもう1まいいるので、8+1=9で9まいとなります。

13 はじめに、買い物の代金をもとめます。
125+798=923で923円なので、1000円から923円をひいた数がのこりの金がくになります。

冬のチャレンジテスト

1 ①30250678
②83200000
③99999
④2400000

2 ア…0.7　イ…1.1　ウ…1.9

3 ①cm　②km　③m　④mm

4 ①7
②6200
③4.6
④8.4

5 ①$\frac{1}{6}$
②$\frac{3}{4}$
③$\frac{4}{7}$
④$\frac{1}{8}$

6 ①150　②4800
③343　④204
⑤486　⑥836
⑦1780　⑧1134

7

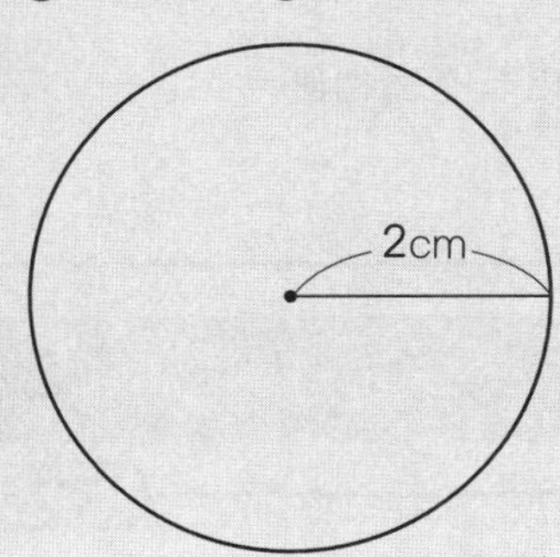

てびき

1 ②1000 万が8こ…
100 万が3こ…
10 万が2こ…

8	0	0	0	0	0	0	0
	3	0	0	0	0	0	0
		2	0	0	0	0	0

あわせると、83200000

④1万(10000)を 240 こ集(あつ)めた数は 240 万です。

2 数直線の1めもりは、1を 10 等分(とうぶん)しているので 0.1 です。
アは、めもり7つ分なので 0.7 です。
イは、1とめもり1つ分で 1.1 です。
ウは、1とめもり9つ分で 1.9 です。

4 ①1000 g=1 kg です。
②6 kg 200 g は 6 kg と 200 g です。
③4600 g は 4000 g と 600 g です。また、100 g=0.1 kg です。
④8400 kg は 8000 kg と 400 kg です。また、1000 kg=1 t、100 kg=0.1 t です。

6 かけ算の筆算(ひっさん)は、位(くらい)をそろえてかきます。

③
$$\begin{array}{r} 49 \\ \times\ \ 7 \\ \hline 343 \end{array}$$

⑤
$$\begin{array}{r} 162 \\ \times\ \ \ 3 \\ \hline 486 \end{array}$$

7 コンパスを使(つか)ってかきましょう。

8 ①6.7　②16.1
③2.5　④3.6
⑤$\frac{3}{4}$　⑥1
⑦$\frac{3}{7}$　⑧$\frac{3}{8}$

8 小数のたし算、ひき算の筆算は、位をそろえてかきます。

① 　4.2
　+2.5
　 6.7

④ 　12.3
　− 8.7
　 3.6

分母が同じ分数どうしのたし算やひき算は、分子のたし算やひき算をして答えをもとめます。

⑤1+2=3　$\frac{1}{4}+\frac{2}{4}=\frac{3}{4}$

⑥4+5=9　$\frac{4}{9}+\frac{5}{9}=\frac{9}{9}=1$

⑦5−2=3　$\frac{5}{7}-\frac{2}{7}=\frac{3}{7}$

⑧$1=\frac{8}{8}$　$1-\frac{5}{8}=\frac{8}{8}-\frac{5}{8}$

8−5=3　$\frac{8}{8}-\frac{5}{8}=\frac{3}{8}$

9 ①1km 400m
②2km 600m
③ますみさんの家が400m近い。

9 ①きょりは直線でむすんだ長さなので、かずえさんの家から病院までのきょりは1400mです。
1kmは1000mなので、1400mは
1km 400mです。
②800+1000+800=2600(m)
2600m=2km 600m
③ますみさんの家から学校までの道のりは、
400+1000+800=2200(m)
かずえさんの家から学校までの道のりは、
2600mなので、
2600−2200=400(m)

10 ㋐56cm　㋑42cm

10 ボールの半径が7cmなので、ボールの直径は、
7×2=14(cm)
㋐14×4=56(cm)
㋑14×3=42(cm)

11 式　128×3=384
500−384=116　　答え　116円

11 はじめにドーナツの代金をもとめて、はらったお金から代金をひきます。

12 式　14×8=112　　答え　112こ

12 1箱分の数×箱の数=全部の数

13 式　2.1−0.3=1.8　　答え　1.8L

春のチャレンジテスト

てびき

1 二等辺三角形…㋒
正三角形…㋑

1 コンパスを使って辺の長さをくらべましょう。
㋐、㋓、㋔は、どれも3つの辺の長さがちがいます。
㋑は3つの辺の長さがすべて等しいので、正三角形です。
㋒は2つの辺の長さが等しいので、二等辺三角形です。

2 ①10　②4　③10　④13

3

① 26
×45
130
104
1170

② 58
×32
116
174
1856

4 ①561　②3.8

5 ①

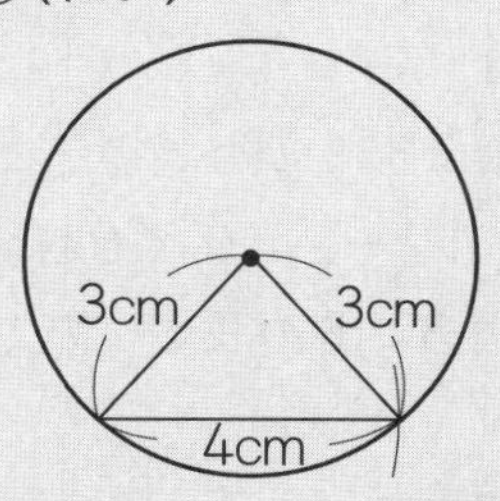

②

③(れい)

6

① 72
× 5
360

② 36
×40
1440

③ 312
× 21
312
624
6552

④ 356
× 42
712
1424
14952

⑤ 703
× 57
4921
3515
40071

⑥ 840
× 63
2520
5040
52920

7 ①13　②340　③83
④1000　⑤3　⑥7

8 式　36×18＝648　　答え　648まい

9 式　153×42＝6426　　答え　6426円

10 ①□−25＝13
②式　13＋25＝38　　答え　38こ

11 ①9×□＝72
②式　72÷9＝8　　答え　8こ

3 どちらの筆算も、とちゅうの計算の位がずれていて正しくありません。
筆算では、位をたてにそろえてかくように気をつけましょう。

4 ①定位点(ていいてん)のあるところが一の位、その１つ左が十の位、さらにその１つ左が百の位を表(あらわ)しています。
②定位点の１つ右は$\frac{1}{10}$の位(小数第一位(だいいちい))の数を表しています。

5 ③次(つぎ)のようにかきます。
・円の中心アと点イを直線でむすぶ。
・点イから４cmの円と交(まじ)わるところを点ウとする。
・点アと点ウ、点イと点ウをむすぶ。

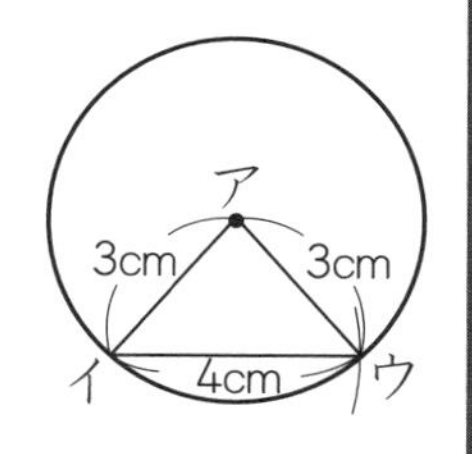

6 位をたてにそろえてかき、くり上がりに気をつけて計算しましょう。
①5×72は、筆算では72×5として計算したほうが、計算がかんたんになります。

7 □にあてはまる数は、次のようにもとめます。
①31−18＝13　②570−230＝340
③38＋45＝83　④610＋390＝1000
⑤27÷9＝3　⑥49÷7＝7

8 答えは筆算でもとめましょう。

9 ジュース１本のねだん×ジュースの本数＝代金(だいきん)

10

11

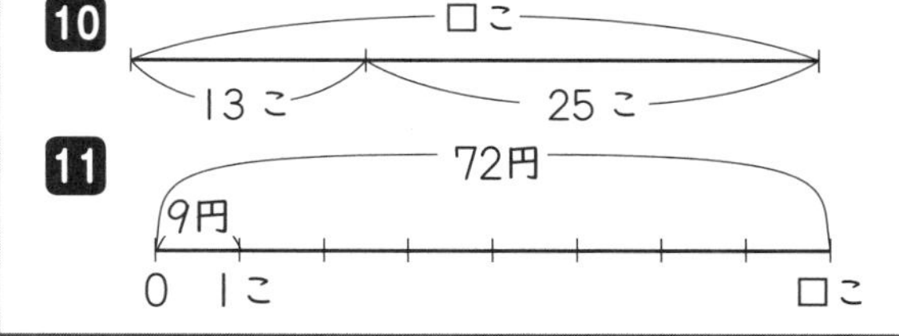

学力しんだんテスト

1 ①99064000　②35200000

2 ①0　②60　③3　④42　⑤902
⑥588　⑦1075　⑧4875

3 ①0.4 dL　②2.9 cm

4 ①$\frac{2}{5}$　②$\frac{4}{7}$

5 ①>　②<　③=　④<

6 ①7010　②60　③1、27　④5

7 ①420　②3、600

8 ①　②

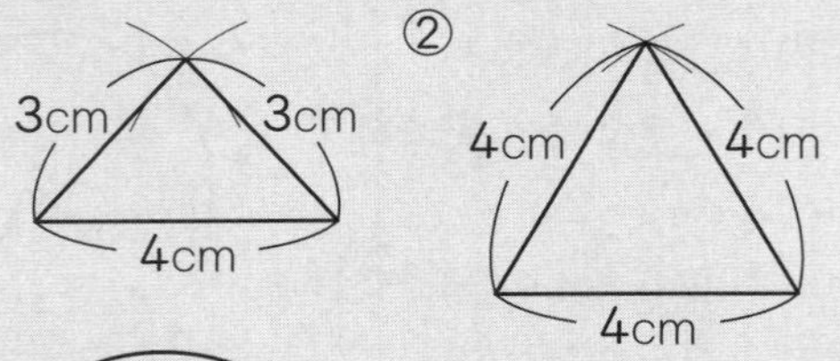

9

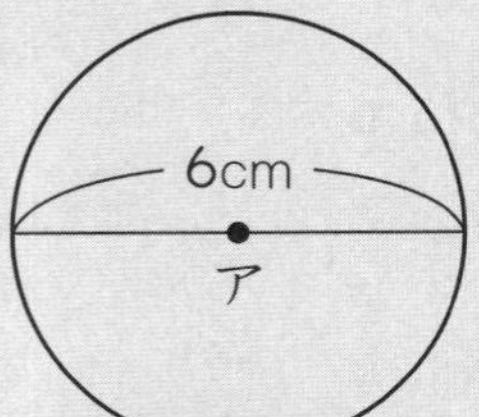

10 ①6 cm　②18 cm

11 ①式　40÷8=5　　答え　5こ
②式　40÷6=6 あまり4
(6+1=7)　　答え　7こ

12 ①38−□=25　②13

13 ①

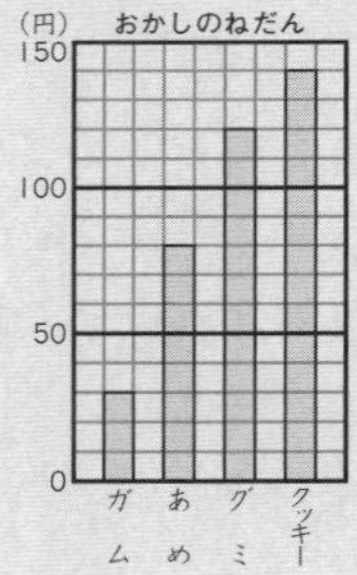

②おかしは、
ガム、
グミ、
クッキー
が買えて、
合計は290円
です。

14 ①式　390+700=1090
(1090 m=1 km 90 m)
答え　1 km 90 m
②近いのは、㋐の道
わけ…(れい)㋐の道のりは 1370 m、㋑の道のりは 1530 m で、㋐の道のりのほうが短いから。

てびき

3 ①1 dL を 10 等分したうちの4こ分なので、0.1 dL が4こ分で 0.4 dL です。

4 ①1 m を5等分した1こ分は $\frac{1}{5}$ m だから、2こ分は $\frac{2}{5}$ m です。

6 ①1 km=1000 m　②③1分=60秒　④1000 g=1 kg

7 ①いちばん小さい1目もりは5gです。
②いちばん小さい1目もりは 20 g です。

8 どちらもまずは1つの辺をかきます。その辺のりょうはしにコンパスのはりをさして、それぞれの辺の長さを半径とする円をかきます。円の交わる点がちょう点です。
①は、3 cm の辺をいちばん下にかいても正かいです。

9 直径6cm の円は、半径が3cm になるので、コンパスのはりとしんの間は 3cm にします。

10 ①箱の横の長さは 12 cm で、横はボールの直径2こ分の長さなので、ボールの直径は、12÷2=6 で6cm です。
②箱のたての長さはボールの直径3こ分の長さなので、6×3=18 で、18 cm です。

11 ①同じ数ずつ分けるので、わり算を使います。
②40÷6=6 あまり4なので、6こずつ箱に入れると、6こ入った箱は6こできて、4このたまごがあまります。そこで、このあまったたまごを入れるために、もう1この箱がいります。だから、6+1=7で、7この箱がいります。6+1=7 という式ははぶいて、答えを7ことしていても正かいです。

12 ①[はじめの数]−[食べた数]=[のこりの数]
②

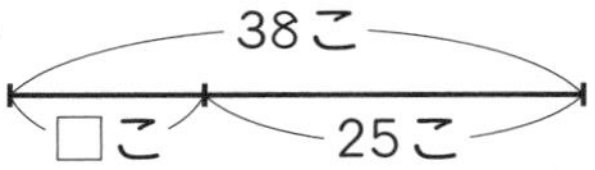

□=38−25
□=13

13 ①ぼうグラフの1目もりは、10 円です。
②3このねだんをたして、300 円にいちばん近くなるものを考えます。ぼうグラフをみて考えたり、いろいろな組み合わせで合計を考えたり、くふうして答えをもとめます。また、ガム、グミ、クッキーのじゅん番は、入れかわっていても正かいです。

14 ①1090m=1 km 90 m という式ははぶいて、答えを1 km 90 m としていても正かいです。
②㋐の道のりは、420+950=1370(m)、
㋑の道のりは、650+880=1530(m)です。
わけは、「㋐の道のりが 1370 m」「㋑の道のりが 1530 m」「㋐の道のりのほうが短い」ということが書けていれば正かいです。もちろん上の計算を書いていても正かいです。